"十二五"职业教育国家规划教材
经全国职业教育教材审定委员会审定

分析化学实验

第四版

苗凤琴　于世林　夏铁力　编

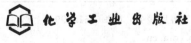

·北京·

本书由基本操作技能训练、职业技能和人员工作素质训练、分析检测方法实际应用训练三个部分组成。基本操作技能训练部分帮助学生学习掌握定量化学分析的基本操作方法，如化学分析仪器的基本操作、分析化学实验室基本知识。职业技能和人员工作素质训练培养分析检测人员必备的职业技能和工作素质，如化学分析基本操作训练、滴定分析用标准溶液浓度和标定训练、化学分析法试验技能考试。分析检测方法实际应用训练包括化学分析法和仪器分析法在化工产品、材料、药品、食品、保健品的质量检测、环境污染物分析中的应用。

本书为高职高专化学、化工和工业分析与检验专业的教材，亦可作为实验室分析检测人员的参考书。

图书在版编目（CIP）数据

分析化学实验/苗凤琴，于世林，夏铁力编.—4版.
北京：化学工业出版社，2014.5（2022.10重印）
"十二五"职业教育国家规划教材
ISBN 978-7-122-19919-5

Ⅰ.①分… Ⅱ.①苗…②于…③夏… Ⅲ.①分析化学-化学实验-高等职业教育-教材 Ⅳ.①O652.1

中国版本图书馆CIP数据核字（2014）第037604号

责任编辑：陈有华　　　　　　　　　　　　文字编辑：林　嫒
责任校对：蒋　宇　　　　　　　　　　　　装帧设计：史利平

出版发行：化学工业出版社（北京市东城区青年湖南街13号　邮政编码100011）
印　　装：北京科印技术咨询服务有限公司数码印刷分部
710mm×1000mm　1/16　印张14¾　字数288千字　2022年10月北京第4版第6次印刷

购书咨询：010-64518888　　　售后服务：010-64518899
网　　址：http://www.cip.com.cn
凡购买本书，如有缺损质量问题，本社销售中心负责调换。

定　　价：39.00元　　　　　　　　　　　　　　　版权所有　违者必究

前 言

高职高专教育是以培养应用型技术人才为目标,要求培养的人才具有够用的理论知识和较强的独立工作能力。

为了切实加强高职高专学生"学会学习、学会生存、学会共同生活"的独立工作能力,在引导学生学习掌握定量化学分析基本操作方法的基础上,培养学生树立科学态度,培育作为分析检测人员必须具备的职业技能和工作素质,做到实验测量数据可靠,正确掌握实验数据的统计处理方法;在实验内容上,执行国家标准(GB),使学生在校学习阶段,就开始接触未来工作中真实职业情景涉及化工产品、药品、食品、保健品分析检测的实践内容。

本书由"基本操作技能训练—职业技能和人员工作素质训练—分析检测方法实际应用训练"三个部分,组成了本实验课程一体化的整体模块,培养了学生分析测试技术知识的基础、分析测试实践技能的基础和从事职业情景测试工作的基础,切实加强了高职高专学生的独立工作能力。

本次修订遵循以下原则:

(1) 实验内容紧密联系分析化学基本原理,通过实验进一步巩固所学的基本原理和基本知识。

(2) 注重分析化学实际应用的基本操作技术和仪器设备的正确使用方法和仪器正常的工作条件。

(3) 全部实验项目的内容,尽量采用国家标准(GB)的基本内容,使学生学有所用,为未来从事职业工作打下良好的基础。

(4) 在仪器分析测定方法中,增强了对样品预处理的步骤,使学生掌握对实际样品的处理方法,增强了学生的独立工作能力。

本次修订在第二章删除了单盘天平的内容;第三章在质量控制中增加了对标准物质和质量保证的阐述。

另在仪器分析法的应用中增加了部分实验,所增加的实验内容,均选自2000~2012年在现实生活中突发事件(如"三聚氰胺事件"、"苏丹红事件")显现的急需提供新的测定方法;随着人们生活水平的提高对保健品需求的增加,需提供对产品质量监测的分析方法以及对食品、油脂、食用菌、中草药中营养成分和有效成分的检测方法。这些测定方法都与国家标准(GB)密切相关,作者希望所选用的实验内容既能引起学生的兴趣,调动其学习的积极性,也为未来参加实际检测工作打下必要的实践基础。

此外,在"间接分光光度法测定自来水中的铝含量"的实验中,深化应用了配位平衡中酸效应系数和配合物转化的概念；在"电位滴定法测定有机弱酸苯酚的含量"实验中，通过加入阳离子表面活性剂来增强有机弱酸强度的措施，深化了对酸碱平衡移动的理解。这两个实验密切应用了化学平衡的基础理论，使学生在完成实验的过程中，加深了用化学平衡理论去解决实际问题方法的理解。

  本次修订由于世林、苗凤琴和北京化学工业协会夏铁力高级工程师共同完成。在修订中作者做了不少努力，希望本教材能对培养高职高专学生的独立工作能力，起到积极的作用。

  由于编者水平所限，欢迎读者提出宝贵的意见，以进一步提高本实验教材的水平。

编者

2013 年 12 月

第一版前言

分析化学教学正面临知识体系的更新和课程设置的改革。分析化学实验作为一门独立课程开设，是教学改革的成果，反映了本课程在培养化学工艺类专门人才方面的作用。

本书内容包括五部分：分析化学实验课前教育；分析仪器与基本操作；分析化学实验室基本知识；分析化学实验和附录。

本书特点是将教学与实验融合起来，力图符合大专院校工艺类专业设课要求，引导学生掌握正确操作方法，培养学生科学态度，做到实验测量数据可靠，通过综合性实验培养学生分析问题、解决问题的能力。在内容选材上拓宽基础知识的应用，重视常量分析和微量分析的基本训练。

使用本书时，建议在实验安排上分为四个阶段进行。第一阶段为化学分析基本操作训练；第二阶段为标准溶液浓度标定训练；第三阶段为基本操作考核与综合性实验考核，并评定实验成绩；第四阶段为仪器分析法学习。对上述实验阶段安排建议，是基于在课程改革中把基点放在让学生掌握基本操作，培养学生科学的实验态度、查阅资料的能力及独立连续进行实验的能力。这是我们多年教学实践的体会，仅供各校参考。对于仪器分析法实验安排受各校仪器设备限制，不做统一规定和考核。总之我们认为，在分析化学实验教学改革目标一致的前提下，内容选取、教学安排可以有一定灵活性，为此本书提供的实验项目远远多于给定的实验学时，以方便各校结合专业特点去取舍。

全书分为八章，化学分析法由苗凤琴编写，仪器分析法由于世林编写，部分章节及实验由杜洪光编写。其中化学分析法的应用实验十六至二十四，参照环境、食品、盐化工、试剂、工业循环冷却水等标准及专著，经学生综合实验实践后改编而成；仪器分析法实验摘自轻化工类高等学校仪器分析实验系列教材；化学分析法图表主要摘自北京大学分析教研室编写的《基础分析化学实验》。上述被引入本教材的各方法原著均一一列入参考书目，并在此对原著作者致谢。全书由北京大学常文保教授审阅并提出了宝贵意见，编者深表感谢。由于编者水平有限，不足之处在所难免，恳请读者批评、指正。

编者
1998 年 1 月

第二版前言

本书为高职高专用《分析化学》的配套教材。

分析化学实验内容包括五个部分：分析化学实验课前教育；分析化学仪器与基本操作；分析化学实验室基本知识；化学分析法基本操作训练及在常量分析中的应用；仪器分析法的应用。最后配有附录。

本书力求将教学与实验相融合，引导学生掌握正确的操作方法，培养科学态度，做到实验测量数据可靠，通过综合性实验培养学生分析问题、解决问题的能力。在内容选材上拓宽基础知识的应用，重视常量分析和微量分析的基本训练。

使用本书时，建议在实验安排上分为四个阶段进行。

① 化学分析基本操作训练；

② 容量分析标准溶液浓度标定训练；

③ 化学分析法基本操作考核与综合性实验考核；

④ 仪器分析法（根据具备的仪器条件选择不同的方法）。

上述四个阶段安排，基点放在让学生掌握基本操作，培养学生科学的实验态度，提高查阅资料的能力及独立连续进行实验的能力。本书提供的实验项目较多，教学安排可有一定的灵活性，以方便各校结合专业特点自由取舍。

本次修订删除了双盘天平，增加了电子天平的内容。

由于编者水平有限，恳请读者批评、指正。

编者
2005 年 9 月

第三版前言

本书为高职高专用《分析化学》第三版（于世林　苗凤琴编）的配套教材。

本次再版仍然遵循第二版对分析化学实验内容的整体安排，分为五个部分：

① 分析化学实验课前教育；

② 分析化学实验仪器与基本操作；

③ 分析化学实验基本知识；

④ 化学分析法基本操作训练及在常量分析中的应用；

⑤ 仪器分析法的应用。

本次再版修订增补了以下内容。

1. 在分析化学仪器、基本操作及基本操作训练部分增加了对应的图示表达，以利于初学者较顺利地切实掌握基本操作技能。

2. 化学分析法在常量分析的应用中，增加了果品、果汁中总酸度和蛋壳中钙、镁总量的测定。

3. 仪器分析法的应用

在红外光谱分析中，增加了正辛烷、对二甲苯、苯甲酸吸收谱图的识别，及甲基苯基硅油中苯基/甲基比值的测定。

在气相色谱分析中，增加了食品果冻中防腐剂山梨酸和苯甲酸含量的测定。

在高效液相色谱分析中，增加了果汁中有机酸含量的测定和菠菜中天然色素的薄层色谱提取及含量的测定。

此次增加的应用测定实例都为了使学生掌握对实际样品进行预处理的基本知识。

希望通过本次修订进一步增加本实验教材的实用性。

由于编者水平所限，不足之处在所难免，恳请读者批评指正。

编者

2010 年 3 月

目 录

第一篇 基本操作技能训练

第一章 分析化学实验课前教育 ... 1
 一、开设目的 ... 1
 二、实验成绩评定 ... 1
 三、各项考核具体要求 ... 1
 四、怎样做好分析化学实验 ... 1
 五、实验室规则 ... 2

第二章 分析化学仪器与基本操作 ... 3
 第一节 分析天平 ... 3
  一、国产电子天平型号、规格、分类 ... 3
  二、电子天平的称量原理、构造和安装 ... 4
  三、天平使用规则 ... 7
  四、试样的称量方法 ... 8
  五、称量误差分析 ... 8
 第二节 定量分析用玻璃仪器与洗涤技术 ... 9
  一、定量分析常用玻璃仪器 ... 10
  二、定量分析常用玻璃仪器洗涤技术 ... 14
 第三节 滴定分析常用仪器与滴定分析基本操作 ... 17
  一、移液管、吸量管洗涤方法与使用 ... 18
  二、容量瓶 ... 19
  三、滴定管 ... 20
 第四节 容量仪器的校正 ... 23
  一、绝对校正 ... 24
  二、相对校正 ... 25
  三、温度改变时溶液体积的校正 ... 25
 第五节 称量分析基本操作 ... 25
  一、样品的溶解 ... 25
  二、沉淀 ... 26
  三、过滤和洗涤 ... 26
  四、沉淀的干燥和灼烧 ... 29
 第六节 实验数据记录、报告范例 ... 31
  一、实验记录范例 ... 32
  二、实验报告范例 ... 33

第三章　分析化学实验室基本知识 35
第一节　分析化学实验室质量控制 35
第二节　分析化学实验用水 38
　　一、源水、纯水、高纯水的概念 38
　　二、纯水、高纯水制备工艺简介 38
　　三、纯水与高纯水水质标准 40
　　四、蒸馏法制纯水与离子交换法制纯水的比较 40
第三节　化学试剂 41
　　一、试剂种类 41
　　二、化学试剂选用原则 43
第四节　标准物质、标准溶液 43
　　一、标准物质 43
　　二、标准溶液 46
第五节　分析人员的环境意识 47
　　一、了解化学物质毒性，正确使用和贮存 47
　　二、了解有毒化学品新的名单及危害分级 48
　　三、对实验室"三废"进行简单的无害化处理 49
第六节　分析实验室的质量保证 50
　　一、记录本 51
　　二、分析方法 52
　　三、取样和样品管理 52
　　四、试剂和试剂溶液 53
　　五、测量设备和仪器的校准与维修 54
　　六、分析结果报告 54

第二篇　职业技能和人员工作素质训练

第四章　化学分析法基本操作训练 56
　实验一　定量分析仪器清点、验收、洗涤 56
　实验二　天平称量练习（一） 56
　实验三　天平称量练习（二） 57
　实验四　容量仪器的洗涤和移液管、容量瓶的相对校正 58
　实验五　滴定管的绝对校正 59
　实验六　酸碱标准溶液的配制和浓度的比较 60
　实验七　称量分析法基本操作练习（一）——天然水矿化度测定（选做） 62
　实验八　称量分析法基本操作练习（二）——废水悬浮物测定（选做） 63
　实验九　称量分析法基本操作练习（三）——食品中水分、灰分测定（选做） 63
　实验十　氯化钡中钡含量的测定（选做） 65

第五章　滴定分析用标准溶液浓度标定训练 68
　实验十一　盐酸标准溶液浓度的标定 68

实验十二　氢氧化钠标准溶液浓度的标定 …… 69
 实验十三　EDTA 标准溶液的配制和标定 …… 69
 实验十四　高锰酸钾标准溶液的配制和标定 …… 71
 实验十五　硫代硫酸钠标准溶液的配制和标定 …… 72
 实验十六　碘标准溶液的配制和标定（选做） …… 73
 实验十七　硝酸银标准溶液的配制和标定（选做） …… 75

第六章　化学分析法实验考核 …… 77
 一、定量分析基本操作考试 …… 77
 二、综合性实验考试 …… 79

第三篇　分析检测方法实际应用训练

第七章　化学分析法的应用 …… 81
 实验十八　混合碱含量的测定 …… 81
 实验十九　果品、果汁中总酸度的测定 …… 83
 实验二十　中和法测定铵盐、氨基酸中的氮含量 …… 84
 实验二十一　EDTA 滴定法应用（一）——钙镁含量测定 …… 86
 实验二十二　EDTA 滴定法应用（二）——工业固体废物浸出液、废气烟尘中 Pb 含量测定 …… 89
 实验二十三　$KMnO_4$ 滴定法应用（一）——水中化学需氧量（COD）测定 …… 90
 实验二十四　$KMnO_4$ 滴定法应用（二）——植物油氧化值测定 …… 91
 实验二十五　碘量法应用（一）——维生素 C 的含量测定 …… 91
 实验二十六　碘量法应用（二）——铜合金中铜含量的测定 …… 92
 实验二十七　碘量法应用（三）——漂白粉有效氯的测定 …… 93
 实验二十八　溴量法应用（一）——溴量法测废水中苯酚含量 …… 94
 实验二十九　溴量法应用（二）——霍夫曼法测定化妆品用油脂碘值 …… 95
 实验三十　银量法应用——佛尔哈德法测酱油中 NaCl 含量 …… 96
 实验三十一　样品全分析（一）——化工产品 KCl 中 K^+、Mg^{2+}、Cl^-、SO_4^{2-} 含量测定 …… 97
 实验三十二　样品全分析（二）——工业循环冷却水污垢和腐蚀产物中铁、铝、钙、镁、锌、铜含量 EDTA 滴定法测定 …… 100

第八章　仪器分析法的应用 …… 104
 实验三十三　分光光度法：721 型分光光度计仪器调校 …… 104
 实验三十四　分光光度法：吸收曲线、工作曲线绘制及水中微量铁测定 …… 106
 实验三十五　分光光度法：间接分光光度法测定自来水中的铝含量 …… 109
 实验三十六　分光光度法：测定小麦面粉中的过氧化苯甲酰含量 …… 111
 实验三十七　紫外吸收光谱法：共轭结构化合物发色基团的鉴别 …… 112
 实验三十八　紫外吸收光谱法：苯的 B 吸收带精细结构及正己烷中微量苯的测定 …… 114
 实验三十九　紫外吸收光谱法：维生素 C 和维生素 E 的同时测定 …… 116
 实验四十　紫外吸收光谱法：双组分表面活性剂混合物的定量分析 …… 117

实验四十一	紫外吸收光谱法：测定枸杞、陈皮、生姜中的硒含量	124
实验四十二	红外吸收光谱法：聚乙烯塑料材质分析	125
实验四十三	红外吸收光谱法：正辛烷、对二甲苯、苯甲酸的测定	126
实验四十四	红外吸收光谱法：正己胺的分析	128
实验四十五	红外吸收光谱法：甲基苯基硅油中苯基/甲基比值的测定	130
实验四十六	原子发射光谱法：摄谱试样预处理、感光板的暗室处理和摄谱技术	132
实验四十七	原子发射光谱法：乳剂特性曲线的绘制	137
实验四十八	原子发射光谱法：特种钢中杂质元素的定性分析	139
实验四十九	原子发射光谱法：高纯石墨电极中痕量杂质元素的定性分析	140
实验五十	原子发射光谱法：黄酒中钙、镁、铜、铁和锰的测定（ICP）	142
实验五十一	原子发射光谱法：ICP-AES法测定洗衣粉中的磷含量	144
实验五十二	原子吸收光谱法：原子吸收光谱仪最佳操作条件选择	145
实验五十三	原子吸收光谱法：人发中锌元素含量的测定	147
实验五十四	原子吸收光谱法：测定食用菌中铜、锰、铁、锌的含量	149
实验五十五	原子吸收光谱法：石墨炉原子吸收光谱仪最佳操作条件选择	151
实验五十六	原子吸收光谱法：饮用水中痕量铜和铬的测定（石墨炉）	153
实验五十七	原子吸收光谱法：测定面制食品中的铝含量（石墨炉）	155
实验五十八	电位分析法：测定工业废水的 pH	157
实验五十九	电位分析法：电位滴定法测定有机弱酸苯酚的含量	158
实验六十	电位分析法：氯离子选择性电极性能测试	159
实验六十一	电位分析法：饮用水中氟含量测定——工作曲线法	160
实验六十二	电位分析法：PVC钙液膜电极的工作曲线法及电位滴定法测定钙含量	163
实验六十三	库仑分析法：测定石油产品中微量水	165
实验六十四	库仑分析法：库仑滴定法测定痕量砷	168
实验六十五	阳极溶出伏安法测铜	170
实验六十六	阳极溶出伏安法测定叶酸片剂中的叶酸含量	171
实验六十七	气相色谱分析法：保留指数定性	174
实验六十八	气相色谱分析法：峰面积及校正因子的测量	175
实验六十九	气相色谱分析法：气-液填充色谱柱的制备及评价	176
实验七十	气相色谱分析法：柱温、载气流速对气相色谱分离度的影响	179
实验七十一	气相色谱分析法：煤气中氧、氮、一氧化碳、甲烷的分离测定	181
实验七十二	气相色谱分析法：食品果冻中山梨酸和苯甲酸含量的测定	183
实验七十三	气相色谱分析法：测定日用化学品中的二噁烷（顶空分析）	185
实验七十四	气相色谱分析法：毛细管柱安装及基本性能评价指标的测定与计算	187
实验七十五	气相色谱分析法：毛细管气相色谱法直接进样分离白酒中微量香味化合物	189
实验七十六	高效液相色谱分析法：柱填充技术和柱性能考察	191
实验七十七	高效液相色谱分析法：咖啡、茶叶中咖啡因含量的分析	194
实验七十八	高效液相色谱分析法：反相离子对色谱中 t_M 的测定	195

实验七十九　高效液相色谱分析法：食用苹果汁中有机酸的分析 ……………… 196
实验八十　高效液相色谱分析法：二元梯度洗脱与恒定洗脱对比 ……………… 199
实验八十一　高效液相色谱分析法：反相离子对色谱分离水溶性维生素 ……… 200
实验八十二　高效液相色谱分析法：原料乳中三聚氰胺分析 …………………… 202
实验八十三　高效液相色谱分析法：食品中苏丹红Ⅰ、Ⅱ、Ⅲ、Ⅳ和对位红的分析 …… 204
实验八十四　高效液相色谱分析法：葡萄酒中四种白黎芦醇类化合物分析 …… 206
实验八十五　菠菜中天然色素的提取和分析 ……………………………………… 208

附　录

附表 1　常用酸碱指示剂 …………………………………………………………… 212
附表 2　泛用酸碱指示剂 …………………………………………………………… 212
附表 3　常用的缓冲溶液 …………………………………………………………… 213
附表 4　几种常用缓冲剂的 pK_a 值 ……………………………………………… 214
附表 5　非水滴定常用酸碱指示剂 ………………………………………………… 214
附表 6　无机分析常用基准物 ……………………………………………………… 215
附表 7　有机分析常用基准物 ……………………………………………………… 215
附表 8　无机分析中常用标准溶液 ………………………………………………… 216
附表 9　有机分析中常用标准溶液 ………………………………………………… 217
附表 10　pH 标准试剂 ……………………………………………………………… 218
附表 11　pH 标准缓冲溶液 ………………………………………………………… 218
附表 12　常用干燥剂 ………………………………………………………………… 219
附表 13　市售酸碱试剂的含量及密度 ……………………………………………… 219
附表 14　常用冷却剂 ………………………………………………………………… 219

参 考 文 献

第一篇　基本操作技能训练

第一章　分析化学实验课前教育

经过分析化学课程改革，分析化学实验已作为一门独立的课程开设，实行考试制度。

一、开设目的

1. 正确使用化学分析仪器，掌握基本操作；
2. 经过实验学习，达到测定数据准确可靠；
3. 培养实事求是的科学态度、良好的实验习惯、独立进行实验的能力。

二、实验成绩评定

学生成绩由以下实验成绩累计：

基本操作占 40%～60%；

综合实验占 60%～40%。

平时实验：交报告、给评语，不计入实验成绩。

三、各项考核具体要求

1. 基本操作（见第六章）
2. 实验数据

本着循序渐进的精神，在不同实验阶段，按不同精密度、准确度要求同学。学生每次实验结束填卡，将记录本交教师签字。

3. 实验习惯

除遵守实验室规则外，对实验记录及报告特作如下规定。

实验必须有专用记录本，每次实验要注明日期，数字记录用黑色签字笔，有效数字应符合要求，错误数字更改按要求画一单线，不得在原处涂抹。

实验报告需用学校报告纸。内容包括方法原理、仪器试剂［名称、规格（浓度）、数量（配制方法）］、测定步骤、数据及处理、结论及误差分析五项，字迹要清楚，内容要齐全。

四、怎样做好分析化学实验

学好本课是同学们的共同要求，在了解了课程设置目的及考核内容之后，对怎样做好分析化学实验要心中有数。

首先是实验前预习。了解实验内容，复习有关理论，在理论指导下分析实验误差来源。在预习过程中按要求计算称样范围，列出仪器清单，制订简单工作计划，明确先做什么、后做什么，哪些是关键操作要做准、哪些是辅助环节要做得迅速，以培养自己独立实验的能力。

第二，正确掌握基本操作、培养良好的实验习惯是获取准确数据的必要条件，因此必须以高标准严格要求自己。

第三，实事求是的科学态度。实验能力是长时间实验室训练结果的综合表现，不能急于求成，学习中要经得住失败。学习者要承认差异是客观存在的，重要的是善于总结实验中的成败，不断进取；教师评定成绩也重在发展，重在实验结束时学生具有的实际水平。实事求是的科学态度十分重要，要克服侥幸心理，主观误差，甚至凑数、改数的错误做法。

五、实验室规则

1. 实验前清点仪器（见表1-1），实验过程中破损仪器要填写破损登记单以便及时补领。未经老师同意不得动用他人的仪器。

表1-1 定量分析实验仪器参考清单

仪器名称	规格	数量	仪器名称	规格	数量
烧杯	600mL	1个	试剂瓶	1000mL	2个
	400mL	1个		500mL（棕色）	1个
	250mL	2个		500mL	1个
	100mL	1个	坩埚	18mL	2个
	50mL	1个	量筒	100mL	1个
锥形瓶	250mL	3个		25mL	1个
容量瓶	250mL	2个		10mL	1个
干燥器		1个	滴管		5支
称量瓶		2个	搅拌棒		3支
吸量管	10mL	1支	公用仪器		
	5mL	1支	移液管	25mL	1支
长颈漏斗		2个	滴定管	50mL	酸式、碱式各1支
表面皿	φ9cm	2块	洗耳球		1个
	φ6cm	2块	洗瓶		1个
	φ5cm	2块	刷子		1把
牛角勺		1把			

2. 熟悉实验室的水、电、煤气开关，用毕关好阀门。实验操作中要注意安全，防止中毒、烧伤和着火。

3. 实验时保持安静，认真进行实验。

4. 保持实验台面及周围环境整洁，火柴头及碎纸屑扔入废物杯，有毒废液倒入回收瓶中。

5. 公用仪器、药品、工具用毕归还原处。

6. 使用精密仪器前先检查仪器是否完好，使用时必须严格按照操作规程进行操作。如发现仪器有故障，应立即停止使用，报告老师及时处理，不得私自拨弄。

7. 值日生职责：装满蒸馏水，清点公用仪器（滴定管、移液管、洗瓶、洗耳球等）及试剂，倒废物杯、废液缸，擦净桌面、水池、水沟，拖地，关闭窗户，检查水、电、煤气阀门是否关闭，最后经老师同意，离开实验室。

第二章 分析化学仪器与基本操作

第一节 分析天平

一、国产电子天平型号、规格、分类

分析天平用于准确称量物品质量,是定量分析最重要的仪器之一,称量的准确度直接影响测试结果。部分国产电子分析天平型号及规格见表2-1。

表2-1 部分国产电子分析天平型号及规格

产品名称	型号	规格和主要技术数据		主要用途	产地
		最大称量/g	分度值		
电子分析天平	AEL-200	200	最小读数(mg):0.1	精密定量分析可打印输出	湖南
	AEU-210 OF-110	210 110	最小读数(mg):0.1	精密检测分析	湖南、常熟
	ES-120J′	120	读数精度(mg):0.1	精密称量	沈阳
	ES-180J	180	读数精度(mg):0.1	精密称量	沈阳
精密电子天平	ES-2000A	2000	读数精度(g):0.01	地质勘探、计量测试及各种工业计量	沈阳
	ES-200A	200	读数精度(g):0.001	质量测定及金、银饰品称量	沈阳
	MP200-1	200	标准偏差(mg):1	—	北京
上皿式电子天平	TMP300S(TMP-1)	300,30	分辨率(g):0.01,0.001	化验室及商业分析检测和称量	湖南
	MD100-1	100	最小读数(mg):1	快速质量测定	上海

分析天平规格:

(1) 最大称量(最大载荷) 表示天平可称量的最大值(质量g)。一般分析天平最大载荷为200g。

(2) 分度值(s) 天平标尺一个分度对应的质量(mg),最小分度值为0.1g或0.5mg。

分析天平分类:

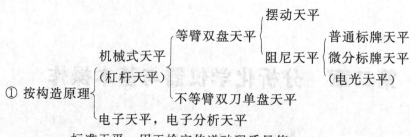

② 按用途 {标准天平　用于检定传递砝码质量值
　　　　　工作天平　除标准天平外均称工作天平

③ 按分度值 {常量分析天平（0.1mg）
　　　　　　微量天平（0.01mg）
　　　　　　超微量天平（0.001mg）

(3) 天平的精密度级别　由天平最大称量与标尺分度值之比 n 确定，称检定标尺分度数，其值越大准确度级别愈高。化学分析室所用天平为高准确度精密天平，$n > 5 \times 10^4$。

天平的精密度可分为四级：

特种准确度级	高精密天平	符号为 Ⅰ
高准确度级	精密天平	符号为 Ⅱ
中准确度级	商用天平	符号为 Ⅲ
普通准确度级	普通天平	符号为 Ⅳ

对特种准确度级高精密天平和高准确度级精密天平可细分为十个级别，见表2-2。

表2-2　分析天平的精确度级别

准确度级别		检定标尺分度数	准确度级别		检定标尺分度数
Ⅰ	1	$1 \times 10^7 \leqslant n$	Ⅰ	6	$2 \times 10^5 \leqslant n < 5 \times 10^5$
	2	$5 \times 10^6 \leqslant n < 1 \times 10^7$		7	$1 \times 10^5 \leqslant n < 2 \times 10^5$
	3	$2 \times 10^6 \leqslant n < 5 \times 10^6$		8	$5 \times 10^4 \leqslant n < 1 \times 10^5$
	4	$1 \times 10^6 \leqslant n < 2 \times 10^6$	Ⅱ	9	$2 \times 10^4 \leqslant n < 5 \times 10^4$
	5	$5 \times 10^5 \leqslant n < 1 \times 10^6$		10	$1 \times 10^4 \leqslant n < 2 \times 10^4$

二、电子天平的称量原理、构造和安装

电子天平有普通电子天平、上皿电子天平、电子精密天平和电子分析天平之分。电子精密天平一般为5～6级，适用于普通的较精密的测量，而电子分析天平为3～4级，主要应用于分析测试中。电子天平的规格品种齐全，最大载荷从几十克至几千克，最小分度值可至0.001mg。一般分析测试中所用电子分析天平的最大称量值为100g或200g，最小分度值为0.1mg。

1. 电子天平的称量原理

应用现代电子控制技术进行称量的天平称为电子天平。各种电子天平的控制方

式和电路结构不相同，但其称量的依据都是电磁力平衡原理。现以 MD 系列电子天平为例说明其称量原理。

我们知道，把通电导线放在磁场中时，导线将产生电磁力，力的方向可以用左手定则来判定。当磁场强度不变时，力的大小与流过线圈的电流强度成正比。如果使重物的重力方向向下，电磁力的方向向上，与之相平衡，则通过导线的电流与被称物体的质量成正比。

电子天平结构示意图见图 2-1。

秤盘通过支架连杆与线圈相连，线圈置于磁场中。秤盘及被称物体的重力通过连杆支架作用于线圈上，方向向下。线圈内有电流通过，产生一个向上作用的电磁力，与秤盘重力方向相反，大小相等。位移传感器处于预定的中心位置，当秤盘上的物体质量发生变化时，位移传感器检出位移信号，经调节器和放大器改变线圈的电流直至线圈回到中心位置为止。通过数字显示出物体的质量。

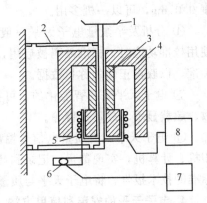

图 2-1　MD 系列电子天平结构示意图
1—秤盘；2—簧片；3—磁钢；4—磁回路体；5—线圈及线圈架；6—位移传感器；7—放大器；8—电流控制电路

2. 电子天平的构造

由电子天平外观可看到水平仪、盘托、支架连杆、秤盘、玻璃拉门、水平调节脚和显示屏（图 2-2 和图 2-3）。

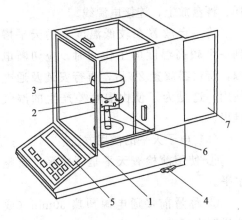

图 2-2　电子天平外形
1—水平仪；2—盘托；3—秤盘；4—水平调节脚；5—显示屏；6—支架连杆；7—玻璃拉门

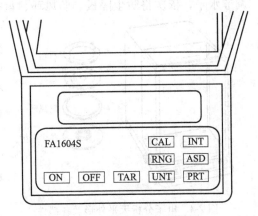

图 2-3　电子天平的控制板

3. 电子天平的特点

① 电子天平没有机械天平的宝石或玛瑙刀子，采用数字显示方式代替指针刻度式显示。使用寿命长，性能稳定，灵敏度高，操作方便。

② 电子天平采用电磁力平衡原理，称量时全量程不用砝码。放上被称物后，在几秒钟内即达到平衡，显示读数，称量速度快，精度高。

③ 电子天平有的具有称量范围和读数精度可变的功能。如瑞士梅特勒 AE240 天平，在 0～205g 称量范围，读数精度为 0.1mg，在 0～41g 称量范围内，读数精度 0.01mg，可以一机多用。

④ 分析及半微量电子天平一般具有内部校准功能。天平内部装有标准砝码，使用校准功能时，标准砝码被启用，天平的微处理器将标准砝码的质量值作为校准标准，以获得正确的称量数据。

⑤ 电子天平是高智能化的，可在全量程范围内实现净重、单位转换、零件计数、超载显示、故障报警等。

⑥ 电子天平具有质量电信号输出，这是机械天平无法做到的。它可以连接打印机、计算机，实现称量、记录和计算的自动化，直接得到符合 ISO 和 GLP 国际标准的技术报告，将电子天平与质量保证系统相结合。

4. 电子天平的安装和使用方法

(1) 安装场所　精度要求高的电子天平理想的放置条件是室温 20℃±2℃，相对湿度 45%～60%。

天平台要求坚固，具有抗震及减震性能，不受阳光直射，远离暖气与空调。不要将天平放在带磁设备附近，避免尘埃和腐蚀性气体。

(2) 电子天平的安装　电子天平的安装较简单，一般按说明书要求进行即可。图 2-4 是电子天平外形及各部件图（ES-J 系列）。清洁天平各部件后，放好天平，调节水平，依次将防尘隔板、防风环、盘托、秤盘放上，连接电源线。

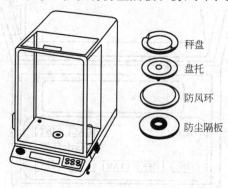

图 2-4　电子分析天平外形及各部件

将一台放置在较低温度下的天平搬到一个较高温度的工作间时，应切断电源，待仪器放置 2h 后，再行安装及通电使用。这是为了使由温度差产生的湿气排出。

(3) 电子天平的使用方法

① 使用前检查天平是否水平，调整水平。

② 称量前接通电源预热 30min（或按说明书要求）。

③ 校准。按天平说明书要求的时间预热天平。首次使用天平必须校准天平，将天平从一地移到另一地使用时或在使用一段时间（30 天左右）后，应对天平重新校准。为使称量更为精确，亦可随时对天平进行校准。校准程序可按说明书进行。用内装校准砝码或外部自备有修正值的校准砝码进行。

④ 称量。按下显示屏的开关键，待显示稳定的零点后，将物品放到秤盘上，

关上防风门。显示稳定后即可读取称量值。操纵相应的按键可以实现"去皮"、"增重"、"减重"等称量功能。

⑤ 清洁。污染时用含少量中性洗涤剂的柔软布擦拭。勿用有机溶剂和化纤布。样品盘可清洗，充分干燥后再装到天平上。

5. 电子天平的使用注意事项

电子天平与传统的杠杆天平相比，称量原理差别较大，使用者必须了解它的称量特点，正确使用，才能获得准确的称量结果。

① 电子天平在安装之后，称量之前必不可少的一个环节是"校准"。这是因为电子天平是将被称物的质量产生的重力通过传感器转换成电信号来表示被称物的质量的。称量结果实质上是被称物重力的大小，故与重力加速度 g 有关，称量值随纬度的增高而增加。例如，在北京用电子天平称量 100g 的物体，到了广州，如果不对电子天平进行校准，称量值将减少 137.86mg。另外，称量值还随海拔的升高而减小。因此，电子天平在安装后或移动位置后必须进行校准。

② 电子天平开机后需要预热较长一段时间（至少 0.5h 以上），才能进行正式称量。

③ 电子天平的积分时间也称为测量时间或周期时间，有几挡可供选择，出厂时选择了一般状态，如无特殊要求不必调整。

④ 电子天平的稳定性监测器是用来确定天平摆动消失及机械系统静止程度的器件。当稳定性监测器表示达到要求的稳定性时，可以读取称量值。

⑤ 在较长时间不使用的电子天平应每隔一段时间通电一次，以保持电子元器件干燥，特别是湿度大时更应经常通电。

三、天平使用规则

① 天平应放在牢固的台面上，不能随便移动。避免震动、潮湿、阳光直射及腐蚀性气体。

② 同一实验应使用同一台天平和砝码。

③ 称量前后应检查天平是否完好，并保持天平清洁。如在天平箱内撒落药品应立即清理干净，发现天平故障应立即报告维修人员加以排除。

④ 天平载重不得超过最大负荷，被称物应与天平温度相同。样品不得直接放在秤盘上称量，必须放在清洁干燥的器皿上称量。挥发性、腐蚀性物质必须放在适当的密闭容器中称量。

⑤ 称量过程使用左、右门，不得开启前门。

⑥ 称量物不允许用手直接拿取，要戴细纱手套或用洁净纸条套住拿取（如图 2-5），或用坩埚钳夹取。

⑦ 天平用完后要关好天平门，将数字指示回零，关闭电源开关，罩好防尘罩。

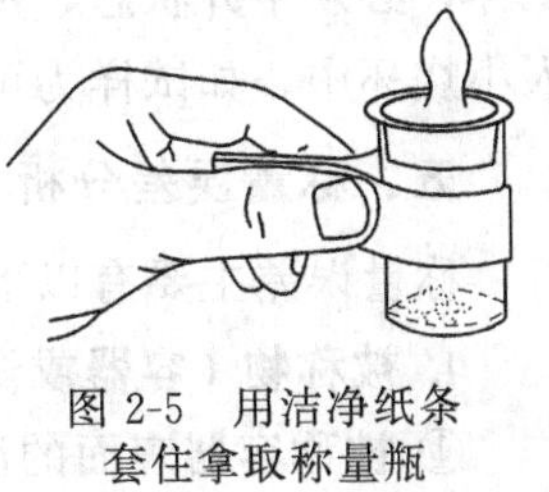

图 2-5 用洁净纸条套住拿取称量瓶

四、试样的称量方法

1. 减量法（递减称量法）

在称量瓶中放入被称试样，准确称取瓶和试样的总质量，向接受容器中倒出所需量的试样，再准确称量剩余试样和称量瓶的质量，两次称量的质量差即为倒入接受容器中的试样质量。

减量法适于称量吸湿性强，易吸收空气中二氧化碳等的试样，连续称取几份试样较为方便。

具体操作如下：取一个洗净并干燥的称量瓶，用牛角勺将试样装入瓶中，试样的量比需称量略多（初学者要求在台秤上粗称空瓶质量及加入试样质量，以便在减量时心中有数，避免药品和时间的浪费）。准确称出其质量 m_1。然后取出称量瓶，在接受容器上方将称量瓶左右转动并慢慢向下倾斜，用瓶盖轻轻敲打瓶口上部（图 2-6），注意不要使试样细粒撒落在接受容器外或吹散。当倾出的试样已接近所需量时（从体积上估计），再用瓶盖一边敲击瓶口上部一边将瓶竖起，使粘在瓶口的试样落入接受容器或落回称量瓶中，不得落在外面，然后盖好瓶盖。再将称量瓶放在天平盘上称量。称量时应先检查所减出的质量是否在称量范围以内，如不足应再重复上面操作，如过量应弃去重做。然后准确称出其质量 m_2，两次质量之差即为试样质量 $m=m_2-m_1$。

图 2-6 减量法称量倒样操作

如欲连续称样数份，只需装入所需试样后连续递减，相近两次质量的差即为各份试样质量。

2. 指定质量称样法（固定称样法）

有时为了配制准确浓度的标准溶液或为了计算方便，对于在空气中没有吸湿性的样品，可以在表面皿等敞口容器中称量，通过调整药品的量，称得指定的准确质量，然后将其全部转移到准备好的容器中。

操作如下：先在天平上准确称出洗净干燥的小表面皿（生产上称量矿样等常用薄金属片或簸状容器，硫酸纸或电光纸等光滑称量纸）的质量，加好所需药品质量的砝码，用小药勺或窄纸条慢慢将试样加到表面皿上，在接近所需量时，应用食指轻弹小勺，使试样一点点地落入表面皿中，直至所指定的质量为止（若不慎加多了试样，必须半开状态，用勺取出试样重复以上操作）。取出表面皿，将试样全部转入小烧杯中，如试样为可溶性盐类，最后用洗瓶吹洗纯水将其粉末洗入小烧杯中。

五、称量误差分析

称量误差主要有以下来源。

1. 被称物（容器或试样）在称量过程中条件发生变化

① 被称容器表面的湿度变化。烘干的称量瓶、灼烧过的坩埚等一般放在干燥

器内冷却到室温后进行称量，它们暴露在空气中会因吸湿而使质量增加，空气湿度不同，吸附的水分不同，故称量试样要求速度要快。

② 试样能吸附或放出水分，或具有挥发性，使称量质量改变，灼烧产物都有吸湿性，应盖上坩埚盖称量。

③ 被称物温度与天平温度不一致。如果被称物温度较高，能引起天平臂不同程度的膨胀，且有上升的热气流，使称量结果小于真实值。应将烘干或灼烧过的器皿在干燥器中冷却至室温后称量，但在干燥器中不是绝对不吸附水分，所以热的物品如坩埚等应保持相同的冷却时间后称量才易于恒重。

④ 容器包括加药品的塑料勺表面，由于摩擦带电可能引起较大的误差，这点常被操作者忽略。故天平室湿度应保持在50%~70%，过于干燥使摩擦而积聚的静电不易耗散。国外介绍可在天平箱内放一块沥青铀矿（Pitchblende）或类似的微弱放射性材料以电离空气，使积聚的电荷迅速消散。称量时要注意，如擦拭被称物后应多放一段时间再称量。

2. **天平和砝码不准确**

天平和砝码应定期（最少一年）检定。电子天平内部装有标准砝码。若砝码的实际质量与显示值不相符属于系统误差，可借使用标准砝码的校正值消除，一般分析工作经启用校准功能时，可获正确的称量数据。

3. **称量操作不当**

这是初学者称量误差的主要来源，如天平未调整水平、称量前后零点变动、开启天平过重，其中以开启天平过重、造成称量前后零点变动为主要误差，因此在称量前后检查天平零点是否变化，是保证称量数据有效的一个简易方法。

4. **环境因素的影响**

震动、气流、天平室温度太低或温度波动大等，均使天平变动性增大。

5. **空气浮力的影响**

一般分析工作中所称的物体，其密度小于砝码的密度，其体积比相应砝码的体积大，在空气中所受的浮力也大，在精密的称量中要进行浮力校正，一般工作可忽略此项误差。

第二节 定量分析用玻璃仪器与洗涤技术

定量分析用一般玻璃仪器和量器类玻璃仪器化学成分如表2-3所列。

表2-3 一般玻璃仪器和量器类化学成分　　　　　　　　　　单位：%

化学成分	SiO_2	Al_2O_3	B_2O_3	Na_2O　K_2O	CaO	ZnO
一般玻璃仪器	74	4.5	4.5	12	3.3	1.7
量器类	73	5	4.5	13.2	3.8	0.5

这类仪器均为软质玻璃,具有很好的透明度、一定的机械强度和良好的绝缘性能,与硬质玻璃比较(SiO_2 79.1,B_2O_3 12.5),热稳定性、耐腐蚀性差。

一、定量分析常用玻璃仪器

1. 称量瓶

称量瓶为带有磨口塞的玻璃小瓶,用于在天平上精确称量基准物或样品,其规格以外径×高表示,分为扁型和高型两种,其规格见表2-4。扁型用作测定水分或在烘箱中烘烤基准物,高型用于称量。在称量时盖紧磨口塞,以防止瓶内试样吸收空气中的水分。磨口塞应保持原配,不要盖紧塞子在烘箱中烘,以免打不开。

表2-4 称量瓶规格

形 状	容量/mL	瓶高/mm	直径/mm
扁型	10	25	35
	15	25	40
	30	30	50
高型	10	40	25
	20	50	30

2. 干燥器

烘干后的基准物、试样或灼烧后的沉淀,必须冷却到室温才能称量。为防止在冷却过程中吸收空气中的水分,必须放在干燥器中冷却。

干燥器是具有磨口盖的器皿。下部放干燥剂,常用的是变色硅胶或无水氯化钙(变色硅胶是掺有钴盐的硅胶,干燥时为蓝色,吸湿后变为粉红色。如吸水失效可在烘箱中于110℃烘干后又复现蓝色)。干燥器中有一块带孔的白瓷板(或玻璃板),孔上可放坩埚,其余部分可放称量瓶。干燥器的规格有直径为150mm、180mm、210mm等,颜色为无色或棕色。

3. 洗瓶

盛纯水或洗涤液供洗涤用,这里要特别指出,使用纯水淋洗玻璃仪器时应通过洗瓶压出细流进行洗涤。市售洗瓶一般为塑料制品,规格容量为250mL、100mL。

4. 试剂瓶

试剂瓶一般是指带有磨口玻璃塞的细口瓶,分无色和棕色两种,规格种类多,2L以上的大贮液瓶常为下口瓶。见光易分解的试剂及标准溶液应存放在棕色试剂瓶中,如$KMnO_4$、$AgNO_3$、$Na_2S_2O_3$、KI溶液等。贮存碱性溶液如$NaOH$、Na_2CO_3溶液应改用橡皮塞或用塑料瓶,以免因溶液腐蚀玻璃而打不开磨口塞。

应注意试剂瓶不能加热,一般不能用试剂瓶配制溶液,只能作为贮存溶液用。倒出溶液时应从标签的对面方向倾倒,以免不慎沾污标签。

试剂配好后应立即贴上标签标明试剂名称、浓度、配制日期。标签大小应相称,位置居于瓶的中上部。

目前市售试剂瓶中另一大类为塑料制品,耐酸碱腐蚀、质轻,为一般实验室常用,容量规格500mL、1000mL。

5. 表面皿（表皿）

表面皿为凹面玻璃片，其用途为盖烧杯、蒸发皿及漏斗等，所选表面皿直径要略大于所盖的容器。盖容器时表面皿的凹面应向下。这样，在定量分析用烧杯处理样品时，飞溅的液滴或冷凝物会聚凝在表面皿的凹面底部，可用洗瓶吹入原容器，使其不致丢失。表面皿不能用火直接加热。

表面皿有直径为45mm、60mm、75mm、90mm、100mm、120mm等规格。

6. 烧杯

用于盛放基准物质、配制溶液、溶解样品、沉淀样品与滴定样品等。加热时应置于石棉网上。

要注意选择适当规格的烧杯。烧杯、表面皿、玻璃棒应配套使用。用于进行沉淀的烧杯，杯壁不应有划痕。

当用烧杯做水浴加热时，应放去离子水，避免在杯壁结垢，破坏透明度。溶解样品搅拌时，要注意垂直玻璃棒的正确搅拌操作，不要任意碰壁出现划痕。

7. 锥形瓶和碘量瓶

锥形瓶用于滴定分析，盛放基准物或待测液用，常与表面皿配套使用。

碘量瓶为带有磨口塞的特制锥形瓶，用于碘量法测定或其他挥发性物质的定量分析。由于瓶口可以水封，防止碘挥发，基本为碘量法专用。

锥形瓶、碘量瓶规格为容量50mL、100mL、250mL、500mL、1000mL等。

8. 研钵

厚玻璃、瓷、玛瑙等不同质料制成，用于研磨固体试剂及样品，内底及杆均匀磨砂。使用时不可烘烤。规格为直径70mm、90mm、105mm。

9. 漏斗

漏斗分短颈和长颈两种。用于称量分析的漏斗一般用长颈漏斗（图2-7），直径6~7cm，具有60°圆锥角，颈的直径应小些（3~5mm），以便于在颈内保留水柱，由于水柱的重力吸引，加快过滤的速度。出口处呈45°角。短颈漏斗用作一般过滤。

漏斗规格：

长颈口径50mm、60mm、75mm，颈长150mm，锥体60°。

短颈口径50mm、60mm，颈长90mm、120mm，锥体60°。

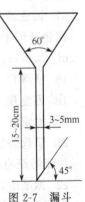

图2-7 漏斗

10. 分液漏斗

萃取、分离、富集、制备加液用，其中萃取、分离用分液漏斗为梨形、短颈，制备加液用分液漏斗为圆形、长颈。活塞均需原配。不可加热。规格为容量50mL、100mL、250mL、500mL、1000mL。

11. 砂芯玻璃漏斗（细菌漏斗、微孔玻璃漏斗）

过滤沉淀或去除微生物杂质。滤器滤板用玻璃粉末高温烧结而成，按微孔细度分为6个等级，各有不同用途，见表2-5。砂芯漏斗需与抽滤泵、抽滤瓶配套，用于抽滤。

表 2-5 砂芯过滤器规格

滤板牌号	孔径/μm	用途
P_{40}	16～40	滤除大颗粒沉淀及胶状沉淀
P_{16}	10～16	滤除大颗粒沉淀及气体洗涤
P_{10}	4～16	滤除细沉淀
P_4	1.6～4	滤除液体中细或极细沉淀,滤除较大杆菌及酵母
$P_{1.6}$	1.6以下	滤除 1.4～0.2μm 病菌

12. 抽滤瓶、抽气玻璃泵

抽滤砂芯玻璃漏斗与砂芯玻璃坩埚均需与抽气玻璃泵、抽滤瓶配套使用。抽气玻璃泵上端接自来水龙头,侧端接抽滤瓶,射流造成负压抽滤,抽滤瓶接收滤液。不同规格的抽滤泵抽滤能力不同。抽滤瓶规格为容量 250mL、500mL、1000mL、2000mL。

13. 砂芯玻璃坩埚

称量分析法中用于抽滤后烘干至恒重,其规格见表 2-4。

14. 吸收管

吸收管用于溶液吸收法采集气体样品。

15. 冷凝管

冷凝管用于冷凝蒸馏出的液体,回馏欲测样品。蛇形管与直形管适用于冷凝低沸点液体蒸气,球形管适用于回馏样品。冷凝沸点在140℃以上的液体蒸气可用空气冷凝管。冷凝管全长为 320mm、370mm、490mm 等。

16. 比色管

比色管用于比色分析,规格有容量 10mL、25mL、50mL、100mL 等。

17. 比色皿

比色皿用于光度分析,有玻璃、石英两种质料。容量规格有 0.5cm、1.0cm、2.0cm、3.0cm、5.0cm,微量比色皿 0.1mm 及毛细管吸收池盛放微升试液。

18. 移液管、吸量管(见第二章第三节)

19. 容量瓶(见第二章第三节)

20. 滴定管(见第二章第三节)

21. 凯氏烧瓶

用于溶解有机物和氮含量测定,容量有 50mL、100mL、300mL、500mL。

22. 标准磨口组合仪器

有机分析制取及分离样品用,其规格为上口内径/磨面长度(mm):$\phi10/19$、$\phi14.5/23$、$\phi19/26$、$\phi24/29$ 等。

23. 医用注射器与微量进样器

微量进样器也称微升注射器,是进行微量分析尤其是气相色谱分析实验必备的进样工具,常用规格有 1μL、5μL、10μL、25μL、50μL、100μL 等。

医用注射器是进行气体分析的取样工具,容量多用 100mL。

定量分析常用玻璃仪器见图2-8。

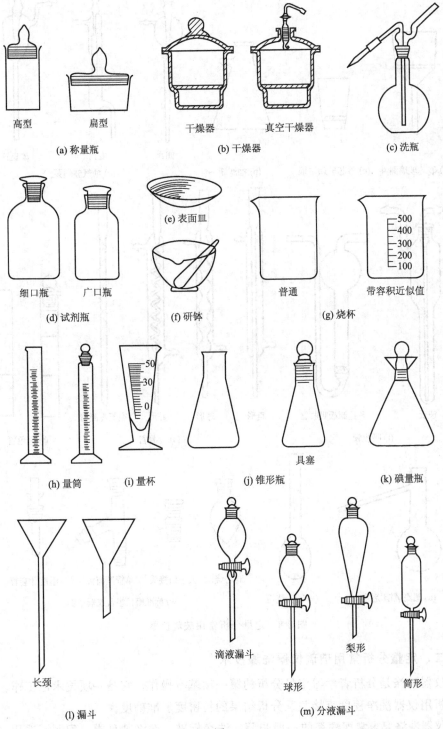

图 2-8

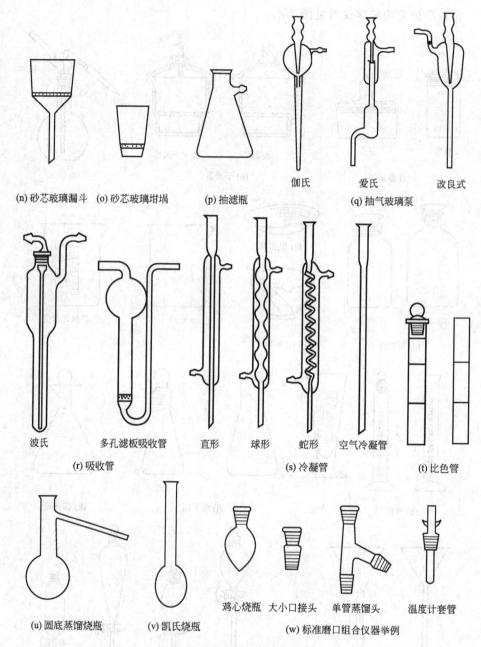

图 2-8 定量分析常用玻璃仪器

二、定量分析常用玻璃仪器洗涤技术

仪器洗涤是分析者学习定量分析的第一项基本操作,它是一项技术性工作。定量分析用仪器洗净程度直接关系分析结果的精密度、准确度。

仪器洗涤要求掌握洗涤的一般步骤。洗净标准,洗涤剂种类、配制、选用、用量等。洗涤仪器是一项手工操作的基本功。掌握它的关键在于认识它对分析测定的重要性。它是现代仪器分析不可缺少的手工操作,在以后的科研开发、微量分析测定中,分析测定的大部分时间用于洗净仪器。为此,从入门开始就要练好这个基本功。

1. 玻璃仪器洗净标准

洗净标准是当洗净仪器倒置时,内壁均匀地被水润湿,不挂水珠。做到这点必须遵守正确的洗涤步骤。

2. 洗涤步骤

洗涤的一般步骤是:先用水冲洗可溶性物质并用毛刷刷去表面黏附的尘土,然后蘸去污粉或洗衣粉刷洗,用自来水冲去去污粉或洗衣粉之后,再用去离子水淋洗,最后检查仪器内壁是否被水均匀润湿,不挂水珠,即仪器洗净。

3. 洗涤剂种类、配制及选用

实验室常用去污粉、洗衣粉、洗涤剂、洗液、稀盐酸-乙醇、有机溶剂等洗涤玻璃仪器。其中能用毛刷蘸去污粉、洗衣粉、洗涤剂直接刷洗的仪器是分析测定用的大部分非计量仪器,如烧杯、试剂瓶、锥形瓶等形状简单、毛刷可以刷到的仪器;另外和计量有关的仪器,如容量瓶、移液管、滴定管、比色管、比色皿、凯氏定氮瓶等需用洗液浸后洗涤。此外,沾污严重的玻璃仪器也要用洗液浸后洗涤。

(1) 洗涤剂的选用　一般玻璃仪器能用刷子及洗涤剂刷洗的,就不必用铬酸洗液,因铬(Ⅵ)毒性大,污染环境,用后要回收处理。

如上述方法仍不能洗净仪器,则要根据污物性质,采用各种洗涤剂。如油污可用无铬洗液、铬酸洗液、碱性高锰酸钾洗液、丙酮、乙醇等有机溶剂。碱性物质及大多数无机盐类可用1+1稀HCl洗液。$KMnO_4$沾污留下的MnO_2污物可用草酸洗液洗净。而$AgNO_3$留下的黑褐色Ag_2O可用碘-碘化钾洗液洗净。

使用各种洗液时,均应将容器控干水分,然后用洗液或温热洗液浸泡数分钟或半小时,用后将洗液倒回原瓶,可反复使用。用无铬洗液或铬酸洗液应注意避免稀释及其腐蚀性,若滴落到皮肤、衣物、地面均应立即洗去。

(2) 常用洗液配制及使用

① 铬酸洗液。20g $K_2Cr_2O_7$(工业纯)溶于40mL热水中,冷却后,在搅拌下缓慢加入360mL浓的工业硫酸。冷后移入试剂瓶中,盖塞保存。

新配制的铬酸洗液呈暗红色油状液,具有极强的氧化力、腐蚀性,去除油污效果极佳。使用过程中应避免稀释,防止对衣物、皮肤腐蚀。$K_2Cr_2O_7$是致癌物,对铬酸洗液的毒性应当重视,尽量少用、少排放。当洗液呈黄绿或绿色时,表明已经失效,应回收后统一处理,不得任意排放。

② 过硫酸铵洗液。46g $(NH_4)_2S_2O_8$溶于500mL 3mol/L硫酸溶液中,可作为铬酸洗液的替代物。

③ 碱性高锰酸钾洗液。4g $KMnO_4$溶于80mL水,加入40% NaOH溶液至100mL。由于六价锰有强的氧化性,此洗液可清洗油污及有机物。析出的MnO_2

可用草酸、浓盐酸、盐酸羟胺等还原剂除去。

④ 碱性乙醇洗液。2.5g KOH 溶于少量水中，再用乙醇稀释至 100mL；或 120g NaOH 溶于 150mL 水中，用 95%乙醇稀释至 1L。主要用于去油污及某些有机物沾污。

⑤ 盐酸-乙醇洗液。盐酸和乙醇按 1+1 体积比混合，是还原性强酸洗液，适用于洗去多种金属氧化物及金属离子的沾污。比色皿常用此洗液洗涤。

⑥ 乙醇-硝酸洗液。对难于洗净的少量残留有机物，可先于容器中加入 2mL 乙醇，再加 10mL 浓 HNO_3，在通风柜中静置片刻，待激烈反应放出大量 NO_2 后，用水冲洗。注意用时混合，并注意安全操作。

⑦ 纯酸洗液。用 1+1 盐酸、1+1 硫酸、1+1 硝酸或等体积浓硝酸+浓硫酸均可配制，用于清洗碱性物质沾污或无机物沾污。

⑧ 草酸洗液。5～10g 草酸溶于 100mL 水中，再加入少量浓盐酸。对除去 MnO_2 沾污有效。

⑨ 纯碱洗液。多采用 10%以上 NaOH、KOH 或 Na_2CO_3 去除油污，可浸煮玻璃仪器，但在容器中停留时间不得超过 20min，以免腐蚀玻璃。

⑩ 碘-碘化钾洗液。1g 碘和 2g KI 溶于水中，加水稀释至 100mL，用于洗涤 $AgNO_3$ 沾污后分解产物 Ag_2O。

⑪ 有机溶剂。有机溶剂如丙酮、苯、乙醚、二氯乙烷等，可洗去油污及可溶于溶剂的有机物。使用这类溶剂时，注意其毒性及可燃性。

⑫ 无铬洗液。市售无铬洗液为新开发的无污染强氧化性酸性洗液，将白色固体溶于浓 H_2SO_4 中配制而成，与上述铬酸洗液具有相同的去污效力。

4. 洗涤方法及几种定量分析仪器的洗涤

(1) 常规玻璃仪器洗涤方法　如前所述，应先用自来水冲洗 1～2 遍除去可溶性物质沾污后，视其沾污程度、性质，分别采用洗衣粉、去污粉、洗涤剂、洗液洗涤或浸泡，用自来水冲洗 3～5 次冲去洗液，再用去离子水淋洗 3 次，洗去自来水。残留水分用 pH 试纸检查，应为中性。

(2) 成套组合专用玻璃仪器洗涤方法　如凯氏定氮仪，除洗净每个部件外，用前应将整个装置用热蒸汽处理 5min。索氏脂肪提取器用乙烷、乙醚分别回流提取 3～4h。

(3) 要求特殊清洁的玻璃仪器的洗涤

① 比色皿。比色皿应当用有机溶剂洗涤除去有机显色剂的沾污。通常用盐酸-乙醇，洗涤效果好，必要时可用 HNO_3 浸洗，但避免用铬酸洗液等氧化性洗液浸泡。

② 砂芯玻璃滤器。此类滤器使用前需用热的 1+1 盐酸浸煮除去砂芯孔隙间颗粒物，再用水、蒸馏水抽洗干净，保存在有盖的容器中。用后，根据抽滤沉淀性质不同，选用不同的洗液浸泡洗净。例如，AgCl 用 1+1 氨水、$BaSO_4$ 用 EDTA-氨水、有机物用铬酸洗液、细菌用浓 H_2SO_4 与 $NaNO_3$ 洗液浸泡等。

③ 痕量分析用玻璃仪器。痕量元素分析对洗涤要求极高。一般所用玻璃仪器

要在1+1 HCl或1+1 HNO₃浸24h,而新的玻璃仪器或塑料瓶、桶浸泡时间更长达一周之久,还要在稀NaOH中浸泡一周,然后再依次用水、去离子水洗净。

④ 痕量有机物分析用玻璃仪器。痕量有机物分析所用玻璃仪器,通常用铬酸洗液浸泡,再用自来水、去离子水依次冲洗,最后用重蒸的丙酮、氯仿洗涤数次。

第三节 滴定分析常用仪器与滴定分析基本操作

在滴定分析中,经常要用到三种能准确测量溶液体积的玻璃仪器(称为容量分析仪器),这就是移液管、容量瓶和滴定管(见图2-9)。这三种仪器的洗涤及正确

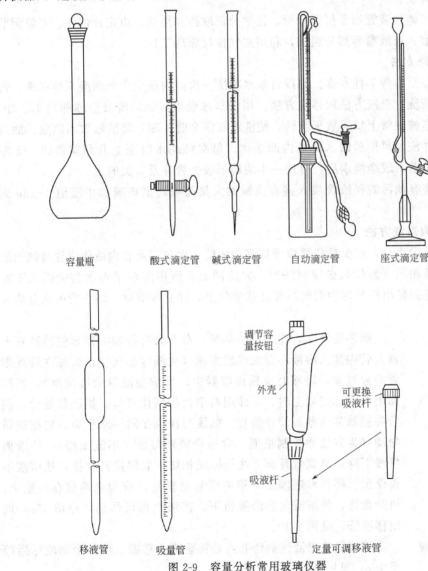

图2-9 容量分析常用玻璃仪器

使用是滴定分析最重要的基本操作，也是获得准确分析结果的必要条件。

一、移液管、吸量管洗涤方法与使用

移液管（或称无分度吸管）是用来准确移取一定体积的溶液的量器，它的中部直径较粗，两端细长，管的上端有一环形标线，表示在一定温度下（一般是20℃）移出液体的体积，该体积刻线在移液管中部膨大部分上。常用移液管的容积有5mL、10mL、25mL、50mL等。

吸量管（又称分度吸管）可用于移取不同体积的液体，管身直径均匀，刻有体积读数，常用的有0.1mL、0.5mL、1.0mL、2.0mL、5.0mL、10mL等，其准确度较移液管差。

定量可调移液管用于仪器分析、化学分析取样和加液，由定位部件、容量调节指示、活塞、吸液嘴等部分组成，利用空气排代原理工作。

1. 洗涤方法

应洗涤至内壁不挂水珠。先以自来水冲洗一次，内壁应完全润湿不挂水珠，否则可用洗液洗，吸液方法同移液方法。用洗耳球吸取，吸取洗液至球部约1/5处，用右手食指按住管上口，放平旋转，使洗液布满全管片刻，将洗液放回原瓶。然后用水充分冲洗，再用蒸馏水洗涤内部3次，每次将纯水吸至上升到球部的1/5左右，方法同前。放净纯水后，可用一小块滤纸吸去管外及管尖的水。

也可将有油污的移液管放入盛有洗液的大量筒或高型玻璃缸中浸泡15min到数小时。

2. 移取溶液方法

吹出管尖水分，用少量待移取溶液润洗内壁3次，以使管内液体浓度与试剂瓶中液体浓度相同（为什么必须润洗?）。方法同上，所用溶液量每次为全管1/5左右。要注意先挤出洗耳球中空气再接在移液管上，并立即吸取，防止管内水分流入试剂。

图2-10 吸取溶液

吸移溶液时，左手持洗耳球，右手大拇指和中指拿住移液管上部。管尖插入溶液不要太浅或太深（太浅容易吸空，太深在管外附着溶液过多，转移时流到接收器中，影响吸液量的准确度），当液面上升至标线以上时，立即用右手食指堵住管口，提起移液管，使管尖接触其内壁，管身垂直，标线与视线在同一水平面，食指微微松动（为方便地控制液面，食指应微潮湿而又不能太湿），使液面慢慢下降，直到弯月面下线与标线相切，立即按紧食指，使溶液不再流出。将锥形瓶倾斜，移液管管身垂直，管的末端靠在内壁上，放开食指，使溶液自然沿壁流下，溶液全部流尽后，停留15s，取出移液管，见图2-10。

移液管放出液体操作要点是：垂直、靠壁、液体全部流尽后停留15s，见图2-11。

3. 吸量管的使用方法（同上）

吸量管种类较多，应注意其使用方法不同。除上述量出式外，吸量管液体放出后，只需等候 3s。"不完全流出式"吸量管要注意看清最低标线，不可将液体全部放完。"吹出式"吸量管则在放完液体后随即吹出尖口端残液。这几种吸量管多为分度吸量管，准确度都较"慢流式"吸量管差一些。

二、容量瓶

容量瓶是一种细颈梨形平底瓶，具有磨口塞，瓶颈上刻有环形标线，当液体充满至标线时，表示在瓶上标示的温度（一般为20℃）下，液体体积为容量瓶上的标称容量。这种容量瓶一般是量入式的量器，用 In 表示，用来测定注入量器内溶液的体积。常用容量瓶的规格有 25mL、50mL、100mL、250mL、500mL、1000mL 等，按精度分为一等、二等，容量瓶有无色、棕色两种。

图 2-11 放出溶液

用容量瓶可以把精密称量的物质准确地配制成一定体积的溶液，或将溶液按一定比例准确地稀释，这个过程通常称为定容。容量瓶常和移液管联合使用。容量瓶磨口塞需原配，不可在烘箱中烘干。

1. 检查与洗涤方法

使用前应先检查：①环形标线位置离瓶口不能太近。②是否漏水。试漏的方法是加自来水至标线附近，盖好瓶塞，一手用食指按住塞子，一手用指尖顶住瓶底边缘，倒立 2min，如不漏水，将瓶直立，转动瓶塞 180°后，再倒转试漏一次。

洗净的容量瓶也要求倒出水后，内壁不挂水珠，否则必须用洗涤液洗。可用合成洗涤剂液浸泡或用洗液浸洗。用洗液洗时，先控去瓶内水分，倒入约 10～20mL 洗液，转动瓶子使洗液布满全部内壁，然后放置数分钟，将洗液倒回原瓶。再依次用自来水、纯水洗净。洗涤应遵守"少量多次"的原则。

如瓶内有污物，不能用硬毛刷刷，可用泡沫塑料制的刷子刷瓶颈，还可装入少许水及碎纸块，剧烈摇动去除污物。

2. 容量瓶使用方法

用容量瓶配制溶液的操作，一般是先将样品称量在小烧杯（250mL 容量瓶用 50mL 或 100mL 烧杯）中，加入少量水或适当的溶剂使之溶解，必要时可加热。待全部溶解并冷却后，将溶液沿玻璃棒注入瓶中，倒完溶液后，将烧杯沿玻璃棒轻轻向上提，同时慢慢将烧杯直立，用洗瓶吹洗烧杯壁和玻璃棒 5 次，同上法将洗涤液转移至容量瓶中，每次用水约 10mL，完成定量转移，见图 2-12。

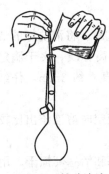

图 2-12 转移溶液

加水稀释至体积为容量瓶的 3/4 时，用拇指和中指拿住瓶

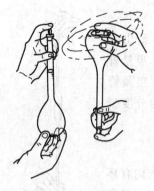

图 2-13 摇匀溶液

颈标线以上的地方，旋摇量瓶作初步混匀，此时不要盖上瓶塞倒转摇动。继续小心加入纯水，至近标线时，应等候 1~2min，待瓶壁水流下，用洗瓶或滴管滴加水至眼睛平视时弯月面下缘与环形标线相切为止。盖好瓶塞，以一只手食指压住瓶塞，另一只手的手指托住瓶底边缘，将瓶倒转，振荡，再直立，如此反复至少十多次，混匀溶液，见图 2-13。

要注意定容时的溶液温度应当与室温相同。

不宜在容量瓶中长期存放溶液，如保存溶液应转移到试剂瓶中，试剂瓶应预先干燥或用少量该溶液洗 3 次。

三、滴定管

滴定管是滴定时用来准确测量流出的操作溶液体积的量器，按其容积分为常量、半微量和微量滴定管。

滴定管按容积分为常量 25mL、50mL、100mL，最常用的是 50mL，最小刻度是 0.1mL，可估读到 0.01mL，测量溶液体积读数最大误差为 0.02mL。此外还有半微量、微量滴定管，容积为 10mL、5mL、4mL、3mL、2mL、1mL、0.5mL、0.2mL、0.1mL。精度为一等、二等。

滴定管按控制流出液方式区分，下端有玻璃活塞的称具塞滴定管，常称酸式滴定管，而无活塞，用乳胶管连接尖嘴玻璃管，乳胶管内装有玻璃珠以控制液流的称无塞滴定管，常称碱式滴定管。

酸式滴定管适用于装酸性、中性及氧化性溶液，不适于装碱性溶液，因为碱能腐蚀玻璃，时间一长，活塞便无法转动。碱式滴定管适用于装碱性溶液，凡能与橡皮管起作用的溶液，如 $KMnO_4$、$AgNO_3$、I_2 溶液等不应装入碱管。棕色滴定管用以装见光易分解的溶液。酸管的准确度比碱管稍高，除了不宜用酸管的溶液，一般均应用酸管。

滴定管尚分无色、棕色两种。自动滴定管需与打气用双连球及储液瓶配套使用，适用于需隔绝空气的滴定液。

1. 滴定管的准备

(1) 检查　酸管检查活塞是否匹配，管尖是否完整，然后试漏。将清洗好的活塞芯和活塞套润湿（按规定是不涂油检查），旋紧关闭充水至最高标线，夹于滴定管架上，等待 30min，若漏水超过 2 小格者应停止使用，也可直立约 3min，仔细观察活塞周围及管尖有无水渗出。

碱管要选用直径合适的胶管和大小适中的玻璃球（过大，滴定时溶液流出比较费劲；过小，溶液要漏出），直立放置 2min，观察管尖是否漏水。

(2) 涂油　将滴定管平放于实验台上，用一小块滤纸将活塞和活塞套擦干，用无名指蘸少量凡士林（或真空油脂）在活塞孔两边沿圆周均匀各涂一薄层，注意活塞孔近旁不要涂太多。然后把活塞小心地插入活塞套内，向同一方向旋转几次，涂好油的活塞应呈透明状，无气泡和纹路，旋转灵活。顶住活塞，套上小胶圈，装入水并放水检验是否漏水或堵塞，见图2-14。

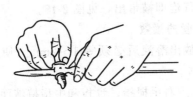

(a) 用小布卷擦干净活塞槽

(c) 活塞涂好凡士林，再将滴定管的活塞槽的细端涂上凡士林

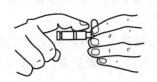

(b) 活塞用布擦干净后，在粗端涂少量凡士林，细端不要涂，以免沾污活塞槽上、下孔

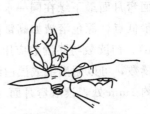

(d) 活塞平行插入活塞槽后，向一个方向转动，直至凡士林均匀

图2-14 酸式滴定管活塞涂抹凡士林的操作

涂油的关键一是活塞必须干燥，二是掌握薄而均匀。涂油过少，润滑不够，容易漏水；涂油过多，容易把孔堵住。如果活塞孔被凡士林堵住，可以取下活塞，用细铜丝捅出。如果管尖被凡士林堵塞，可以将水充满全管，将出口管尖浸在一小烧杯热水中，温热片刻后，打开活塞，使管内水突然冲下，即可将熔化的油带出。

（3）洗涤　滴定管必须洗净至管壁完全被水润湿不挂水珠，否则，滴定时溶液沾在壁上，将影响容积测量的准确性。

用自来水冲洗滴定管，用特制的滴定管软毛刷（用泡沫塑料刷更好）蘸合成洗涤剂水刷洗，如用此法仍不能洗净，可用约10mL洗液润洗滴定管内壁或浸泡15min。洗碱管时应去掉胶管，倒立于装洗液的瓶中，用洗耳球或连接抽气泵吸入洗液浸洗。用自来水充分洗净。最后用纯水洗3次，每次用水5～10mL，双手水平持滴定管两端无刻度处，边转动滴定管边向管口倾斜，使水清洗全管，立起后从出口管放出。关闭活塞，将其余水从管口倒出，也可把全部水从下口放出。从管口倒出水时一定不要打开活塞，以免活塞上的油脂冲入管内沾污管壁。

（4）标准溶液淋洗　用标准溶液淋洗滴定管三次，洗法与用纯水洗相同。淋洗及装入标准溶液时应由瓶中直接倒入滴定管，不要通过烧杯、漏斗等其他容器，以免浓度变化。

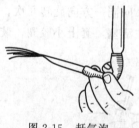

图 2-15 赶气泡

(5) 赶气泡　调整刻度前应排除管尖气泡。对于酸管，可将活塞迅速打开，利用溶液的急流把气泡逐出。碱管可将管身倾斜约30℃，左手两指将胶管稍向上弯曲，轻轻挤捏稍高于玻璃球处的胶管，使溶液从管口喷出，气泡即被带出，见图 2-15。

2. 滴定管的读数

装满或放出溶液后必须等 1~2min，使附着在内壁的溶液流下后再进行读数。

读数时，可以夹在滴定管夹上，也可用右手拇指、食指和中指持液面上部无刻度处，使滴定管竖直，进行读数，不管用哪种方法，均应使滴定管保持垂直状态。眼睛应和液面弯月面最下缘在同一水平面上，如图 2-16（a）。对于无色溶液，读取弯月面下缘最低点，深色溶液如高锰酸钾等，最低点不易观察时可读两侧最高点，如图 2-16（b）。初读数与终读数应用同一标准。

为协助读数，可以用黑纸或黑白纸板作为读数卡，衬在滴定管背面，黑色部分在弯月面下约1mm处，读取弯月面（变成黑色）下缘最低点，如图 2-16（c）。

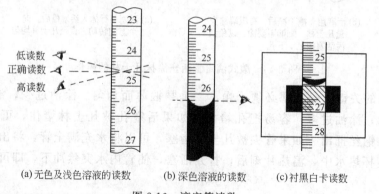

(a) 无色及浅色溶液的读数　　(b) 深色溶液的读数　　(c) 衬黑白卡读数

图 2-16　滴定管读数

3. 滴定操作

将标准溶液从滴定管逐滴加到被测溶液中去，直至由指示剂的颜色转变（或其他手段）指示滴定终点时，这个操作过程称为滴定。

滴定操作可以在锥形瓶或烧杯中进行，下衬白瓷板作背景。

① 将滴定管垂直夹在滴定管架上，滴定管下端伸入锥形瓶口约1cm，瓶底离瓷板约2~3cm。使用酸管时，左手无名指和小指向手心弯曲，轻轻抵着出水管口，拇指在管前，食指和中指在管后，控制活塞的转动，转动时应将活塞往里扣，不要向外用力，防止顶出活塞。适当旋转活塞的角度，即可控制流速，见图 2-17。

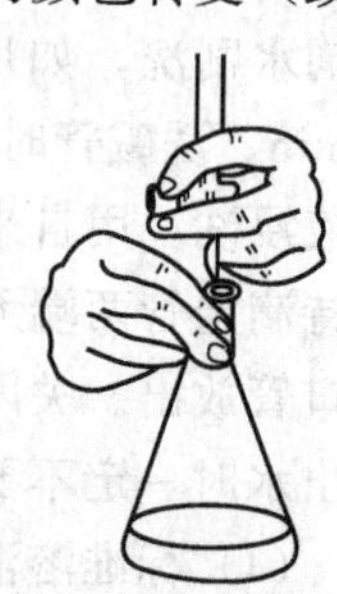

使用碱管时，以左手拇指和食指向侧下方挤压玻璃球所在

图 2-17　酸式滴定管操作方法

部位的胶管，使溶液从空隙处流出，无名指和小指夹住出口管，不使其摆动撞击锥形瓶。注意不能使玻璃球上下移动及由于挤捏球的下部造成管尖吸入气泡，见图2-18。

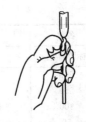

图2-18 碱式滴定管操作方法

② 边摇边滴定。滴定前记录滴定管初读数，用小烧杯内壁碰去悬在滴定管尖端的液滴。滴定时右手持锥形瓶颈，边摇动，边滴加溶液，眼睛注意观察溶液颜色变化。滴定过程左手自始至终不能离开活塞，任溶液自流。

③ 滴定液加入速度及控制终点。溶液滴入速度不能太快，一般以每秒3～4滴为宜，不可呈液柱加入。接近终点时，应改变滴速，每加入一滴溶液应充分摇动几下，直到终点停止滴定，读取读数。

④ 每次滴定均应从刻度0开始，以使由于滴定管的刻度不够准确造成的系统误差可以抵消。

⑤ 滴定液所用的适宜体积为20～30mL，滴定管的读数误差为±0.02mL，当滴定液体积20mL时，误差为±0.1%，符合要求。如果滴定液体积过小，其误差将超过±0.1%，若体积过大，超过50mL，要用两管溶液，读数次数增为4次，反而增加了误差。

⑥ 在烧杯中滴定的操作方法：滴定管伸入烧杯1cm左右，管尖在左后方，右手持搅拌棒在右前方以圆周状搅拌溶液，不要接触烧杯壁及底。加半滴溶液时，用搅拌棒下端轻轻接触管尖悬挂液滴将其引下，放入溶液中搅拌，注意搅拌棒不要触及管尖。

4. 滴定管用后的处理

滴定管用毕，把其中剩余的溶液倒出弃去（不能倒回原瓶），用自来水清洗数次，然后用纯水充满滴定管，盖上滴定管帽，或用纯水洗净后倒置于滴定管夹上。碱溶液腐蚀玻璃，用完应立即洗净。滴定管长期不用时，酸管应在磨口塞与塞套之间加垫纸片，再以皮筋拴住，以防日久打不开活塞。碱管应取下乳胶管，拆除玻璃珠及管尖，洗净、擦干，施少量滑石粉，包好保存，以免胶管老化粘住。

第四节 容量仪器的校正

由于制造工艺的限制、试剂的侵蚀等原因，容量仪器的实际容积与它所标示的容积（标称容量）存在或多或少的差值，此差值必须符合一定标准（容量允差）。根据（JJG 196—79）《基本玻璃量器规程》规定，量器的容量允差见表2-6。量器按其精度（容量允差）的高低和流出的时间分为A级、A_2级和B级三种（过去分为Ⅰ级、Ⅱ级），并在量器上标出。

量器的准确度对于一般分析已经满足要求，但在要求较高的分析工作中则须进行校正。一些标准分析方法规定对所用量器必须校正，因此有必要掌握量器的校正方法。

表 2-6　量器的容量允差表　　　　　　　　　　　　单位：mL

名称	滴定管		无分度吸管		容量瓶	
标称容量	A 级	B 级	A 级	B 级	A 级	B 级
500					±0.25	±0.50
250					±0.15	±0.30
100	±0.10	±0.20	±0.08	±0.16	±0.10	±0.20
50	±0.050	±0.100	±0.050	±0.10	±0.05	±0.10
25	±0.04	±0.080	±0.080	±0.060	±0.03	±0.06
10	±0.025	±0.050	±0.020	±0.040	±0.02	±0.04
5	±0.010	±0.020	±0.015	±0.030	±0.02	±0.04

容器内所能容纳的液体或气体体积称为容量。国际上规定涉及量器的容量时体积的单位是立方厘米（cm^3），毫升（mL）常作为立方厘米（cm^3）的代称使用。

容量仪器的校正在实际工作中通常采用绝对校正和相对校正两种方法。

一、绝对校正

即衡量法（称量法），称量量器中所容纳或放出的水的质量，根据水的密度计算出该器在 20℃时的容积。

由质量换算成容积时，需对以下三个因素进行校正：

① 水的密度随温度而改变；
② 空气浮力对称量水质量的影响；
③ 玻璃容器的容积随温度而改变。

为便于计算，将此三项校正值合并而得到一个总校正值，列于表 2-7 中。

表 2-7　水的体积和质量换算表（供校准玻璃容量仪器体积用）

温度 t/℃	水所占的体积 V/mL·g^{-1}	温度 t/℃	水所占的体积 V/mL·g^{-1}
10	1.00161	23	1.00341
11	1.00169	24	1.00363
12	1.00177	25	1.00384
13	1.00186	26	1.00409
14	1.00196	27	1.00433
15	1.00207	28	1.00458
16	1.00220	29	1.00484
17	1.00236	30	1.00511
18	1.00250	31	1.00539
19	1.00267	32	1.00569
20	1.00283	33	1.00598
21	1.00301	34	1.00629
22	1.00321	35	1.00659

设 V_{20} 是玻璃量器在 20℃时所具有的容积。在 20℃称得水质量 mg。则

$$V_{20} = m_t V$$

移液管、容量瓶、滴定管都可应用衡量法进行绝对校正。具体方法见有关实验。

二、相对校正

在很多情况下，容量瓶和移液管配套使用，因此，二者的容积之间的比例关系是否正确比校正二者的绝对容积更为重要。例如，250mL 容量瓶的容积是否为 25mL 移液管所放出液体体积的 10 倍，可以用相对校正的方法来检验。即用移液管准确量取纯水 10 次，放入清洁、干燥的容量瓶中，观察液面最低点是否与环形标线相一致。

三、温度改变时溶液体积的校正

上述容量器皿的校正，容积是以 20℃为标准的，即只是在 20℃时使用是正确的，但随着温度的变化，溶液密度改变，溶液的体积将发生改变。因此如果不是在 20℃使用，则量取溶液的体积亦需进行校正。

通常于 t_2℃配制的溶液，计算此溶液 20℃时的浓度，若使用时为 t_2℃，则将所使用溶液的体积换算为 20℃时应占的体积（如在同一温度下配制和使用，此项校正值将抵消）。表 2-8 列出了在不同温度下 1000mL 水或稀溶液换算到 20℃时，其体积（mL）的增减（ΔV）。

表 2-8　不同温度下 1000mL 水（或稀溶液）换算到 20℃时的体积校正值

温度/℃	水或 0.1mol·L^{-1} 溶液,ΔV/mL	1mol·L^{-1} 溶液,ΔV/mL	温度/℃	水或 0.1mol·L^{-1} 溶液,ΔV/mL	1mol·L^{-1} 溶液,ΔV/mL
5	+1.4	+3.0	20	0.0	0.0
10	+1.2	+2.0	25	−1.0	−1.3
15	+0.8	+1.0	30	−2.3	−3.0

第五节　称量分析基本操作

称量分析基本操作有沉淀技术、恒重技术，其中沉淀技术不仅用于分析测定，也用于各种材料制备及分离，恒重技术从根本上讲仍然是称量基本操作。

一、样品的溶解

准备好洁净的烧杯，配以合适的玻璃棒（其长度约为烧杯高度的一倍半）及直径略大于烧杯口的表面皿。称取一定量的样品，放入烧杯后，将溶剂顺器壁倒入或沿下端紧靠杯壁的玻璃棒流下，防止溶液飞溅。如溶样时有气体产生，可将样品用水润湿，通过烧杯嘴和表面皿间的缝隙慢慢注入溶剂，作用完后用洗瓶吹水冲洗表面皿，水流沿壁流下。如果溶样必须加热煮沸，可在杯口上放玻璃三角或挂三个玻璃勾，再在上面放表面皿。

二、沉淀

根据沉淀性质采用不同的沉淀操作。

1. 晶形沉淀

要求在热溶液中进行沉淀，将试液在水浴或电热板上加热后，一手持玻璃棒充分搅拌（勿碰烧杯壁及底），另一手拿滴管滴加沉淀剂，滴管口接近液面滴下，以免溶液溅出。滴加速度可先慢后稍快。

检查沉淀是否完全：将溶液放置，待沉淀下沉后，沿杯壁向上层清液中加一滴沉淀剂，观察滴落处是否出现浑浊。如不出现浑浊即表示沉淀完全，否则应补加沉淀剂至检查沉淀完全为止。

沉淀完全后，盖上表面皿，在水浴上陈化 1h 左右或放置过夜进行陈化。

2. 无定形沉淀

在热溶液中，用较浓的沉淀剂沉淀，加沉淀剂和搅拌的速度要快些，沉淀完全后，用热水稀释，趁热过滤，不必陈化。

三、过滤和洗涤

对于需要灼烧的沉淀常用滤纸过滤，而对于过滤后只需烘干即可称量的沉淀，可采用微孔玻璃坩埚（或漏斗）过滤。

1. 用滤纸过滤

（1）选择滤纸 在称量分析中过滤沉淀应当采用"定量滤纸"。每张滤纸灼烧后的灰分在 0.1mg 以下，故又称"无灰滤纸"，小于天平的称量误差（0.2mg）。滤纸规格见表 2-9、表 2-10。还应根据沉淀的不同类型选用适当的滤纸：非晶形沉淀如 $Fe(OH)_3$、$Al(OH)_3$ 等不易过滤，应选用孔隙大的快速滤纸，以免过滤太慢；粗大的晶形沉淀如 $MgNH_4PO_4$ 等，可用中速滤纸；细晶形沉淀如 $BaSO_4$、CaC_2O_4 等因易穿透滤纸，应选用最紧密的慢速滤纸。选择滤纸直径的大小应与沉淀量相适应（沉淀应装到相当于滤纸圆锥高度的 1/3～1/2）。此外，滤纸的大小还应与漏斗相适应，滤纸应比漏斗上缘低约 1cm。

表 2-9 定量滤纸（GB 1514）

项　目	规　定		
	快　速	中　速	慢　速
	201	202	203
单位面积质量/g·m^{-2}	80.0±4.0	80.0±4.0	80.0±4.0
分离性能（沉淀物）	氢氧化铁	碳酸锌	硫酸钡
过滤速度/s ≤	30	60	120
湿耐破度（水柱）/mm ≥	120	140	160
灰分/% ≤	0.01	0.01	0.01
标志（盒外纸条）	白色	蓝色	红色
圆形纸直径/mm	55、70、90、110、125、180、230、270		

表 2-10　定性滤纸（GB 1515）

项　目		规　　定		
		快　速	中　速	慢　速
		101	102	103
单位面积质量/g·m^{-2}		80.0±4.0	80.0±4.0	80.0±4.0
分离性能(沉淀物)		氢氧化铁	碳酸锌	硫酸钡
过滤速度/s	≤	30	60	120
灰分/%	≤	0.15	0.15	0.15
水溶性氯化物/%	≤	0.02	0.02	0.02
含铁量/%	≤	0.003	0.003	0.003
标志(盒外纸条)		白色	蓝色	红色
圆形纸直径/mm		55、70、90、110、125、150、180、230、270		
方形纸尺寸/mm		600×600、300×300		

（2）漏斗　应选用长颈漏斗以便形成水柱，加快过滤速度。漏斗锥体角为60°，出口处为45°，颈的直径要小些，约为3mm，以利于保留水柱。

（3）滤纸的折叠　折叠滤纸的手要先洗净擦干。首先把滤纸沿直径对折，再对折成一直角，锥顶不能有明显折痕。折好的滤纸呈圆锥体后，放入漏斗。此时，滤纸锥体的上缘应与漏斗密合，如果漏斗为60°角，滤纸锥体角应稍大于60°。为此第二次再对折时，不要把两角对齐，而向外错开一点。为保证滤纸与漏斗密合，第二次对折时不要折死，先放入漏斗中试，可以稍稍改变滤纸的折叠程度，直到与漏斗密合，再把第二次的折边折死（滤纸尖角不要重叠，以免破裂）。把圆锥体三层厚的外层撕去一角（留后面有用），使滤纸的边缘更好地紧贴漏斗壁，然后将此滤纸放入漏斗内，见图2-19。漏斗边缘应比滤纸上缘高出0.5~1cm，滤纸三层的一边应放在漏斗出口短的一边。用洗瓶吹水润湿全部滤纸，用干净手指轻压滤纸，以逐去滤纸与漏斗间的气泡，加水至滤纸上口，水流尽后，颈中仍有水柱，这样过滤时漏斗颈内才能充满滤液，使过滤速度加快。如水柱做不成，可以用手指堵住漏斗下口，稍稍掀起滤

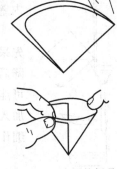

图 2-19　滤纸的折叠

纸多层的一边，用洗瓶向滤纸和漏斗间的空隙内加水，直到漏斗颈及锥体的一部分被水充满，然后慢慢放开下面堵住出口的手指，并随着水柱往下流时，立即按紧滤纸，此时水柱即可形成。如果仍不能保持水柱或水柱不连续，则表示滤纸没有完全贴紧漏斗壁，或是因为漏斗颈不干净，必须重新放置滤纸或重新清洗漏斗。如还不能形成水柱，可能是漏斗颈太粗，应更换漏斗。

2. 用微孔玻璃坩埚（或漏斗）过滤

有些沉淀不能与滤纸一起灼烧，否则易被碳还原，如氯化银沉淀。有些沉淀不

需要灼烧，只需要干燥即可称重，如丁二肟镍沉淀，也不能用滤纸过滤，因滤纸烘烤后，质量会改变，影响分析结果。在这种情况下，应用微孔玻璃坩埚（或漏斗）来过滤。在定量分析中，一般用 P_4 过滤细晶形沉淀（相当于慢速滤纸），用 P_{10} 过滤一般的晶形沉淀（相当于中速滤纸）。

应用微孔玻璃坩埚过滤时，一般用抽滤法。在抽滤瓶口配一个橡皮垫圈，插入坩埚，瓶侧的支管用橡皮管与玻璃抽水泵相连，进行减压过滤。过滤结束时，应先去掉抽滤瓶上的胶管，然后关闭水泵，以免水倒吸入抽滤瓶中。

微孔玻璃坩埚使用前，一般先用酸（盐酸或硝酸）处理，然后用水抽洗干净，烘干备用。这种坩埚耐酸力强，但耐碱力差，不适于过滤强碱溶液，也不能用强碱来处理。用过的玻璃坩埚应立即用适当的洗涤液洗净，用纯水抽洗干净后烘干备用。

微孔坩埚可在 105～180℃下烘干。测定时，空的微孔坩埚应在烘干沉淀的温度下烘至恒重。

沉淀的转移和洗涤方法与滤纸过滤相同。

3. 沉淀的过滤

过滤和洗涤要一次完成，不能间断，否则沉淀干固黏结后，很难完全洗净。

过滤前，先洗净烧杯，以承接滤液，滤液可用作其他组分的测定。有时滤液可弃去，但考虑到过滤过程中万一沉淀渗滤或滤纸破裂，需要重新过滤，故应该用洗净的烧杯接取滤液。为防止滤液外溅，应将漏斗颈的下端与烧杯内壁相靠。

过滤时，为避免沉淀堵塞滤纸的空隙，影响过滤速度，一般先采用倾泻法过滤，如图 2-20 所示。倾斜静置烧杯，待沉淀下降后，将玻璃棒与烧杯嘴贴紧，下端对着滤纸三层一边，并应尽可能接近，但不能接触滤纸，将上层清液顺玻璃棒倾入漏斗中，加入溶液不应过满，以充满滤纸的 2/3 为宜，以免少量沉淀因毛细作用越过滤纸上缘，造成损失。

图 2-20 倾泻法过滤

暂停倾注时，应沿玻璃棒将烧杯嘴往上提，逐渐使烧杯直立，然后将玻璃棒移入烧杯。这样才能避免留在棒端及烧杯嘴上的液体流至烧杯外壁。玻璃棒放回烧杯时，勿将清液搅浑，也不要靠在烧杯嘴处，以防沾上沉淀。在过滤刚开始时就要检查滤液是否透明，如有浑浊，应查明原因消除之。

4. 沉淀的洗涤和转移

洗涤沉淀时，既要除去吸附在沉淀表面的杂质，又要防止溶解损失。

根据沉淀的性质和沉淀反应的要求，洗涤液有三种。

① 晶形沉淀一般用冷的沉淀剂稀溶液作洗涤液，这样可以减少沉淀溶解的量（如果沉淀剂是不挥发性物质，就不能用沉淀剂溶液作洗涤液）。

② 胶状沉淀用热的含少量电解质（如铵盐）的水溶液作洗涤液，可防止胶溶。
③ 易水解的沉淀用有机溶剂作洗涤液。

洗涤沉淀一般是先在原烧杯中用倾泻法洗涤，沿杯壁四周加入10～20mL洗涤液，用玻璃棒搅拌，静置，待沉淀沉降后倾注。如此重复4～5次，每次应尽可能使洗涤液流尽。

转移沉淀时，加入少量洗涤液，将溶液搅浑，立即将沉淀连同洗涤液一起转移到滤纸上，至大部分沉淀转移后，最后少量沉淀的转移方法是左手持烧杯，用食指按住横搁在烧杯口上的玻璃棒，玻璃棒下端比杯嘴长出2～3cm，将烧杯斜置在漏斗上方，玻璃棒下端靠近滤纸的三层处，右手拿洗瓶，用洗瓶水吹洗烧杯内壁黏附有沉淀处及全部杯壁，直至洗净烧杯。杯壁和玻璃棒上可能还黏附有少量沉淀，可用淀帚擦下，也可用玻璃棒头上卷一小片滤纸（原撕下的）呈淀帚状，抹下杯壁的沉淀，擦过的滤纸放入漏斗中，见图2-21和图2-22。

沉淀转移到滤纸上后，再在滤纸上进行最后的洗涤。这时，可用洗瓶吹入洗涤液，从滤纸边缘开始向下螺旋形移动，将沉淀冲洗到滤纸底部，但不可将洗涤液直接冲至滤纸中央，以免沉淀外溅，反复几次，直至洗净。每次洗涤必须待前一次的洗涤液流尽后再加第二次洗涤液，这样洗涤的效果才好，见图2-23。

图2-21 最后少量沉淀的冲洗　　图2-22 淀帚　　图2-23 洗涤沉淀

洗涤的次数在操作规程中一般都有明文规定，例如"洗涤6～8次"或"洗至流出液无某离子为止"。为了提高洗涤效果，应按照"少量多次"的原则进行洗涤。

四、沉淀的干燥和灼烧

沉淀的干燥和灼烧是在一个预先灼烧至恒重的坩埚中进行的。因此在沉淀的干燥和灼烧前，必须先准备好坩埚。

瓷坩埚可以耐高温灼烧。为了除去水分和某些可能在高温下发生变化的组分（氧化或挥发），空坩埚必须先灼烧至恒重。

1. 坩埚的准备

将瓷坩埚洗净，小火烤干，编号（可用含Fe^{2+}和Co^{2+}的墨水在坩埚外壁和盖上编号），然后在所需温度下，加热灼烧，灼烧可在煤气灯上或高温炉中进行。由于温度突升或突降，常使坩埚破裂，最好先将坩埚放入冷的炉膛中，再逐渐升高温度或者将坩埚在已升至较高温度的炉膛口预热一下（取出时亦可先在炉口稍冷），再放入炉膛中，第一次灼烧30min（新坩埚需灼烧1h）。从高温炉中取出坩埚时，应先切断电源，使高温炉降温（一般降至300～400℃），取出的坩埚先放在瓷板上，在空气中冷却至不灼手时，移入干燥器中，将干燥器移至天平室，冷却至室温（一般30min或40min），取出称量。

应该注意，当将热的坩埚放入干燥器时，应先将盖留一缝隙，稍等几分钟再盖好，而且要前后推动稍稍打开2～3次，否则，过些时间，干燥器内的空气冷却下来，器内压力降低，有打不开盖的危险。

第二次在相同温度下灼烧15～20min，冷却和称量。前后两次称量的质量之差不大于0.2mg（或0.3mg），即可认为坩埚已达恒重，否则再灼烧一次，直至恒重。灼烧空坩埚的温度必须与灼烧沉淀的温度相同。

2. 沉淀的包裹

对于晶形沉淀，用顶端烧扁的玻璃棒将滤纸的三层部分挑起，再用洗净的手将滤纸和沉淀一起取出包好，最好包得紧些，但不要用手指压沉淀，将滤纸厚处朝上，有沉淀的部分朝下，放入坩埚中，见图2-24(a)。

如为胶体沉淀，体积较大，可在漏斗中进行包裹，即用扁头玻璃棒将滤纸边挑起，向中间折叠，将沉淀全部盖住，再用玻璃棒将滤纸转移到坩埚中，滤纸的三层厚处朝上，有沉淀的部分朝下，见图2-24(b)。

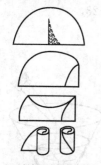

(a)过滤后滤纸的折卷　　(b)胶体沉淀滤纸的折卷

图2-24　沉淀后滤纸的折卷

如漏斗上沾有细微沉淀，可用滤纸擦下，与沉淀包卷在一起。以上操作应勿使沉淀有任何损失。

3. 沉淀的烘干和滤纸的炭化、灰化

将泥三角置于铁环上，调好泥三角位置高低，将放有沉淀的坩埚斜放在泥三角上，坩埚口朝泥三角的顶角，把坩埚盖斜倚在坩埚口的中部。煤气灯火焰应放在坩埚盖中心之下。用小火烘烤坩埚（热空气流反射至坩埚内部，水汽从上面逸出），使滤纸和沉淀慢慢干燥。这时温度不能太高，否则坩埚会因与水滴接触而炸裂，见图2-25。

待滤纸和沉淀干燥后，将煤气灯移至坩埚底部，稍微增大火焰，使滤纸炭化。防止滤纸着火，否则会使沉淀飞散而损失，如滤纸着火，可用坩埚盖盖住（切不可吹火），同时移去煤气灯，使火焰熄灭，见图2-26。

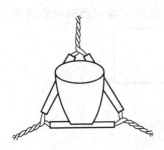

图 2-25 坩埚斜放在泥三角上

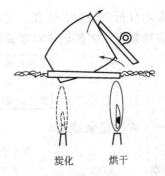

图 2-26 烘干和炭化

4. 沉淀的灼烧与恒重

当滤纸炭化后,可逐渐提高温度,并随时用坩埚钳转动坩埚,把坩埚内壁上的黑炭完全烧去。待滤纸灰化后,将坩埚垂直地放在泥三角上,盖上坩埚盖(留一小孔隙),于指定的温度(如 800℃ 或 900℃)下灼烧沉淀,或将坩埚放在高温炉中灼烧。

一般第一次在指定温度下灼烧 15~20min,取下,放在空气中,待稍冷后,转入干燥器,冷却至室温(一般需 30min)称量。然后在相同温度下再灼烧 10~15min,同前冷却称量。前后两次称得的质量之差不大于 0.2mg(或 0.3mg)就算恒重。恒重的关键是坩埚及沉淀灼烧和冷却的温度及时间要求相同,即定温、定时。

5. 干燥器的使用方法

干燥器底部盛放干燥剂,最常用的干燥剂是变色硅胶,其上搁置洁净的带孔瓷板,坩埚等即可放在瓷板孔内。

在沉淀的恒重过程中,应将灼烧后的坩埚,在空气中稍冷后,再放入干燥器内。当将较热的物体放入干燥器中后,空气受热膨胀会把盖子顶起来,为了防止盖子被打翻,应当用手按住,不时把盖子稍微推开(不到 1s),以放出热空气。

灼烧或烘干后的坩埚和沉淀,在干燥器内不宜放置过久,否则会因吸收一些水分而使质量略有增加。

搬移干燥器时,要用双手拿着,用大拇指紧紧按住盖子,如图 2-27 所示。

图 2-27 搬干燥器的动作

打开干燥器时,不能往上掀盖,应用左手按住干燥器,右手小心地把盖子稍微推开,等冷空气徐徐进入后,才能完全推开,盖子必须仰放在桌子上。

不可将太热的物体放入干燥器中。

第六节 实验数据记录、报告范例

实验数据记录既是良好的实验习惯,又是一项不应忽略的基本功。分析测定的准确要求分析者细致、认真，记录数字清楚整洁，修改数据遵守有关规定，并正确运用有效数字。实验记录本要编页号，不得撕下。每次实验记录的内容应为：

实验名称	编页号
日　　期	天平号
称量记录	

一、实验记录范例

实验七　HCl标准溶液浓度标定

日期　　2010.5.7　　　天平号　　　　13

Na_2CO_3 基准物称量

（瓶＋Na_2CO_3）质量/g	12.1268
瓶质量/g	10.8240
Na_2CO_3 质量/g	1.3028

HCl 浓度标定

标准溶液终读数/mL	24.08	24.10	24.06
标准溶液初读数/mL	0.00	0.00	0.00
$V(HCl)$/mL	24.08	24.10	24.06

实验五　滴定管校正　　　　　　　编页 3

日期　　2010.4.3　　天平号　　13

滴定管读数/mL	（瓶＋水）质量/g	总准称(刻度标示)容积/mL	总水质量/g	总实际容积/mL	总校正值/mL
0.03	空瓶 29.20				
10.13	39.28	10.10	10.08	10.12	＋0.02
20.10	49.19	20.07	19.99	20.07	0.00
30.17	59.27	30.14	30.07	30.18	＋0.04
40.20	69.24	40.17	40.04	40.19	＋0.02
49.99	79.07	49.96	49.87	50.06	＋0.10

注：1. 水的温度为 25℃。

　　2. 1g 水的容积为 1.00384mL。

实验六　氯化钡中钡含量测定　　编页 24

日期　　2010.7.8　　天平号　　13

项　　目	1	2
（称瓶＋样品）质量/g		
（称瓶＋剩余样品）质量/g		
样品质量/g		
坩埚质量 m_1/g		
第一次		
第二次		
（坩埚＋沉淀）质量 m_2/g		
第一次		
第二次		
沉淀质量 m/g		
（用均值或用第二次称量值）		

二、实验报告范例

书写实验报告是本课对学生能力培养的一个内容。在实验的基础上，应用所学理论准确表达实验结果，这同样是分析工作者的基本功，是信息加工能力的表现。

实验报告应按规定格式书写，包括方法原理、仪器试剂、实验步骤、实验数据及处理、实验误差分析，要求用语科学、规范，表达简明，字迹清楚，报告整洁。同学们应在各科实验中学习书写报告，为书写学位论文、科学报告打好基础。

分析化学实验报告要求用学校印制的报告纸书写。滴定分析方法原理应包括滴定反应式、化学计量点 pH、指示剂选择、终点颜色、分析结果计算式。仪器试剂包括名称、规格、数量。分析步骤用文字表达，不要用自编图形、简化符号表示，用语要规范。

实验报告以"盐酸标准溶液浓度标定"为例，书写如下所列格式。

实验五 盐酸标准溶液浓度标定

一、基本原理

Na_2CO_3 是二元碱，作为基准物标定 HCl 时，其标定反应为：

$$CO_3^{2-} + H^+ = HCO_3^-$$
$$HCO_3^- + H^+ = CO_2 + H_2O$$

第二终点 pH 为 $[H^+] = \sqrt{cK_{a_1}} = 1.3 \times 10^{-4}$，pH=3.9 选用甲基橙指示剂是合适的，滴定到第二终点，颜色由黄到橙色。根据 $c(HCl)V(HCl) = \dfrac{m}{M\left(\dfrac{1}{2}Na_2CO_3\right)} \times 1000$ 计算盐酸溶液浓度。

二、仪器、试剂

分析天平（1台）；容量瓶（250mL，1个）；称量瓶（ϕ21.5cm×4.5cm，1个）；移液管（25mL，1支）；酸式滴定管（50mL，1支）；锥形瓶（250mL，3个）。

Na_2CO_3 基准物；12mol·L^{-1} HCl；0.1%甲基橙指示剂。

三、实验步骤

1. 0.1mol·L^{-1} HCl 配制

量取浓 HCl 8.4mL，加无离子水稀释至 1000mL，摇匀，备用。

2. 0.1mol·L^{-1} HCl 浓度标定

准确称取 Na_2CO_3 基准物 1.3028g，加水溶解，定量移入 250mL 容量瓶中，用纯水稀释至刻度，摇匀。

用 25mL 移液管移取 Na_2CO_3 溶液于锥形瓶中，加甲基橙指示剂一滴，用欲标定的 HCl 溶液滴定，直至溶液由黄色变为橙色时即为终点，读数并记录 $V(HCl)$，平行滴定 n 次，计算 $V(HCl)$ 极差及标定精密度。

四、数据结果

$$m(Na_2CO_3) = 1.3028 \times \frac{1}{10} = 0.1303g$$

$$V(HCl) = 24.08mL、24.10mL、24.06mL$$

$$R_{V(HCl)} = 24.10 - 24.06 = 0.04mL < 0.05mL$$

根据 $c(\text{HCl}) = \dfrac{m \times 1000}{M\left(\dfrac{1}{2}\text{Na}_2\text{CO}_3\right)V(\text{HCl})}$ 计算

$c(\text{HCl}) = 0.1021 \text{mol} \cdot \text{L}^{-1}$、$0.1020 \text{mol} \cdot \text{L}^{-1}$、$0.1022 \text{mol} \cdot \text{L}^{-1}$

相对平均偏差 $\overline{d} = 0.1\%$。

$\overline{c}(\text{HCl}) = 0.1021$

五、结果讨论——实验误差分析

从 $c(\text{HCl})$ 计算式可知 $\dfrac{\Delta c(\text{HCl})}{c(\text{HCl})} = \dfrac{\Delta m(\text{Na}_2\text{CO}_3)}{m(\text{Na}_2\text{CO}_3)} - \dfrac{\Delta V(\text{HCl})}{V(\text{HCl})}$

本次标定引入的误差主要有基准物称量，其称量前后天平零点变动有 $+0.1\text{mg}$ 误差，还有滴定时读数及终点掌握尚有 $+0.05\text{mL}$ 误差，故

$$\dfrac{\Delta c(\text{HCl})}{c(\text{HCl})} = \dfrac{+0.1}{130.3} - \dfrac{0.05}{24.08} = -0.1\%$$

第三章 分析化学实验室基本知识

本章编写目的如下：

首先，为提高学生实验动手能力，提供必需的分析化学实验室知识。因受学时限制，学生所进行的分析实验历来仅仅是测定部分，指示剂、辅助试剂、滤纸、去离子水等准备工作由实验室提供，致使学生未受到分析测定全过程训练，开不出仪器药品清单。当实验缺少某种药品或杂品时更不会选择其他药品或杂品代替，缺乏理论联系实际动手能力的培养。为此要增补实验室基本知识，增强理论联系实际能力的培养。

其次，为方法选择、综合实验、考试提供必需的分析化学实验室知识，增强学生综合能力的培养。

最后，通过本章增强学生环境意识，树立经济观点，建立全新的分析质量观念，增补现代化分析实验室质量管理知识，更新扩展分析实验室知识。

第一节 分析化学实验室质量控制

随着科学技术的发展，分析技术已应用于各领域。由于近代仪器使用的复杂性，痕量分析应用的普遍性，以及对实验室提供的分析质量要求的严格性，从而对分析质量赋予明确的含义，即数据质量、分析方法质量、分析体系质量，并实施分析质量控制与质量保证。

分析实验室的建立，意味着分析系统的确定，而分析体系质量是分析系统6个参数误差的综合体现。

1. 分析者

分析者的知识、技术、经验是决定分析误差的关键因素，因此要把分析误差降至最低，分析者必须知识面广而新、分析技术熟练、实验经验丰富。这是现代分析实验室向未来分析人员提出的要求。每个同学都应当以此为目标。

2. 试样

采样、制样是分析结果的主要误差，也是一项专门技术，要依据已颁布的采样标准采样、制样，制取具有代表性、均匀性、稳定性的样品。

3. 分析方法

分析方法、分析过程、被测样品被认为是分析测定的三要素，也是分析结果的主要误差来源。

分析方法分为标准方法、试行方法、仲裁方法、现场方法、法定方法等。根据分析要求、实验室条件选择不同的分析方法。在选择分析方法时,应综合考虑下述因素。

(1) 分析测定要求　根据送样单位提出的准确度、索取分析结果时间、支付分析费用的要求选择分析方法。当送样者不能明确回答一些要求时,应根据样品来源、分析数据用途来选择分析方法。

(2) 样品的组分、含量　根据样品的有机、无机组分,共存元素及其含量决定选取有机、无机、化学、仪器不同分析方法。

(3) 分析方法的主要技术参数

① 分析方法的准确度、精密度。根据方法的准确度或精密度将分析方法划分为6个等级,见表3-1。

目前对于复杂样品分析可能达到的准确度见表3-2。

表3-1　分析方法的等级

等级	准确度或精密度	分析方法名称	实例
A	优于0.01%	最高准确度或精密度方法	精密库仑法
B	0.01%~0.1%	高准确度或精密度方法	称量分析法
C	0.1%~1%	中等准确度或精密度方法	滴定分析法
D	1%~10%	低准确度或精密度方法	仪器法
E	10%~35%	半定量方法	痕量分析法
F	>35%	定性方法	超微量分析法

表3-2　被测组分含量与准确度水平

被测组分含量/$g \cdot g^{-1}$	$>10^{-2}$	10^{-3}	10^{-5}	10^{-7}	$<10^{-7}$
准确度水平/%	<5	10	15	20	<25

常量和微量组分测定的准确度完全是不同数量级的,不应当只记住化学分析法的0.20%,应扩展到微量分析的1%~10%。

② 分析方法的灵敏度和检出下限。分析方法灵敏度是仪器分析法的主要技术参数,它将物理信号与浓度联系起来,一般用工作曲线斜率表示。

分析方法检出下限是在一定置信概率下,能检出被测组分的最小含量(或浓度)。选择不同的仪器分析方法时,均应考虑方法的灵敏度和检出下限。

③ 分析方法的选择性。根据先定性后定量程序,参照仪器法的定性结果,考虑共存元素干扰,依据方法的选择性而选择不同的分析方法。

④ 分析方法的经济效益。分析速度、成本是分析方法经济效益应考虑的内容,综合考虑分析样品所耗工时,核算人工费、仪器费、药品费是必要的,应在符合送样单位要求的前提下获取最大经济效益。

⑤ 分析方法的毒性。分析者应具有环境意识,尽量采用毒性小、对环境污染小的分析方法,这是现代分析实验室应考虑的问题,对不得不使用的有毒化学品应

进行"三废"处理。

总之，所选方法应满足送样单位的要求，提供足够小的随机误差和系统误差，获取最大的经济效益，具有良好的环境效应。

4. 实验室供应

实验室供应的蒸馏水质量、试剂质量、分析用器皿质量，以及容器的洗涤、仪器的校准、标准曲线绘制与校准等分析测定过程涉及的实验室供应水平直接影响分析结果的可靠性，标志分析体系质量，而实现体系质量控制还需要分析者具备选择水、试剂、容器的知识和能力。有关供应质量及选择将在以后各节介绍。

5. 实验室环境条件

空气沾污、人员沾污、仪器设备沾污是痕量分析误差的主要来源，为此要保持分析实验室一定的空气清洁度，稳定的湿度、温度、气压是获取可靠分析结果的环境条件。

根据悬浮物颗粒大小及数量可将室内空气清洁度分为三级，见表3-3。

表3-3 空气清洁度分级

清洁度级别	工作面上最大污染/(颗粒数/平方尺[①])	颗粒直径/μm
100	100	$\geqslant 0.5$
	0	$\geqslant 5.0$
10000	10000	$\geqslant 0.5$
	65	$\geqslant 5.0$
100000	100000	$\geqslant 0.5$
	700	$\geqslant 5.0$

① 1平方尺 $=\frac{1}{9} m^2$。

通常痕量分析中，样品蒸发和转移操作应在100号清洁空气中进行。要使空气清洁度达100号标准，实验室空气进口处应安装高效空气过滤器，墙壁涂抗蚀环氧树脂漆，工作台面、地面均应做洁净处理，如覆盖特氟隆或聚乙烯板，密封窗防尘进入等。建立超净实验室，购置超净工作台。

6. 标准物质

标准物质具有良好的均匀性、稳定性和制备的再现性，具有已准确确定的一个或多个特性量值。标准物质的应用为不同时间与空间的测量纳入准确一致的测量系统提供了可能性。

使用标准物质时，分析方法及操作过程应处于正常状态，即处于统计控制中。为获取可靠的分析结果，标准物质可用于校准分析仪器、评价分析方法的准确度、考核评价分析结果质量，用于合作实验、监控连续测定过程等。

对上述分析系统6个因素实施控制，以减少误差，实现各种措施的全部活动，就是实施了分析质量控制，它包括实验室内质量控制和实验室间质量控制。

第二节 分析化学实验用水

分析化学实验用水是分析实验质量控制的一个因素，关系空白值、分析方法的检出限，尤其是微量分析对水质有更高的要求。分析者对用水级别、规格应当了解，以便正确选用，并对特殊要求的水质进行特殊处理。

在一般分析实验室洗涤仪器，总是先用自来水洗，再用去离子水或蒸馏水洗，进行无机微量分析要用二次去离子水，而有机微量分析又强调用重蒸馏水。以下介绍水的制备工艺，搞清不同制备工艺的水质区别是必要的。

一、源水、纯水、高纯水的概念

水的纯度系指水中杂质的多少。从这一角度出发，将水分为源水、纯水、高纯水三类。

1. 源水

源水又称常水，指人们日常生活用水，有地面水、地下水和自来水，是制备纯水的水源。源水水质直接关系纯水制备工艺的选取。从制备纯水角度，源水杂质分为三类。

（1）**悬浮物** 悬浮物是直径在 10^{-4} mm 以上的微粒，包括细菌、藻类、沙子、黏土、原生生物及各种悬浮物。

（2）**胶体** 胶体是直径 $10^{-8} \sim 10^{-4}$ mm 的微粒，包括溶胶硅酸铁、铝等矿物质胶体及有机胶体（主要为腐殖酸、富里酸等高分子化合物）。

（3）**溶解性物质** 溶解性物质指颗粒直径 $\leqslant 10^{-5}$ mm、在水中呈真溶液状态的物质，如阳离子 K^+、Na^+、Ca^{2+}、Mg^{2+}、Fe^{3+}、Mn^{2+}，阴离子 CO_3^{2-}、NO_3^-、SO_4^{2-}、Cl^-、OH^-、NO_2^-、PO_4^{3-}、SiO_3^{2-}，溶解性气体 O_2、CO_2、H_2S、NH_3、SO_2 等。

2. 纯水

纯水是将源水经预处理除去悬浮物、不溶性杂质后，用蒸馏法或离子交换法进一步纯化除去可溶性、不溶性盐类、有机物、胶体而达一定纯度标准的水。

3. 高纯水

高纯水系指以纯水为水源，再经离子交换、膜分离［反渗透（RO）、超滤（UF）、膜过滤（MF）、电渗析（ED）］除盐及非电解质，使纯水电解质几乎完全除去，又将不溶解胶体物质、有机物、细菌、SiO_2 等去除到最低程度。

二、纯水、高纯水制备工艺简介

图 3-1 为纯水和超纯水的制备流程图。通常自来水作为制备的水源，利用微滤（MF）、超滤（UF）、纳滤（NF）、反渗透（RO）、离子交换（IC）、紫外（UV）氧化、消毒、电渗析（EO）等各种水处理技术，并将它们按不同方式组合，就可

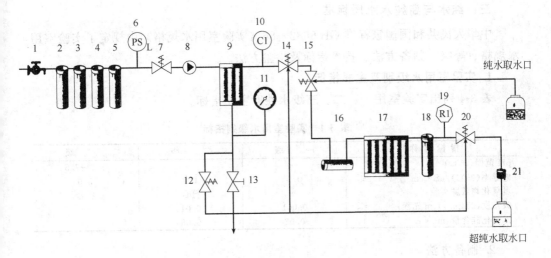

图 3-1 纯水和超纯水的制备流程

1—水源阀门；2—前级过滤器；3—活性炭过滤柱；4—软化水离子交换树脂柱；5—后级过滤柱；6—低压开关；7—源水电磁阀；8—增压泵；9—反渗析（RO）包；10—电导仪；11—压力表；12—反渗透（RO）膜冲洗电磁阀；13—针阀；14—反渗透（RO）系统冲洗电磁阀；15—反渗透（RO）取水电磁阀；16—双波长紫外灯；17—超纯（UP）水脱盐包；18—超滤（UF）柱；19—电阻仪；20—超纯（UP）水取水电磁阀；21—终端微滤（MF）过程器

制备出适用于不同应用目的纯水或超纯水。

自来水首先通过图 3-1 中 2、3、4、5 四个预纯化柱。

2 为前级过滤器，填充 SiO_2 细砂和混合纤维素酯滤膜，除去水中 >5μm 微粒和微生物污染物。

3 为活性炭过滤器：活性炭可除去水中有机污染物、余氯和一些金属离子。

4 为软化水离子交换树脂柱：含阳、阴离子交换树脂，除去水中无机离子，降低水硬度。

5 为反级过滤柱：含混合离子交换树脂和碳分子筛，可除去水中残留无机离子和 <5μm 的有机污染物，使有机物含量降至 10×10^{-9} 以下。

图中 9 为反渗析包，其外壳为聚丙烯材料，内装聚酰胺反渗析膜，可为 1~3 柱组合，经反渗析后，可除去水中 95%~99% 的无机离子、99% 的可溶性有机物、微生物和微小颗粒。

图中 17 为超纯水脱盐包，内装纳滤膜，可精细脱除无机离子，使电阻率达 10~18MΩ·cm。

图中 18 为超滤柱，内装超滤膜可除去水中微生物，如热原病毒、细菌等。

图中 21 为终端微滤过滤器，内装孔径 0.22μm PVDF 膜以除去细菌。

由上述可知，自来水经过滤、反渗透可制得纯水（5~10MΩ·cm），如继续经纳滤、超滤、微滤后就可获得超纯水（18.2MΩ·cm）。

三、纯水与高纯水水质标准

中华人民共和国国家标准 GB 6682—86《实验室用水规格》中规定了实验室用水规格、等级、制备方法、技术指标及检验方法。

1. 实验室用水级别及主要指标

表 3-4 列出实验室用一、二、三级水性能主要指标。

表 3-4　实验室用水级别指标

指标名称		一级	二级	三级
pH 范围(25℃)		—	—	5.0～7.5
电导率(25℃)/$\mu S \cdot cm^{-1}$	≤	0.1	1.0	5.0
可氧化物限度实验		—	符合	符合
吸光度(254nm,1cm 光程)	≤	0.001	0.01	
二氧化硅含量/$mg \cdot L^{-1}$	≤	0.02	0.05	—

2. 制备方法

一级水：基本不含有溶解或胶态离子杂质及有机物，可用二级水经进一步处理而制得。例如可用二级水经过蒸馏、离子交换混合床和 $0.2\mu m$ 膜过滤方法制备，或用石英蒸馏装置进一步蒸馏制得。

二级水：可含有微量的无机、有机或胶态杂质，可采用蒸馏、反渗透、去离子后再经蒸馏等方法制备。

三级水：适用于一般实验室采用，可以采用蒸馏、反渗透、去离子（离子交换及电渗析）等方法制备。

制备实验室用水的源水应当是饮用水或比较纯净的水。

四、蒸馏法制纯水与离子交换法制纯水的比较

1. 蒸馏法

蒸馏法制纯水，由于绝大部分无机盐不挥发，因此水较纯净，适于一般化验室用。若用硬质玻璃或石英蒸馏器制取重蒸馏水时，加入少量 $KMnO_4$ 碱性溶液破坏有机物，可得到电导率低于 $1.0～2.0\mu S \cdot cm^{-1}$ 的纯水，适用于有机物分析。

2. 离子交换法

用离子交换法制取的纯水也叫"去离子水"或"无离子水"，所制纯水纯度高，比蒸馏法成本低，产量大，为目前各种规模化验室所采用，适用于一般分析及无机物分析。

表 3-5、表 3-6 比较了各种蒸馏水及离子交换水中的杂质含量。

表 3-5　不同蒸馏器制备用水比较

蒸馏装置	水中金属离子含量/$\mu g \cdot L^{-1}$							
	Zn^{2+}	$B_4O_7^{2-}$	Fe^{3+}	Mn^{2+}	Al^{3+}	Cu^{2+}	Bi^{3+}	Pb^{2+}
全玻璃蒸馏器	<1	12	1	<1	<5	5	<2	<2
金属蒸馏器	9	13	2	<1	<5	11	<2	26

表 3-6　各类方法制备纯水杂质含量　　　　　　单位：$\mu g \cdot g^{-1}$

杂质元素	自来水	二次蒸馏水	混床离子交换水	石英亚沸蒸馏水
Ag	<1	1.0	0.01	0.002
Ca	>10000	50.0	1.0	0.08
Cd	—	—	<1.0	0.005
Cr	40	—	<0.1	—
Cu	30	50.0	0.2	0.02
Fe	200	0.1	0.2	0.01
Mg	8000	8.0	0.3	0.05
Na	10000	1.0	1.0	0.09
Ni	<10	1.0	<0.1	0.06
Pb	<10	50.0	0.1	0.003
Sn	<10	5.0	<0.1	0.02
Ti	10	—	<0.1	0.01
Zn	100	10.0	<0.1	0.04

随着分析仪器的发展，现代分析实验室很容易获得源水、纯水水质分析结果，便于实施用水质量控制。但应注意去离子水不是无离子水，只是将杂质离子降至最低。

第三节　化学试剂

实验室供应试剂的质量是分析实验室质量控制因素之一，直接影响分析结果的准确度。分析者应当对试剂分类、规格有所了解。分析测定时正确选用试剂，一方面保证测定结果的准确性，另一方面也符合经济效益的考虑，而不应盲目选用高纯试剂。

试剂规格是根据制备这些试剂时，由原料、设备和生产过程带来的杂质，以及该试剂的主要用途中有妨碍的杂质，分别规定的允许含量。

试剂种类虽然很多，但可分为一般试剂、标准试剂、高纯试剂、具有特殊用途的专用试剂等。

一、试剂种类

1. 规格与分类

试剂规格是根据制备这些试剂时，由原料、设备和生产过程带来的杂质，以及妨碍该试剂主要用途的杂质，分别规定其允许含量。

试剂种类虽然很多，但可分为一般试剂、标准试剂（基准试剂）、高纯试剂、具有特殊用途的专用试剂等。

（1）一般试剂　实验试剂：杂质含量较多，但比工业品纯度高，主要用于化学制备（表 3-7）。

表 3-7 一般试剂规格、标志

级别	中文名称	英文标志	标签颜色	主要用途
一级	优级纯	G.R.	绿	精密分析用
二级	分析纯	A.R.	红	一般分析用
三级	化学纯	C.P.	蓝	一般化学实验用
四级	实验试剂	L.R.		化学制备用

优级纯：成分高，杂质含量低，主要用于精密的科学研究和测定。

分析纯：质量略低于优级纯，杂质含量略高，用于一般的科学研究、重要的分析测定工作。

化学纯：质量低于分析纯，用于工厂、教学实验的一般分析工作。

(2) **标准试剂** 标准试剂是衡量其他物质化学量的标准物质。标准试剂不是高纯试剂，而是严格控制主体含量的试剂。

我国把质量高的标准试剂称为基准试剂。可分为三类，一类用作滴定分析中标定标准滴定溶液的基准物用，也可精确称量后直接配制已知浓度的标准溶液，主成分含量一般在 $99.95\% \sim 100.5\%$，杂质含量略低于优级纯或和优级纯相当。另一类是用作校准酸度计 pH 的基准试剂。第三类为用作热值测定的基准试剂。

基准试剂在国内外均由试剂生产厂（或公司）供应，它比标准物质档次低，用于一般测定中。

除基准试剂外，目前国内还供应有机元素分析用标准试剂；色谱分析用标准试剂（如柱色谱法、纸上色层法和薄层色谱法用标准试样，气相色谱法和高效液相色谱法使用的内标物和外标物）；原子发射光谱用配套已知元素含量的标准试剂；原子吸收光谱用的待测元素标准溶液、金属元素有机物标准试剂；分子吸收光谱法使用的标准试剂（如可见紫外吸收光谱仪波长校正用的标准试剂、红外吸收光谱仪波长校正用的聚苯乙烯薄膜、酸碱指示剂变色域测定用标准溶液、特效试剂含量测定的标准吸光度值等）；临床化验用标准试剂等。

(3) **高纯试剂** 高纯试剂的主体含量与优级纯相当，杂质含量比优级纯、标准试剂均低。高纯试剂多属于通用试剂，如 HCl、$HClO_4$、Na_2CO_3，因其纯度高、杂质含量少，制造或提纯过程复杂，价格较高应根据实验的不同要求选用。

高纯试剂又可细分为超纯、特纯、高纯、光谱纯、色谱纯，此类化学试剂主成分含量可达 4 个 9 到 6 个 9（纯度 $99.99\% \sim 99.9999\%$）。如光谱纯试剂中杂质含量用光谱分析法已测不出或低于检出下限，主要用作光谱分析中的标准物质或作配制标样的基体。表 1-13 为超纯试剂 HCl、HNO_3、HF 中痕量元素的浓度。

(4) **专用试剂** 专用试剂是指具有特殊用途的试剂，主要是各类仪器分析方法所用试剂，如色谱分析专用试剂、红外光谱专用试剂、紫外光谱专用试剂、核磁共振波谱专用试剂、质谱分析专用试剂等。

2. 化学试剂的标志

国家标准 GB 15346—94 "化学试剂包装及标志" 规定：用下列颜色标志通用

试剂等级及门类（其他类别的试剂不得使用下述颜色）。

优级纯（G.R.）	深绿色	基准试剂	深绿色
分析纯（A.R.）	金光红色	生物染色剂	玫红色
化学纯（C.P.）	中蓝色		

近年来，由于化学试剂的品种规格发展繁多，其他规格的试剂包装颜色各异，主要应根据文字或符号来识别化学试剂的等级。在文献资料中和进口分装试剂的标签上，各国的等级与我国现行等级不太一致，要注意区分。

3. 化学试剂的包装

化学试剂的包装单位是指每个包装容器内盛装化学试剂的净质量（固体）或体积（液体）。包装单位的大小根据化学试剂的性质、用途和经济价值所决定。

我国规定化学试剂以下列 5 类包装单位包装：

第一类：0.1g、0.25g、0.5g、1g 或 0.5mL、1mL；

第二类：0.5g、10g 或 5mL、10mL；

第三类：25g、50g 或者 25mL、50mL，如以安瓿包装的液体化学试剂增加 20mL 包装单位；

第四类：100g、250g 或者 100mL、250mL；

第五类：500g、1kg 至 5kg（每 0.5kg 为一间隔），或 500mL、1L、2.5L、5L。

二、化学试剂选用原则

化学试剂选用原则应根据对分析结果准确度的要求选择不同级别的试剂。考虑的因素还有分析方法的灵敏度、选择性、分析成本、毒性等。

如在制造实验、冷却浴或加热浴用的药品可选用实验试剂或工业品。

一般车间控制分析可选用分析纯和化学纯试剂，如配制滴定分析标准溶液可使用分析纯试剂。

使用仪器分析法，经常使用专用试剂或标准试剂。

当进行微量、超微量分析时，应使用高纯试剂，以降低空白值和避免杂质干扰。

当作仲裁分析或试剂检验等工作时，应选用优级纯、分析纯试剂。

化学试剂对样品中被测组分的沾污，可用空白试验进行校正。在样品处理过程中，用量最多的是水和各种酸，采用高纯水、高纯酸并减少化学试剂的用量是降低试验空白值的有效措施。

第四节　标准物质、标准溶液

一、标准物质

1. 标准物质及其作用

标准物质（standard material）是具有准确特性量值证书的固体、液体或气体的物质，具有良好的均匀性、稳定性和制备的再现性。它在化学、物理、工程和生物测量领域广泛用作测量（或计量）标准。由于它具有计量溯源性的准确量值，其基本功能是复现、保存和传递量值。应用标准物质的根本目的是保证不同时间与空间（不同实验定或不同国家）测量结果的准确性和可比性。

2. 标准物质的溯源性

标准物质是分析化学中溯源链的主要组成单元。通过一条具有规定不确定度的不间断的比较链，使测量结果或测量标准的值能够与规定的参考标准，通常是与国家测量标准或国际测量标准联系起来的特性。因此，它们的计量学特征，特别是所提供特性量值的不确定度和在溯源层级中所处的位置，都是质量保证所关心的焦点问题。标准物质的溯源性见图 3-2。

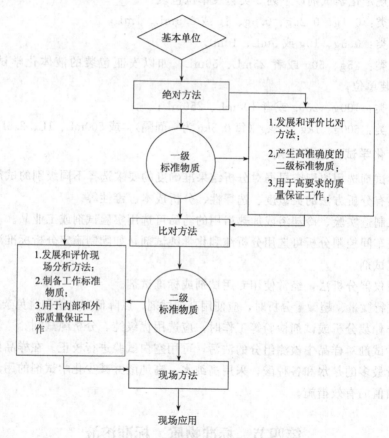

图 3-2 标准物质量值的溯源性

3. 标准物质的分级

国际纯粹和应用化学联合会（International Union of Pure and Applied Chemistry，IUPAC）对化工产品成分分析用的标准物质分级和纯度要求见表 3-8。

表 3-8　化工产品成分分析用标准物质分级和纯度要求

分级	名　　称	纯　度
C	一级标准物质（primary standard）	100.00%±0.02%
D	工作标准物质（working standard）	100.00%±0.05%
E	二级标准物质（secondary standard）	比 D 级低

其中 C 和 D 级采用精密库仑滴定法测定纯度，E 级是用 C 级作标准物，用比较法测定。

1998 年国家标准物质研究中心对化工产品成分分析用的标准物质分为两级，即一级标准物质和二级标准物质。

一级标准物质是采用绝对测量方法或其他准确、可靠的方法测量标准物质的特性量值，测量准确度达到国内最高水平并附有证书的标准物质，该标准特质由国务院计量行政部门批准、颁布并授权生产。

二级标准物质是采用准确、可靠的方法或直接与一级标准物质相比较的方法测量标准物质的特性量值，测量准确度满足现场测量的需要并附有证书的标准物质，该标准物质经国务院有关业务主管部门批准并授权生产。

在标准物质证书中给出由定值部门确定的标准物质的特性量值和具有确定准确度的不确定度。

例如，编号是 GBW 06101 的一级标准物质碳酸钠的特性量值（纯度）和不确定度可表述为：99.995%±0.008%。编号是 GBW 06107 的一级标准物质草酸钠可表述为：99.960%±0.020%。

另如，编号是 GBW（E）060023 的二级标准物质碳酸钠的特性量值（纯度）和不确定度可表述为：99.99%±0.020%。编号是 GBW（E）060022 的二级标准物质三氧化二砷可表述为：98.9%±0.1%。

4. 标准物质的应用方法

标准物质可用于不同场合，服务于不同目的，有多种应用方法，概括起来可归纳为五种类型的应用。

(1) 作为校准标准使用　可用标准物质检定测量仪器的计量性能是否合格；计量性能系指分析仪器的灵敏度，检出下限，响应曲线的线性和稳定性等。

(2) 作为工作标准使用　用标准物质制作工作曲线，不但能使分析结果建立在一个定量的基础上，而且还能提高工作效率。

用于合作实验，提高合作实验结果的精密度。

用于监视连续测定过程。在连续测定过程中，监视并校正连续测定过程的数据漂移。

(3) 评价分析方法准确度、重复性和再现性　分析方法是完成某种测定的全部测量过程，包括测量实施和质量控制的各个方面，如方法原理、测定方法、实验条件、测量标准等。在使用一种测量过程时，需要通过实验，对测量过程的准确度、重复性和再现性做出评价，采用标准物质是评价分析方法优劣的最客观、最简便的有效方法。

（4）用作质量保证标准　在执行分析化学质量保证计划时，质量保证负责人可用标准物质考核、评价分析者的工作质量。当分析实验室承担贵重或稀少样品分析时，要求迅速提供分析结果时，选用标准物质做平行测定的监控标准。当标准物质测定值与证书一致时，表明测定过程处于质量控制中，样品分析结果可靠。

（5）做计量仲裁依据　在国内、外贸易中，当出现商品质量纠纷时，需进行计量仲裁，此时仲裁机构可采用一级标准物质进行仲裁分析，依据纠纷双方对标准物质的检测结果是否与标准物质的量值和测量误差范围相符合，就可作出正确裁决。用标准物质仲裁要比由第三方的仲裁更客观、更权威。

5. 选择标准物质的原则

在使用选择的标准物质之前，应当熟悉该标准物质的证书，按照证书规定的方法要求，保存、处理和使用标准物质；根据使用目的做好分析方法的实验设计，以测得所需的信息，并做出正确结论；确认操作过程和测量条件完全处于统计控制状态，根据被测样品分析检测的随机误差和标准物质证书上的不确定度就可给出分析结果的准确度。选用标准物质时，应当考虑以下因素：

（1）标准物质的基本组成　选择与待测样品基体相同或相近的基体标准物质是选择标准物质的首要原则，市场提供的标准物质虽已有数千种，但也难以完成满足基本匹配的要求，当选择不到类似被测样品的基体（matrix）标准物质时，可选用代用品（surrogate）标准物质，如分析玻璃中的痕量元素含量时，可选用合适的岩石中痕量元素成分的标准物质。

（2）标准物质的形状、形态和表面状态　应当根据分析方法的进样方式选择固、液、气态标准物质，固态标准物质还有不同的形状，如进行冶金化学分析使用的标准物质，一般为金属碎屑或颗粒状；用于发射光谱或荧光分析的为块状；用于X线荧光分析的块状标准物质的表面状况也要与被测样品的表面状况尽可能相接近。

（3）标准物质特性量值的量限和不确定度　标准物质的特性量值的量限范围和不确定度应满足使用要求，其不确定度数值愈小，其准确度愈高。通常选用标准物质的不确定度应小于实际测量的三分之一。

（4）标准物质的均匀性和稳定性　对均匀性主要考虑标准物质证书中规定的最小取样量是否符合取样的使用要求，因实际取样量小于规定的最小取样量时，会引起不均匀性误差。对稳定性主要考虑标准物质的有效期能否满足实用要求，当进行测量过程的长期质量控制时，更要关注此点。

二、标准溶液

标准溶液是进行滴定分析及仪器分析必备的，其浓度的准确性直接关系分析结果，应按规定方法配制。配制方法有两种。

1. 直接法

准确称取一定量基准物质，溶解后定量移入容量瓶，用去离子水稀释至刻度，根据称量基准物质质量和容量瓶体积计算标准溶液浓度。滴定分析用标准溶液浓度一般为 $0.02\sim0.5\text{mol}\cdot\text{L}^{-1}$，以四位有效数字表示；微量分析用标准溶液浓度以 $\mu\text{g}\cdot\text{mL}^{-1}$、$\text{ng}\cdot\text{mL}^{-1}$ 或 $\mu\text{g}\cdot\text{g}^{-1}$、$\text{ng}\cdot\text{g}^{-1}$ 表示，配制时应换算成标准物质质量。考虑稀溶液稳定性，先配制成 $\text{mg}\cdot\text{mL}^{-1}$ 储备液，临用前再逐级稀释成所需浓度（$\mu\text{g}\cdot\text{mL}^{-1}$、$\text{ng}\cdot\text{mL}^{-1}$）的使用液。

用于直接法配制标准溶液或标定溶液浓度的物质称基准物质，它必须符合以下要求：

① 组成恒定并与化学式相符；
② 纯度高达 99.9% 以上；
③ 稳定性高，不易吸收空气中水分、CO_2，不易氧化。

基准物质使用及保存应按规定方法进行（见附表 6、附表 7）。应区分标准物质、基准物质，两者分别用于不同目的。

2. 标定法

不符合基准物质条件就不能用直接法配成标准溶液，如 HCl、NaOH、$KMnO_4$、EDTA、I_2、$Na_2S_2O_3$ 等，应先大致配成所需浓度的溶液，然后用基准物质确定其浓度。分析化学常用标准溶液见附表 8、附表 9。

第五节 分析人员的环境意识

化学工业的发展，给人类带来文明进步，也带来新的问题——环境污染。20 世纪 80 年代以来，人类面临的环境问题中，能源、资源、环境污染尤为突出，大气臭氧层空洞、二氧化碳温室效应、酸雨问题已成为世界各国关注的问题，并取得共识——"人类拥有一个地球"，"要与自然协调发展"。

严峻的环境挑战，环境科学的兴起和发展，要求高等教育增加这一学科内容，在有关课程中增补环境知识。本节正是基于现代分析实验室应当是无污染实验室，分析人员应当具备环保知识，建立环境意识而设置的。

一、了解化学物质毒性，正确使用和贮存

在分析实验室里贮存着种类繁多的化学试剂，在科研开发中有可能去合成新的化学物质。作为具有环境意识的分析人员，应当查阅手册，对所使用的化学试剂、新合成的化学物质所用原料及产品的毒性有所了解，以便确定实验室是否具备条件使用、合成、贮存这些化学物质。

贮存化学药品时，尤其要注意毒物的相加、相乘作用。例如盐酸和甲醛，本来盐酸是实验室常用化学试剂，具有挥发性，但将两种化学试剂贮存在一个药品柜

中，就会在空气中合成 10^{-9} 数量级的氯甲醚，而氯甲醚是致癌物质。

二、了解有毒化学品新的名单及危害分级

随着环境科学、职业医学、工业毒理学的技术进步，对现存的和新合成的化学药品毒性研究日益深入，有毒化学品新的名单在不断填充。因此现代分析实验室人员应及时掌握这一信息，了解化合物毒性的新观点、新认识，在常规分析及科研开发中做好中毒预防对环境保护至关重要。

表 3-9 所列致癌物质是国际癌症研究中心（IARC）公布的。表 3-10 列出我国有毒化学品优先控制名单及排序。

表 3-9 对人类致癌的化学物质

1. 4-氨基联苯	10. 己烯雌酚
2. 砷和某些砷化合物	11. 地下赤铁矿开采过程①
3. 石棉	12. 用强酸法制造异丙醇过程①
4. 金胺制造过程①	13. 左旋苯丙氨酸氮芥（米尔法兰）
5. 苯	14. 芥子气
6. 联苯胺	15. 2-萘胺
7. N,N-双(2-氯乙基)-2-萘胺(氯萘吖嗪)	16. 镍的精炼过程①
8. 双氯甲醚和工业品级氯甲醚	17. 烟炱、焦油和矿物油类①
9. 铬和某些铬化合物	18. 氯乙烯

① 尚不能确切指明可能对人类产生致癌作用的特定化合物。

表 3-10 我国有毒化学品优先控制名单及排序

序号	名称		CAS 登录号	综合危害分值
	中文	英文		
1	氯乙烯	chloroethylene	75-01-4	3.184
2	甲醛	formaldehyde	50-00-0	3.172
3	环氧乙烷	ethylene oxide	75-21-8	3.093
4	丙烯腈	acrylonitrile	107-13-1	3.077
5	三氯甲烷	chloroform	67-66-3	3.056
6	苯酚	phenol	108-95-2	2.995
7	苯	benzene	71-43-2	2.984
8	甲醇	methanol	67-56-1	2.984
9	四氯化碳	carbon tetrachloride	56-23-5	2.963
10	乐果	dimethoate	60-51-5	2.930
11	亚硝酸钠	sodiumnitrite	7632-00-0	2.899
12	四氯乙烯	tetrachloroethylene	127-18-4	2.894
13	西维因	carbaryl	63-25-2	2.884
14	除草醚	nitrofen	1836-75-5	2.850
15	石棉	asbestos	1332-21-4	2.834
16	汞	mercury	7439-97-6	2.826
17	三氯乙烯	trichloroethylene	79-01-6	2.806
18	1,1,2-三氯乙烷	1,1,2-trichloroethane	79-00-5	2.777
19	丙烯醛	acrolein	107-02-8	2.776
20	1,1-二氯乙烯	1,1-dichloroethylene	75-35-4	2.774

续表

序号	名称 中文	名称 英文	CAS登录号	综合危害分值
21	甲苯	toluene	108-88-3	2.759
22	二甲苯	xylene	1330-20-7	2.749
23	五氯苯酚	pentachlorophenol	87-86-5	2.700
24	砷化合物	arsenic compounds	7440-38-2	2.673
25	苯胺	aniline	62-53-3	2.662
26	氰化钠	sodium cyanide	143-33-9	2.658
27	铅	lead	7439-92-1	2.634
28	萘	naphthalene	91-20-3	2.634
29	乙酸	acetic acid	64-19-7	2.616
30	镉	cadmium	7440-43-9	2.600
31	1,2-二氯乙烷	1,2-dichloroethane	107-06-2	2.588
32	杀虫脒	chlordimcform	6164-98-3	2.578
33	敌敌畏	DDV	62-73-7	2.564
34	2,3-二硝基苯酚	2,4-dinitrophenol	51-28-5	2.555
35	二氯甲烷	dichloromethne	75-09-2	2.538
36	乙苯	ethylbenzene	100-41-4	2.513
37	对硫磷	parathion	56-38-2	2.488
38	乙醛	ethanal	75-07-0	2.487
39	1,1,2,2-四氯乙烷	1,1,2,2-tetrachoroethane	79-34-5	2.481
40	液氨	ammonia	7664-41-7	2.449
41	丙酮	acetone	67-64-1	2.426
42	1,2-二氯苯	1,2-dichlorobenzene	106-46-7	2.407
43	蒽	anthracene	120-12-7	2.334
44	m-甲酚	m-cresol	108-39-4	2.324
45	六氯苯	hexylchlorobenzene	118-74-1	2.315
46	邻苯二甲酸二丁酯	dibutylphthalate	84-74-2	2.217
47	邻苯二甲酸二辛酯	diocthylphthlate	117-84-0	2.182
48	溴甲烷	metthyl bromide	74-83-9	2.137
49	二硫化碳	carbondisulfide	75-15-0	2.113
50	氯苯	chlorobenzene	108-90-7	2.083
51	4-硝基苯酚	4-nitrophenol	100-02-7	2.076
52	硝基苯	nitrobenzene	98-96-3	2.055

三、对实验室"三废"进行简单的无害化处理

实验室所用化学药品种类多、毒性大,"三废"成分复杂,应分别进行预处理再排放或进行无害化处理。

1. 实验室废水处理

(1) 稀废水处理　用活性炭吸附,工艺简单,操作简便。对稀废水中苯、苯酚、铬、汞均有较高去除率。

(2) 浓有机废水处理　浓有机废水主要指有机溶剂,可用焚烧法无害化处理,建焚烧炉,集中收集,定期处理。

(3) 浓无机废水处理　浓无机废水以重金属酸性废水为主，处理方法如下。

① 水泥固化法。先用石灰或废碱液中和至碱性，再投入适量水泥将其固化。

② 铁屑还原法。含汞、铬酸性废水，加铁屑还原处理后，再加石灰乳中和，也可投放 $FeSO_4$ 沉淀处理。

③ 粉煤灰吸附法。对 Hg^{2+}、Pb^{2+}、Cu^{2+}、Ni^{2+}、H^+（pH 4～7）去除率达 30%～90%。粉煤灰化学成分 SiO_2、Al_2O_3、CaO、Fe_2O_3，具有多孔蜂窝状组织、固体吸附剂性能。

④ 絮凝剂絮凝沉降法。聚铝、聚铁絮凝剂能有效去除 Hg^{2+}、Cd^{2+}、Co^{2+}、Ni^{2+}、Mn^{2+} 等离子。

⑤ 硫化剂沉淀法。Na_2S、FeS 使重金属离子呈硫化物沉淀析出而除去。

⑥ 表面活性剂气浮法。常用月桂酸钠，使重金属沉淀物具有疏水性，上浮而除去。

⑦ 离子交换法。是一种处理重金属废水的重要方法。

⑧ 吸附法。活性炭价格高，利用天然资源硅藻土、褐煤、风化煤、膨润土、黏土制备吸附剂，价廉，适用于处理低浓度重金属废水。

⑨ 溶剂萃取法。常用磷酸三丁酯、三辛胺、油酸、亚油酸、伯胺等，操作简便。含酚废水多采用此法处理。萃取剂磷酸三丁酯可脱除高浓度酚，聚氨酯泡沫塑料吸附法处理高浓度含酚废水，去除率达 99%。表面活性剂 Span-80 对酚的去除率也达 99%。

(4) 废酸、废碱液处理　对废酸、废碱液，采用中和法处理后排放。

2. 实验室废气处理

化学反应产生的废气应在排风机排入大气前做简单处理，如用 NaOH、$NH_3·H_2O$、Na_2CO_3、消石灰乳吸附 H_2S、SO_2、HF、Cl_2 等，也可用活性炭、分子筛、碱石棉或吸附剂负载硅胶、聚丙烯纤维吸附酸性、腐蚀性、有毒气体。

3. 实验室废渣处理

化学处理，变废为宝。如烧碱渣制取水玻璃、盐泥制取纯碱、氯化铵，硫酸泥提取高纯硒，也可用蒸馏、抽提方法回收有用物质。对废渣无害化处理后，定期填埋或焚烧。

第六节　分析实验室的质量保证

建立和保持一个好的质量保证体系是分析实验室的一项重要管理任务，必须体现自上而下的管理义务，它的实施需有必要的经费支持。

分析实验室的质量保证是由一个体系组成，借助于该体系，分析实验室就能向委托人和其他外界单位，如政府部门、鉴定机构等，保证分析实验室所提供的分析结果，已经过考核并达到预期的质量标准。

质量保证首先取决于一系列文件编制，以达到下列目的：
① 证明分析实验室的质量控制工作确实有效地执行。
② 承担已报出分析结果的法律责任。
③ 保证分析报告提供的数据具有溯源性。
④ 证明已采取有效的预防措施，避免提供的数据有伪造的可能性。

质量保证代表了一种新的工作方式，它意味着取得可信结果要付出更多的劳动，并向他人证明，保证此实验等进行的分析测定工作是优秀的；它还需要大量的日常文书工作，工作人员必须阅读、评价、归档各种文件，并作出相应的对策。

一个好的质量保证计划一旦被批准实施，总会使分析实验室的工作人员产生一种日益增加工作干劲的自豪感，因为你在分析测定工作中，始终感到质量保证计划在有效地执行，你提供的测试数据是准确可靠的。如果一旦当委托人或其他部门，对分析结果提出质疑时，分析工作者可以质量保证方案作为武器，有力地捍卫自己提供的分析结果。

质量很差的实验数据所造成的后果比不提供数据还要糟糕，因为它往往会导致对分析结果错误的自信，其所采取的对策，又会造成更严重的错误。质量保证相当于"保险"，它代表了防范上述错误的有效措施。

一、记录本

要求用于原始记录的记录本，必须用一种合理的、永久的方式记录下来，以便于检查所获数据的来龙去脉，同时采用适当的办法防止数据的伪造。

① 用于原始记录分析数据的记录本应装订成册，并有连续的编号。

② 建立一个发放记录本和保存用毕记录本的保存方法。所有记录本应按顺序编号，用毕归档。

③ 记录本应注明使用的类型（如记录发放样品或记录原始测量数据）发放日期、使用人姓名、归还日期、保存归还记录本的地点等。使用人应对自己领用的记录本负责。

④ 记录本应由一人专门管理，如质量保证负责人或秘书管理。

⑤ 在记录本上记录的数据，应当用不易抹掉的墨水书写，记错的地方不能擦掉和涂改，应在错处画一斜杠表示删除，这样不会遮掩错误的本质，在删除记录附近空白处应注明删除的原因。

⑥ 用毕的记录本的空白页和一页中记录后的剩余空白处，都应画上×，表明这些空白处不可作日后记录数据使用。

⑦ 记录本上所有的记录都应有记录者的全名签字和记录日期。

⑧ 质量保证负责人应定期（每周或每月）检查记录本，并在阅后签字，以表明负责人对正确使用记录本的责任心。

二、分析方法

分析实验室使用的所有分析方法都应用书面形式写出，并保存起来以便使用者查阅。最好用活页装订成"分析方法汇编"或"分析方法手册"，保存在分析实验室，并方便地被工作人员查阅。此外，在质量保证负责人处也要保存一个包括所有现行使用和过去使用过的"分析方法汇编大全"，以供查阅。

① 分析方法是分析实验室质量保证管理者和从事分析检测工作人员，进行分析测定业务交流的媒介，质量保证的一个目的就是要将分析方法明确无误地让工作人员了解，并保证按规定的分析操作步骤进行测定，以使获得的分析结果准确无误。

② 在分析实验室使用的标准方法、官方方法或文献方法均应用书面形式写出，要求对分析方法的每一个细节都有详尽的描述。每一个分析工作者应牢记：未经实验室质量保证负责人允许，不得擅自改变已使用的分析操作方法；新来人员要在有经验分析工作者指导下，学习必须使用的分析方法。

如果对使用的分析测定方法仅有粗略的了解，并未严格按照分析方法规定的操作步骤进行，就可能出现有意或无意地更改了分析方法，特别是未经严格训练的工作人员，由于缺乏对各个操作步骤涉及分析原理的完全理解；或出于一种为提高工作效率的良好愿望，在操作过程缩减操作步骤或调换相近的化学试剂……这些"创新性操作"往往会导致分析结果准确度和精密度的丧失。

③ 分析实验室所有使用的分析方法，均应以文字形式存入档案。

④ 应用文献方法时，应进行详尽的验证研究，确定其可靠性。进行方法验证研究相关的记录本应与分析测试使用的原始数据记录本分别存放。

⑤ 分析实验室使用的分析方法，应有正确的编号方法，应当遵循的一个基本原则是一个分析方法只能有一个编号，编号方法应具有溯源性。

三、取样和样品管理

在样品分析中，取样应尽可能代表样品的总体组成。取样应按照"取样方法汇编"中规定的取样步骤进行。取样后应将样品标签附着在盛样品容器上。一旦实验室收到样品后，应立即进行登记编号，详细记录样品的特征、收样日期，并按样品储存要求，置于恒温、恒湿环境中，或置于暗处、低温、冷冻、惰性气氛中保存。储存过程严防样品丢失或互混。

① 当进行样品分析时，要测定物料的总体组成，如果样品不能代表物料总体时，即使使用最准确的分析方法，也只会提供毫无用处的分析结果，因此取样时，必须采集能够代表样品总体组成的平均试样。

② 为了采集具有代表性的样品，针对不同存在状态的样品，应当制定"取样方法汇编"，详细规定采样步骤，保管在分析实验室中，供取样人员随时翻阅目前正在使用的取样方法，另外，在质量保证负责人处保存的取样方法中应包含现行的

和过去使用的取样方法。

③ 应当区分"取样"和"分样"两个概念，取样是从较大的材料中获取一小部分能代表总体组成的试样；分样是从分析实验室收到的试样中，分出一小部分分析试样，分样已成为分析方法的一部分。

取样通常是由分析实验室指定"专人"完成的独立操作。如果取样地点较远，则在运送取样人员和设备的交通工具中，也应配备一本"取样方法汇编"，以便于查阅。

④ 采集样品后，应立即将一张标签附着在盛样品容器上，标签内容应包括：样品编号，样品说明，采样地点，采样日期和时间，采样者姓名。应当强调，标签应用不褪色墨水书写，标签要贴在容器侧面，不要贴在上盖上，以免由于上盖调换导致样品和标签不相符合。

⑤ 当分析实验室收到样品后，应填写一张取样卡片，接收人签字，并归档保存，表明实验室确已收到这些样品。

分析实验室收到样品后应立即登记，编号，写明委托人单位，名称；取样人姓名；样品基体性质、特征；接收日期、储存地点。

⑥ 样品储存在恒温、恒湿房间，对要求特殊储存条件：如暗处、冷藏、冷冻、惰性气氛保护，应予以满足。还应记录样品失效日期，超过此日期，样品应废弃，以防止大量无保存价值样品的堆积。

四、试剂和试剂溶液

在分析测量过程要使用各种化学试剂和试剂溶液，它们的纯度和浓度会直接影响分析结果的精密度和准确度。分析工作者应知道分析方法中应当使用试剂的纯度，使用时应注意密封并防止沾污，从打开封装开始应注明开始使用的日期，若使用试剂后出现可疑结果；或试剂变质，应注明失效日期。当配制试剂溶液时，应在专用试剂配制记录本和试剂瓶标签上注明所配制试剂溶液的质量或体积浓度、配制人员姓名和配制日期，以备追溯出现意外事故的原因。

① 分析实验室质量保证负责人应当知道所需购入和分析方法使用化学试剂的纯度级别和需配制试剂溶液的浓度范围。

② 分析实验室的工作人员应当知道化学试剂使用，储存和溶液配制的正确方法，使用过程应注意密封并防止沾污。

③ 化学试剂从打开封装开始，应注明开始使用的日期，当使用后出现可疑结果应记录在案；当试剂变质应注明失效日期，并停止使用。

④ 应配备试剂配制专用记录本，详细记录配制试剂溶液的质量或体积浓度、配制方法、配制人姓名、配制日期，以备出现意外事故时，便于追溯产生原因。

⑤ 盛装配制溶液的试剂瓶应贴上醒目标签，同样注明配制溶液的质量或体积浓度、配制人姓名、配制日期、此标签不能随意涂改。配制溶液的有效使用期一般为6个月。

⑥ 配制溶液的标签上应注明彩色安全标志如下：绿色：无毒品；红色：易燃品；橙色：中度毒品（LD_{50}：200～1000mg/kg）；双橙色：剧毒品（LD_{50}：50～200mg/kg）；蓝色：毒性不明或未定。

五、测量设备和仪器的校准与维修

在分析实验室中，各种测量设备和仪器的正常运作是保证分析测定工作顺利进行的关键。为了实现对测量数据的溯源性，对测量设备和仪器的校准和维修都应以文件形式保存，应建立专用的校准和维修记录本，记录计量检定的日期、检定结果、经手人签名；当由仪器制造厂的工程技术人员进行维修后，由实验室相关人员记录维修的内容，更换的部件，维修日期并签名备案。对每台大型仪器应用专用的校准、维修记录本。

① 分析实验室的测量设备和仪器的购置，应经过认真的调研，经过比较选择性能/价格比值最高的产品进行购置，并应有售后保修期及良好的售后服务。

② 分析实验室的质量保证负责人应制定测量设备及仪器定期（一年）进行计量检定的计划，并落实由计量检定部门到期进行检定，保持测量设备和仪器的正常运作。

③ 为实现测量数据的溯源性，对测量设备的检定和维护应备有专用的记录本，及时记录计量检定的日期、检定结果、经手人签名；当由仪器厂商维修后，应有专人记录维修内容、日期、并签名备案。

④ 对价值昂贵的大型仪器应配备专人管理，有专门的记录本记录日常使用情况以及仪器检定，维修记录。

⑤ 对每台测量仪器的检定、维修记录本，应放置在仪器附近，以便于查阅。

⑥ 分析实验室质量保证负责人，应定期（1～6个月）汇总测量设备及仪器的检定和维修情况，以备急需。

六、分析结果报告

分析结果报告是分析系统运作的最终产物。分析实验室是一个产生信息的系统，分析结果报告就是将信息传递到外界的媒介。在分析结果报告上提供的信息应当完全准确、可靠，并且易被样品分析委托人理解。

(1) 分析报告首页

① 提供分析结果报告的分析实验室名称。

② 提出分析任务要求的委托人单位和姓名。

③ 送交样品或取样日期、开始分析样品日期和提交分析结果报告日期。

④ 样品来源、委托人或实验室取样人员签名、注明样品由分析委托人提供。

(2) 分析结果报告应提供的信息

① 由分析实验室指定的样品编号。

② 由分析委托人提供的样品编号。

③ 分析样品的名称，应写出化学命名，不要使用缩写词。

④ 用合理的有效数字报出分析结果的数字，对低于检出下限的结果，应使用"未检出"来表达，绝不能报道结果为"零"。

⑤ 分析结果的单位要准确，应清楚表明是质量浓度还是体积浓度；用百分含量表述时，有效数字后应有‰；对痕量组分含量用 mg/L 或 mg/kg 表示比用 ppm 准确；表示空气中污染物含量时，用 mg/m^3 最合适。

⑥ 若分析一个样品中的多个项目时，分析结果报告可用表格形式表述。分别列出分析物名称、数量、单位、分析方法等。

(3) 分析结果报告末尾　分析结果报告中，末尾应注明分析操作人员代号、实验室负责人的姓名、职称及签名。这是分析结果报告的重要部分，表明分析实验室负责人已经审阅并同意报出分析结果，并对分析结果的质量承担法律责任。

第二篇　职业技能和人员工作素质训练

第四章　化学分析法基本操作训练

实验一　定量分析仪器清点、验收、洗涤

一、目的要求
1. 学习定量分析玻璃仪器验收。
2. 学习分析化学实验用水知识。
3. 学习定量分析洗涤技术。

二、实验步骤
1. 验收定量分析常用玻璃仪器

参照表1-1定量分析实验仪器参考清单验收仪器，发现破损及时退换，一经洗涤，破损责任自负。

2. 参观实验室纯水制备装置

学习第三章第二节分析化学实验用水，了解自来水、去离子水的区别，正确使用去离子水。

3. 洗涤玻璃仪器

按第二章第二节定量分析玻璃仪器洗涤要求洗净实验用玻璃仪器。

实验二　天平称量练习（一）

一、目的要求
1. 正确使用天平称量样品，正确记录称量结果。
2. 了解天平的构造和称量原理，遵守称量规则。

二、实验步骤
1. 固定法称量物品质量（如不锈钢挂片），与标准值核对，找出个人称量误差。
2. 称量瓷坩埚加盖总量，与分别称量的坩埚和盖质量之和核对，了解砝码使用规则。
3. 互换样品、互换天平，再称量上述物品质量，找出个人称量误差，了解指

定天平性能。

三、实验记录格式

实验二　天平称量练习（一）　　　　编页 01

天平编号_____　日期_____

1. **不锈钢挂片质量称量**

序号	不锈钢挂片编号	称量质量 m/g
1		
2		
3		
4		
5		
6		
7		
8		

2. **坩埚质量称量**

坩埚编号	1	2	3	4
坩埚加盖质量/g				
坩埚质量/g				
坩埚盖质量/g				
坩埚+盖计算质量/g				
称量值－计算值/g				

四、思考题

1. 本次实验你的称量操作误差如何？
2. 你在称量前后零点变动多少？初学者主要称量误差是什么？
3. 操作者的称量技术在质量控制中的作用是什么？
4. 总结一下称量又快、又准的操作要点。
5. 称量方法、称量规则的要点是什么？

实验三　天平称量练习（二）

一、目的要求

1. 正确使用天平，减量法称量样品。
2. 遵守称量规则，正确记录称量结果。

二、实验步骤

1. **减量法称量样品**

按称量范围 0.3～0.5g 将样品称至已知质量的坩埚中，然后核对质量，检查个人减量法称量误差。

2. 减量法称量基准物

按称量范围 0.5g、0.3g、0.2g 顺序递减，将样品倒入编号的锥形瓶中，并记录称量结果。

三、实验记录格式

样品编号		1	2	3	4
称量瓶＋样品质量 称量瓶质量	m_1 m_2 $s_1 =$	15.5843g 15.1621g 0.4222g			
盖＋坩埚＋倒入样品后质量 盖＋空坩埚质量	G_2 G_1 $s_2 =$	21.8235g 21.4016g 0.4219g			
样品称量偏差		$\lvert s_1 - s_2 \rvert = 0.3\text{mg}$			

四、思考题

1. 根据偏差，检查个人的减量法称量操作误差。
2. 总结一下减量法称量要点。

实验四　容量仪器的洗涤和移液管、容量瓶的相对校正

一、目的要求

1. 学习容量仪器的洗涤方法。
2. 初步学会容量瓶、移液管的使用方法。
3. 了解移液管、容量瓶校正的原理和方法。

二、实验步骤

1. 洗净酸式和碱式滴定管各一支

练习调节滴定管中纯水的液面至某一刻度，放出 20 滴或 40 滴溶液，再读取体积，计算滴定管一滴和半滴溶液相当的体积。

2. 洗净 250mL 容量瓶和 25mL 移液管，将容量瓶控干。

3. 容量瓶与移液管的相对校正

用 25mL 移液管吸取纯水放入 250mL 容量瓶中，共吸移 10 次。观察容量瓶中水的弯月面最下缘是否与原有标线相切。若不相切，分析原因。将容量瓶干燥后重复三次（然后用平直的窄纸条贴在与弯月面相切处，并在纸条上刷蜡作新标记，经相互校准后，此容量瓶与移液管可配套使用）❶

---

❶ 对初学者校正结果不能用，仅能用于检查移取操作误差。待操作熟练正确后，再行校正。

附：绝对校正方法

将洗净、干燥的容量瓶准确称出其质量，注入水至标线，记录水温，用滤纸吸干瓶颈内壁水滴，盖上瓶塞再称量。两次质量之差即为容量瓶容纳的水质量。查表2-6计算出该容量瓶的真实体积数值。

$$校正值 = 真实值 + 标称值$$

可用刻度吸量管加入或吸出校正值数的水，重新刻划一标线记录。

三、思考题

1. 滴定管是否洗净应当怎样检查？使用未洗净滴定管对滴定有何影响？
2. 移液管放出液体时为什么要待液体全部流出后再在容器内壁停靠15s？残留在管尖的液体应不应该吹出去？
3. 滴定管、移液管、容量瓶都是准确测量液体容积的仪器，它们在量度液体体积时有什么区别？
4. 试查出50mL A级滴定管和250mL A级容量瓶的容量允差。

实验五　滴定管的绝对校正

一、目的要求

1. 初步掌握滴定管的使用方法。
2. 学习滴定管的校正方法，并了解容量器皿校正的意义。

二、仪器

酸式滴定管；碱式滴定管；具磨口塞的50mL锥形瓶1个；温度计0～50℃或0～100℃（公用）。

三、实验步骤

1. 滴定管准备，包括试漏、涂油、洗涤、排除管尖气泡。
2. 练习并初步掌握滴定管的使用操作，包括控制放液速度，放出一滴、半滴，放至一定刻度的方法（各项练习数次）。
3. 练习并掌握滴定管读数的方法（两同学互相检查读数，相差在0.02mL以内）。
4. 校正酸式滴定管

洗净50mL具塞锥形瓶，擦干外壁，在台秤上粗称其质量，然后在分析天平上称出其质量，准确至小数点后第二位（为什么？）。

在洗净的滴定管中加纯水，调节至0.00刻度，记下读数。将50mL锥形瓶置滴定管下，以每分钟不超过10mL水的速度放至刻度10处（相差不应大于0.1mL），等1min后读数，读准至0.01mL并记录。锥形瓶盖上玻璃塞，再称出它的质量，并记录。两次质量之差即为放出的水质量。用同样方法称量滴定管10～20mL、20～30mL等刻度间的水质量。用温度计测定水温。查表2-7得到该温度下

1g 水的体积，计算滴定管各段标称值的实际容积。

碱式滴定管校正方法相同。

四、思考题

1. 称量水质量时，应称准到小数点后第几位（g）数，为什么？计算出的总校正值应保留几位有效数字？
2. 从滴定管放纯水于 50mL 具塞锥形瓶中时应注意什么？滴定管尖所悬的液滴应如何处理？
3. 为什么滴定操作中每次都要添加标准溶液至滴定管的刻度 0 附近再开始滴定？
4. 在 25℃ 校正的滴定管其校正值能否在 30℃ 使用？
5. 从校正结果检查个人的天平称量、滴定管使用操作存在的误差。

实验六 酸碱标准溶液的配制和浓度的比较

一、目的要求

1. 掌握盐酸和氢氧化钠标准溶液的配制方法。
2. 练习滴定技术，正确判断滴定终点。
3. 通过实验进一步了解强酸强碱滴定的基本原理。

二、方法说明

在酸碱滴定法中，一般都选用强酸和强碱配制成近似浓度的溶液，经标定后，用于测定强酸强碱和弱酸弱碱等。

用已知准确浓度的酸碱标准溶液作为次级标准，可以用来标定未知浓度的酸或碱，这种方法称为"比较"法。

三、试剂

浓盐酸（C.P.）；氢氧化钠（C.P.）；0.1%甲基橙指示剂；0.2%酚酞指示剂。

四、实验步骤

1. $0.1mol \cdot L^{-1}$ HCl 标准溶液的配制

量取浓 HCl ___ mL 倒入试剂瓶中，用水稀释至 1000mL，充分摇匀。按下面格式贴上标签，注明试剂名称、配制日期、使用者姓名，并留一空白，准备标定后填写准确浓度。

试剂名称		
浓 度		
配制日期 年 月 日		
姓 名		

2. $0.1mol \cdot L^{-1}$ NaOH 标准溶液的配制

在台秤上用小烧杯迅速称取固体 NaOH ___ g，立即用纯水搅拌溶解后移入量杯中，以纯水稀释至 1000mL，贮于聚乙烯塑料瓶中（或用橡皮塞的细口瓶），充分摇匀。

注：固体 NaOH 极易吸收空气中的 CO_2 和水分，所以称量必须迅速，市售固体 NaOH 常因吸收 CO_2 而混有少量 Na_2CO_3，以致在测定中引入误差。因此在要求严格的情况下，配制 NaOH 溶液时必须设法除去 CO_3^{2-}，常用方法如下。

① 如前所述，配制 NaOH 溶液后，加入 1～2mL 20％$BaCl_2$ 溶液，摇匀，用橡皮塞塞紧，静置过夜，待沉淀完全沉降后，用虹吸管把清液吸入另一试剂瓶中，塞好备用。此种溶液含较多的 Ba^{2+}。

② 在饱和的 NaOH 溶液（50％）中 Na_2CO_3 几乎不溶解，利用这一性质可以配制不含 CO_3^{2-} 的 NaOH。方法为先配制 50％NaOH 溶液，静置数天待溶液澄清后，吸取上层清液，用新制备的离子交换水（不含 CO_2）稀释至所需浓度。

3. 酸碱标准溶液浓度的比较

(1) 滴定终点练习　从酸式滴定管放出 HCl 标准溶液 10mL 于锥形瓶中，加入 2 滴酚酞指示剂，用 $0.1mol \cdot L^{-1}$ NaOH 溶液滴定至溶液由无色变为浅粉色，30s 不褪即为终点。再滴入 1mL HCl 溶液，用 NaOH 溶液滴至浅粉色，反复控制终点到一滴或半滴。另外放出 NaOH 溶液 10mL 于锥形瓶中，加甲基橙指示剂一滴，用 HCl 滴定到橙色，反复练习终点。

(2) 用酚酞作指示剂进行酸碱浓度的比较　从酸式滴定管中放出 HCl 标准溶液约 25mL（以每分钟约 10mL 的速度放出溶液，即每秒 3～4 滴），注入 250mL 锥形瓶中，加入 2 滴酚酞指示剂，用 $0.1mol \cdot L^{-1}$ NaOH 溶液滴定至溶液由无色转变为浅粉红色 30s 不褪即为终点，记录最后所用 NaOH 和 HCl 的体积。

再次装满 HCl 和 NaOH 标准溶液，平行滴定 n 次，计算 1mL NaOH 溶液相当于若干毫升 HCl 溶液，即求出 $V(HCl)/V(NaOH)$ 的比值。

(3) 用甲基橙作指示剂进行酸碱浓度的比较　将碱式滴定管中 NaOH 标准溶液 25mL 放入 250mL 锥形瓶中，滴入甲基橙指示剂一滴，用 $0.1mol \cdot L^{-1}$ HCl 溶液滴定至溶液由黄色刚好转变为橙色即达终点，读数并记录，平行滴定 n 次，求出 $V(HCl)/V(NaOH)$ 的比值。取滴定结果的平均值，并与上面测定结果比较有无显著差异。

五、实验记录及报告格式（见第二章第六节）

六、思考题

1. 如何检验滴定管已洗净？既已洗净，为什么在装入标准溶液前需用该溶液淋洗三次？

2. 滴定用的锥形瓶是否也要用该溶液淋洗三次或预先烘干，为什么？

3. 滴定两份相同的试液时，若第一份用去标准溶液 20.00mL，此时滴定管中还剩余 30.0mL。滴定第二份时，继续用剩下的溶液呢，还是添加标准溶液至滴管的刻度"0"附近，然后再滴，为什么？

4. 比较测定结果，找出个人滴定操作引入的实验误差。

实验七　称量分析法基本操作练习（一）
——天然水矿化度测定（选做）

矿化度是水中含无机矿物成分的总量，用于评价水中总含盐量，是水化学成分测定的重要指标。

一、基本原理

水样用中速定量滤纸过滤，于瓷蒸发皿中蒸发至干，在烘箱内105～110℃烘干并恒重。

二、仪器与试剂

瓷蒸发皿 ϕ90mm；电热水浴；烘箱；干燥器；玻璃漏斗；中速定量滤纸；过氧化氢（1+1）；2‰ Na_2CO_3 溶液。

三、实验步骤

1. 瓷蒸发皿恒重

将洗净瓷蒸发皿编号，置于烘箱中，在105～110℃烘2h，放干燥器中冷却至室温，称量，直至恒重（两次称量之差≤0.5mg）。

2. 水样蒸发、烘干、恒重

取适量水样，用中速滤纸过滤，用移液管移取过滤后水样50～100mL（残渣0.05～0.2g），置于已恒重的瓷蒸发皿中，于水浴上蒸干，蒸干残渣一般有色（有机物或铁杂质）。待蒸发皿稍冷，小心滴加过氧化氢（1+1）溶液数滴至气泡消失，再蒸发至干，待残渣颜色变白或稳定后，将盛有残渣的蒸发皿置烘箱中，在105～110℃烘干2h，放干燥器中冷至室温（30min）称量，直至恒重。

四、计算式

$$矿化度（mg·L^{-1}）= \frac{m - m_0}{V} \times 10^6$$

式中，m 为蒸发皿及残渣质量，g；m_0 为蒸发皿质量，g；V 为水样体积，mL。

五、注意事项

1. 水样可采集自来水、地下深井水、矿泉水、河水、水库水、湖水等，所测矿化度范围103～1589mg·L^{-1}。

2. 水样有腐蚀性时，应当用砂芯玻璃坩埚 P_{10} 抽滤，清亮水样不必过滤。

3. 对于高矿化度水样，含有大量钙氯化物、镁氯化物、硝酸盐、硫酸盐，其中氯化物易吸水，硫酸盐结晶水不易除去，可加入 10mL 2% Na_2CO_3 溶液，使之转变为碳酸盐，水浴蒸干后在 180℃ 烘箱内烘干 2~3h，称量至恒重。

实验八 称量分析法基本操作练习（二）
——废水悬浮物测定（选做）

一、基本原理

悬浮物是废水分析评价水质污染指标之一，系指不能通过滤器的固体物质，用中速定量滤纸过滤、烘干、恒重。残渣即为悬浮物。

二、仪器

称量瓶（扁型，直径 35~50mm）；中速定量滤纸（蓝带，φ90mm）。

三、实验步骤

1. 称量瓶恒重

将中速定量滤纸折叠，放入称量瓶，置于烘箱中在 105~110℃ 开盖烘干 2h，干燥器内冷却 30min，盖好称量。反复烘干，称量至恒重。

2. 悬浮物恒重

用移液管移取水样 100mL（含悬浮物约 50mg），用上述烘干至恒重的滤纸过滤，并用去离子水洗悬浮物 3~5 次。将悬浮物连同滤纸置于已恒重的原称量瓶中，置于烘箱中，在 105~110℃ 开盖烘 2h，干燥器内冷却 30min，称量至恒重。

四、计算式

$$悬浮物（mg \cdot L^{-1}）=\frac{m-m_0}{V} \times 10^6$$

式中，m 为悬浮物＋滤纸＋称量瓶质量，g；m_0 为滤纸＋称量瓶质量，g；V 为废水水样体积，mL。

五、注意事项

1. 如果废水中有油脂，过滤后应当用 10mL 石油醚分两次淋洗悬浮物及滤纸。
2. 如果废水有腐蚀性，应改用石棉坩埚法测定。
3. 如果废水黏度大，可加入 2~4 倍水，摇匀、静置、沉降后再过滤。

实验九 称量分析法基本操作练习（三）
——食品中水分、灰分测定（选做）

一、水分测定

1. 基本原理

将食品置于 100~105℃ 烘箱中干燥、恒重，减少的质量即为水分。

2. 仪器

称量瓶（扁型，$\phi 50mm$）；烘箱。

3. 实验步骤

(1) 称量瓶恒重　100～105℃烘箱中烘干 2h，干燥器中冷却 30min，称量至恒重。

(2) 食品水分测定　称取 2.00～5.00g 样品，置于恒重的称量瓶中，在100～105℃烘箱中开盖烘干 2～3h，于干燥器内冷却 30min，盖盖称量，再烘干称量，两次称量之差不大于 0.002g 即为恒重。

4. 计算式

$$w_{水分} = \frac{m - m_0}{m_s}$$

式中，m 为食品+称量瓶质量，g；m_0 为称量瓶质量，g；m_s 为食品质量，g；$w_{水分}$ 为水分质量分数。

5. 注意事项

本法适用于腌肉、腊肉、肉松、麦乳精、饼干、方便面、水产品、味精、皮蛋等食品，其中方便面、味精均取样 5.00g，在 105℃±2℃烘干，其他食品烘干处理方法不同。

二、总灰分测定

1. 基本原理

总灰分指食品中的矿物质、无机盐和其他混杂物质，在 550～600℃ 将有机物灰化后，称量残渣即得总灰分。

2. 仪器试剂

瓷坩埚；马弗炉；干燥器；浓硝酸；过氧化氢。

3. 实验步骤

(1) 瓷坩埚恒重　用热 1+1 盐酸处理瓷坩埚后，置于马弗炉中，在 550℃灼烧 30min，干燥器内冷至室温，称量至恒重。

(2) 样品总灰分测定　准确称取样品 2.00～5.00g，置于恒重瓷坩埚中，先用电炉或煤气灯将样品炭化，再移入马弗炉中，在550～600℃灰化约 1h 至白色灰烬，干燥器中冷却 30min，称量至恒重（两次称量之差≤0.0005g）。

4. 计算式

$$w_{灰分} = \frac{m - m_0}{m_s}$$

式中，$w_{灰分}$ 为灰分质量分数；m 为瓷坩埚+灰分质量，g；m_0 为瓷坩埚质量，g；m_s 为样品质量，g。

5. 注意事项

煤气灯炭化样品至无烟非常重要。在送入马弗炉灰化前，坩埚壁附着有黑炭粒，可在坩埚冷却后加数滴 HNO_3 或过氧化氢蒸干后，再移入马弗炉灰化至白色。

三、水溶性灰分与水不溶性灰分测定

将上述瓷坩埚中灰分加水 25mL，加热近沸，用定量滤纸过滤，并用热水洗涤坩埚、残渣和滤纸 5 次，每次用 10mL 热水。将带有残渣的滤纸放回原恒重坩埚中，按上述操作炭化、灰化、冷却、称量至恒重。

$$w_{水不溶性灰分} = \frac{m_1}{m_s}; \quad w_{水溶性灰分} = w_{总灰分} - w_{水不溶性灰分}$$

式中，m_1 为水不溶性灰分质量，g；m_s 为样品质量，g。

四、酸溶性灰分与酸不溶性灰分测定

将上述水不溶性灰分用 $0.1mol \cdot L^{-1}$ 盐酸 25mL 加热近沸浸取灰分，并同上法过滤、洗涤、烘干、炭化、灰化、称量至恒重。

$$w_{酸不溶性灰分} = \frac{m_2}{m_s}$$

式中，m_2 为酸不溶性灰分质量，g。

$$w_{酸可溶性灰分} = w_{总灰分} - w_{酸不溶性灰分}$$

实验十　氯化钡中钡含量的测定（选做）

一、目的要求

1. 学习晶形沉淀的条件及方法。
2. 练习称量分析方法的基本操作。

二、基本原理

$BaSO_4$ 的溶解度较小（$K_{sp} = 1.1 \times 10^{-10}$），并且很稳定。其组成与化学式符合，因此它符合称量分析对沉淀的要求，所以通常以 $BaSO_4$ 为沉淀形式和称量形式测定 Ba^{2+} 或 SO_4^{2-}。

测定 Ba^{2+} 时，一般用稀硫酸作沉淀剂。为使 $BaSO_4$ 沉淀完全，H_2SO_4 必须过量。过量 H_2SO_4 在高温下可挥发除去，沉淀带下的 H_2SO_4 不致引起误差，因此沉淀剂可过量 50%~100%。为获得纯净的 $BaSO_4$ 沉淀，应严格掌握沉淀条件。

沉淀 $BaSO_4$ 的条件是在热的试液中，不断搅动下缓慢加入热、稀的 H_2SO_4 溶液。所得沉淀经陈化、过滤、洗涤、灼烧后以 $BaSO_4$ 的形式称量，即可求得 $BaCl_2$ 中 Ba 的含量。

三、试剂

$BaCl_2 \cdot 2H_2O$ 试样（毒品！）；$6mol \cdot L^{-1}$ HCl；$1mol \cdot L^{-1} \left(\frac{1}{2}H_2SO_4\right)$；1% $AgNO_3$（含 HNO_3）。

四、实验步骤

1. 瓷坩埚的准备

洗净 2 个瓷坩埚（带盖），烘干，用 Co^{2+} 墨水编号后，将其置于高温炉中，在 800～850℃ 以下灼烧。第一次灼烧 30～45min 取出稍冷片刻，转入干燥器中冷至室温（一般需 30min），称量。第二次灼烧 15～20min，冷却后再称量（冷却时间相同），直至恒重（相差<0.3mg）为止。

2. $BaCl_2 \cdot 2H_2O$ 中 Ba 含量的测定

准确称取 0.35～0.5g $BaCl_2 \cdot 2H_2O$ 试样两份，置于 250mL 烧杯中，加水约 70mL，加 1mL 6mol·L^{-1} HCl，盖上表面皿，加热至近沸。与此同时，另取 30mL H_2SO_4 溶液置于小烧杯中，加热至近沸，然后将热的 H_2SO_4 溶液逐滴加入到热的钡盐溶液中，并用玻璃棒不断搅动。

待沉淀下沉后，在上层清液中加入 1～2 滴 1mol·L^{-1} H_2SO_4，详细观察是否有白色浑浊，检查沉淀是否完全。如已沉淀完全，盖上表面皿，将玻璃棒靠在烧杯嘴边，置于水浴上加热陈化 0.5～1h，并不时搅动（或在室温下放置过夜）。溶液冷却后，用慢速定量滤纸过滤，先将上层清液倾注在滤纸上，再以稀 H_2SO_4 洗涤液 $\left[1mL\ 1mol \cdot L^{-1}\left(\frac{1}{2}H_2SO_4\right)稀释至100mL\right]$ 洗涤沉淀 3～4 次，每次用约 10mL，均用倾泻法过滤，然后将沉淀小心转移至滤纸上，并用小片滤纸擦净杯壁，将滤纸片放在漏斗内的滤纸上，再用水洗涤沉淀至无 Cl^- 为止（用 $AgNO_3$ 检查）。将沉淀和滤纸置于已恒重的瓷坩埚中，灰化后在 800～850℃ 灼烧至恒重（第一次灼烧 30～45min，第二次灼烧 10～15min）。数据记录格式参看第二章第六节。

五、计算式

$$w(Ba) = \frac{m(BaSO_4) \times \dfrac{Ba}{BaSO_4}}{m(BaCl_2 \cdot 2H_2O)}$$

式中，$w(Ba)$ 为 Ba 的质量分数；$m(BaSO_4)$ 为 $BaSO_4$ 质量，g；$m(BaCl_2 \cdot 2H_2O)$ 为样品质量，g；$\dfrac{Ba}{BaSO_4}$ 为换算因数。

六、注意事项

1. $BaSO_4$ 在热的、稀的酸性溶液中进行沉淀，沉淀后进行陈化，可避免形成过细晶粒穿过滤纸。

2. Cl^- 是混在沉淀中的主要杂质，因易检验，故 Cl^- 已完全除去时，其他杂质可以认为已完全除去。检验 Cl^- 的方法是：在小试管或表面皿中收集数滴滤液，以 $AgNO_3$ 溶液试验。

3. 灰化滤纸时温度不宜过高，并有足够的空气，否则 $BaSO_4$ 被碳单质还原成 BaS。反应为：

$$BaSO_4 + 4C = BaS + 4CO$$

但在灼烧后，热空气也可能会慢慢把 BaS 氧化成 $BaSO_4$。

4. 灼烧 $BaSO_4$ 不可超过 900℃，也不应延长时间，因为有少量杂质存在时，较高温度下 $BaSO_4$ 可能部分分解，使沉淀质量变小。

$$BaSO_4 \xrightarrow{1000℃ 以上} BaO + SO_3 \uparrow$$

七、思考题

1. 沉淀 $BaSO_4$ 时为什么要在稀溶液中？不断搅拌的目的是什么？
2. 为什么沉淀 $BaSO_4$ 时要在热溶液中进行，而在冷却后过滤？
3. 什么情况下需要进行沉淀的"陈化"？在陈化过程中沉淀发生了什么变化？
4. 过滤洗涤沉淀为什么最初须用倾泻法？如何提高洗涤效率？为什么用 $AgNO_3$ 来检查沉淀是否洗净？
5. 分析本实验的个人操作误差。

第五章 滴定分析用标准溶液浓度标定训练

实施实验室质量控制,标准溶液准确浓度的标定是检查引入误差的一项重要方法。作为分析者的一项基础训练,以下实验内容可供选择(实验十一至实验十七)。

浓度标定的精密度是训练的最终要求,依据国家标准,在准确一致测量系统应达 0.2%。在本阶段训练中,可以采取两种方式:第一种方式,通过互换标准溶液、容量仪器找到个人浓度标定操作引入的误差,并不断掌握操作,提高标定的精密度;第二种方式,由实验室发放已知浓度的标准溶液,学生通过标定检查个人标定操作引入的误差,并不断掌握操作,提高标定的精密度。对精密度的具体要求应根据专业对该课程的要求而不同。

实验十一 盐酸标准溶液浓度的标定

一、目的要求

1. 学习减量法称取基准物的方法。
2. 学习用 Na_2CO_3 标定 HCl 溶液的方法。

二、试剂

$0.1mol \cdot L^{-1}$ HCl 标准溶液;无水 Na_2CO_3(A.R.);0.1%甲基橙指示剂。

三、实验步骤

标定 $0.1mol \cdot L^{-1}$ HCl 标准溶液浓度。

以减量法称取预先烘干的无水 Na_2CO_3(如何计算称量范围?),置于 100mL 小烧杯中,加约 50mL 水溶解,然后将溶液定量移入 250mL 容量瓶中,以纯水稀释至刻度,摇匀。用 25mL 移液管准确移取 Na_2CO_3 溶液,置于 250mL 锥形瓶中,加甲基橙指示剂一滴,用欲标定的 $0.1mol \cdot L^{-1}$ HCl 标准溶液进行滴定,直至溶液刚由黄色转变为橙色时即为终点,读数并记录。平行滴定 n 次。

根据 Na_2CO_3 的质量(m)和所消耗 HCl 标准溶液的体积(V)计算出 HCl 标准溶液的浓度及标定结果的精密度。

四、注意事项

1. 标定一般采用小份标定。在标准溶液浓度较稀(如 $0.01mol \cdot L^{-1}$)、基准物摩尔质量较小时,若采用小份称样误差较大,可采用大份标定。

2. 用无水 Na_2CO_3 标定 HCl 时,反应产生的 H_2CO_3 会使滴定突跃不明显,致使指示剂颜色变化不够敏锐。因此,在接近滴定终点以前,应剧烈摇动或最好把溶液加热至沸，并摇动以赶走CO_2，冷却后再继续滴定。

五、思考题

1. 为什么把Na_2CO_3放在称量瓶中称量？称量瓶是否要预先称准？称量时盖子是否需要盖好？
2. 放Na_2CO_3溶液的锥形瓶是否需要用Na_2CO_3溶液先洗三遍？
3. 用Na_2CO_3标定HCl是否可用酚酞作指示剂？
4. 还可用哪些物质标定HCl？
5. 分析一下盐酸溶液浓度标定引入的个人操作误差。

实验十二 氢氧化钠标准溶液浓度的标定

一、目的要求

1. 学习减量法称取基准物的方法。
2. 学习用邻苯二甲酸氢钾标定氢氧化钠溶液的方法。

二、试剂

$0.1mol·L^{-1}$ NaOH标准溶液；邻苯二甲酸氢钾（$KHC_8H_4O_4$，A.R.）；0.2%酚酞指示剂。

三、实验步骤

用减量法称取$KHC_8H_4O_4$三份，每份质量1g左右（称量范围是多少？），称准至0.0002g。分别置于三个250mL锥形瓶中，各加50mL不含二氧化碳的热水使之溶解，冷却。加酚酞指示剂2～3滴，用欲标定的$0.1mol·L^{-1}$ NaOH溶液滴定，直至溶液由无色转红色30s不褪即为终点。计算$c(NaOH)$及标定的精密度。

注：如果经较长时间终点微红色慢慢褪去，那是由于溶液吸收了空气中的CO_2生成H_2CO_3所致。

四、思考题

1. 称入基准物的锥形瓶，其内壁是否必须干燥，为什么？溶解基准物所用水的体积是否需要准确，为什么？
2. 用邻苯二甲酸氢钾标定NaOH，为什么用酚酞而不用甲基橙作指示剂？
3. 根据标定结果，分析一下本次标定引入的个人操作误差。
4. 写出标定原理（反应方程式、化学计量点pH、指示剂选择）。

实验十三 EDTA标准溶液的配制和标定

一、目的要求

1. 学习EDTA标准溶液的配制和标定方法。

2. 学习配合物滴定法的原理，了解该滴定法的特点。

二、基本原理

$Na_2H_2Y \cdot 2H_2O$ 的相对分子质量为 372.24，通常采用间接法配制标准溶液。

标定 EDTA 溶液常用的基准物有 Zn、ZnO、$CaCO_3$、$MgSO_4 \cdot 7H_2O$ 等。通常选用与被测物组分相同的物质作基准物，在与测定相同的条件下标定，可以减小系统误差。

EDTA 标准溶液贮存于聚乙烯容器中。

在 pH=10 的缓冲溶液中，用 EDTA 滴定 Zn^{2+}，铬黑 T 是良好的指示剂，滴定终点由 $ZnIn^-$ 的酒红色变为游离指示剂 HIn^{2-} 的纯蓝色。

三、试剂

1. EDTA 二钠盐（乙二胺四乙酸二钠，A.R.）。

2. pH=10 的氨缓冲溶液：将 54g NH_4Cl 溶于 200mL 水中，加入 350mL 浓氨水，用水稀释至 1L。

3. 铬黑 T 指示剂：称取 0.5g 铬黑 T，加 75mL 乙醇、25mL 三乙醇胺，温热溶解，装入棕色瓶中备用。

4. ZnO（A.R. 或 G.R.）800℃灼烧至恒重，$M(ZnO)=81.37g \cdot mol^{-1}$。

5. HCl $6mol \cdot L^{-1}$。

四、实验步骤

1. $0.02mol \cdot L^{-1}$ EDTA 标准溶液的配制

称取 EDTA 二钠盐 7.5g，溶解于 300～400mL 温水中，稀释至 1L，贮于聚乙烯塑料瓶中。

2. 标定

称取纯 ZnO 0.4g（称量范围），称准至 0.0002g，滴加 $6mol \cdot L^{-1}$ HCl 至全部溶解（约 5～10mL），转移到 250mL 容量瓶中，用水稀释至标线，摇匀。准确吸取此溶液 25mL，注入锥形瓶中，加 25mL 纯水，慢慢滴加氨水至刚出现白色浑浊，加入 10mL 氨缓冲溶液及 3～4 滴铬黑 T 指示剂，充分摇匀，用 $0.02mol \cdot L^{-1}$ EDTA 标准溶液滴定，由酒红色变纯蓝色为终点。

五、注意事项

1. 配合物滴定反应速率较慢，故滴定加入 EDTA 溶液的速度不能太快，特别是近终点时，应逐滴加入，并充分振摇。

2. 配合物滴定中加入指示剂的量是否合适对终点的观察十分重要。

3. 配合物滴定对纯水和试剂的要求较高，所用纯水应不含 Fe^{3+}、Al^{3+}、Cu^{2+}、Co^{2+}、Ni^{2+}、Ca^{2+}、Mg^{2+} 等杂质离子，否则会导致实验失败。合格的离子交换水比市售的蒸馏水好。必要时应先做空白试验检验纯水和试剂。

六、思考题

1. 配合物滴定中为什么需要采用缓冲溶液？
2. 铬黑 T 指示剂最适用的 pH 范围是什么？

实验十四　高锰酸钾标准溶液的配制和标定

一、目的要求

1. 学习 $KMnO_4$ 标准溶液配制方法和保存方法。
2. 了解 $KMnO_4$ 标定原理、反应条件。

二、基本原理

$H_2C_2O_4 \cdot 2H_2O$、$Na_2C_2O_4$ 常用作标定 $KMnO_4$ 溶液浓度的基准物。标定反应及条件：

$$2MnO_4^- + 5C_2O_4^{2-} + 16H^+ \xrightarrow[H_2SO_4, 催化剂\ Mn^{2+}]{75\sim 85℃} 2Mn^{2+} + 10CO_2 + 8H_2O$$

$KMnO_4$ 基本单元规定为 $\frac{1}{5}KMnO_4$，则 $Na_2C_2O_4$ 基本单元为 $\frac{1}{2}Na_2C_2O_4$。

$$c\left(\frac{1}{5}KMnO_4\right)V\left(\frac{1}{5}KMnO_4\right) = \frac{m(Na_2C_2O_4)}{M\left(\frac{1}{2}Na_2C_2O_4\right)} \times 1000$$

三、试剂

1. $KMnO_4$（A.R.）。
2. $Na_2C_2O_4$（A.R.）。
3. $3mol \cdot L^{-1} H_2SO_4$ 溶液：搅拌下将浓 H_2SO_4 167mL 加入到 833mL 水中。
4. $0.1mol \cdot L^{-1}\left(\frac{1}{5}KMnO_4\right)$ 高锰酸钾溶液：称取 $KMnO_4$ 1.69g 溶于 500mL 水中，盖上表面皿，加热至沸，并保持微沸状态 1h，冷后用微孔玻璃漏斗（P_{16} 或 P_4）过滤，滤液贮于棕色瓶中待标定。或溶解 $KMnO_4$ 后，室温下静置数天（至少 2~3 天）后，过滤，滤液贮于棕色瓶中待标定。

四、$0.1mol \cdot L^{-1}\left(\frac{1}{5}KMnO_4\right)$ 高锰酸钾溶液浓度标定

准确称取 0.13~0.15g $Na_2C_2O_4$ 基准物，置于 25mL 锥形瓶中，加 40mL 无离子水溶解，加入 10mL H_2SO_4，水浴上加热到 75~85℃，趁热用待标定 $KMnO_4$ 溶液滴定到溶液呈微粉色，30s 不褪色即为终点。平行滴定 n 次，计算 $KMnO_4$ 溶液浓度及标定的精密度。

五、思考题

1. 配 $KMnO_4$ 溶液时，为什么要将 $KMnO_4$ 溶液煮沸或放置数天？为什么要过

滤后才能保存？可否用滤纸过滤？

2. $KMnO_4$ 浓度标定条件有哪些？酸度过高、过低，温度过高或过低对标定结果有何影响？

3. $KMnO_4$ 溶液为什么一定要装在酸式滴定管中？滴定管用后应如何洗净？

4. $KMnO_4$ 为深色溶液，应如何准确读取读数？

实验十五　硫代硫酸钠标准溶液的配制和标定

一、目的要求

1. 学习硫代硫酸钠标准溶液的配制方法和保存条件。
2. 了解用 $K_2Cr_2O_7$ 标定 $Na_2S_2O_3$ 溶液的原理和方法。
3. 学习间接碘量法测定的条件，了解碘量法误差的来源。

二、基本原理

用 $K_2Cr_2O_7$ 标定 $Na_2S_2O_3$ 的原理为：在弱酸性溶液中，$K_2Cr_2O_7$ 与过量 KI 作用，析出等量的 I_2，以淀粉为指示剂，用 $Na_2S_2O_3$ 标准溶液滴定。反应为：

$$Cr_2O_7^{2-} + 6I^- + 14H^+ = 2Cr^{3+} + 3I_2 + 7H_2O$$

$$I_2 + 2S_2O_3^{2-} = S_4O_6^{2-} + 2I^-$$

三、试剂

1. 重铬酸钾固体（细粉末状，基准物 G.R. 或 A.R.）。
2. $6mol·L^{-1}$ HCl。
3. $Na_2S_2O_3·5H_2O$（固体）；Na_2CO_3（固体）。
4. 20% KI 溶液。
5. 0.5% 淀粉溶液：称取 0.5g 可溶性淀粉，于小烧杯中加 5mL 水调成糊状，在搅拌下注入 100mL 沸水中，再微沸 1~2min 至溶液透明。

四、实验步骤

1. $0.1mol·L^{-1} Na_2S_2O_3$ 标准溶液的配制

称取 10g $Na_2S_2O_3·5H_2O$ 溶于 400mL 新煮沸而冷却的纯水中，待溶解后，加入 0.1g Na_2CO_3，搅匀，存于棕色具塞瓶中，放置 8~14 天后，标定其浓度。

2. $Na_2S_2O_3$ 标准溶液的标定

精准称取已烘干的 $K_2Cr_2O_7$ 0.1~0.15g，置于 250mL 碘量瓶中，用约 20mL 水溶解，加入 20% KI 溶液 10mL、$6mol·L^{-1}$ 盐酸 5mL，混匀后，盖好磨口玻璃塞并向瓶塞周围吹入少量纯水以密封，放于暗处 5min，然后用 50mL 水稀释，用 $0.1mol·L^{-1} Na_2S_2O_3$ 标准溶液滴定，当溶液由棕色转变为黄绿色时，加入 0.5% 淀粉溶液 3mL，继续滴定至溶液呈 Cr^{3+} 亮绿色为止。平行测定三次。

计算 $Na_2S_2O_3$ 溶液的浓度与标定的精密度。

$$M\left(\frac{1}{6}K_2Cr_2O_7\right)=49.04\text{g}\cdot\text{mol}^{-1}$$

五、注意事项

1. $K_2Cr_2O_7$ 与 KI 的反应不是立刻完成的，在稀溶液中反应更慢，因此应等反应完成后再加水稀释。在上述条件下，约经 5min 反应即可完成。如果滴定完的溶液很快返蓝，说明 $K_2Cr_2O_7$ 与 KI 的作用在滴定前进行得不完全，溶液稀释过早，应重做。

2. 滴定前稀释溶液，一是为了得到适于 $Na_2S_2O_3$ 滴定 I_2 的酸度，酸度太大，I^- 易受空气氧化，$Na_2S_2O_3$ 易因局部过浓而遇酸分解。二是使 Cr^{3+} 浓度降低，颜色变浅，使终点溶液由蓝变到绿容易观察。

3. 淀粉溶液必须在接近终点时加入，否则容易引起淀粉溶液凝聚，而且吸附在淀粉中的 I_2 不易释出，影响测定（第二、三份标定可根据第一份消耗 $Na_2S_2O_3$ 的体积，滴定终点前 0.5~1.0mL 时，加入淀粉指示剂）。

4. 滴定完了的溶液经放置 5min 后会变蓝，是由于空气氧化 I^- 所致。

5. 滴定时摇动锥形瓶要注意，在大量 I_2 存在时不要剧烈摇动溶液，以免 I_2 挥发。在加入淀粉后的滴定应充分摇动以防止 I_2 吸附。

6. 为避免误差，加入 KI 应一份份地操作，不可放置时间过长，为防止 KI 被空气氧化，整个滴定操作应适当快些。

六、思考题

1. 说明配制 $Na_2S_2O_3$ 溶液的方法原理及放置 8~14 天再进行标定的道理。
2. 淀粉溶液的配制方法及注意事项有哪些？
3. 加入 KI 后为何要在暗处放置 5min？
4. 为什么不能在滴定一开始就加入淀粉指示剂，而要在溶液呈黄绿色时加入？黄绿色是什么物质的颜色？
5. 碘量法滴定到终点后溶液很快变蓝说明什么问题？如果放置一些时间后变蓝又说明什么问题？
6. 分析 $Na_2S_2O_3$ 溶液标定引入的个人操作误差。

实验十六　碘标准溶液的配制和标定（选做）

一、目的要求

1. 学习碘标准溶液的配制和标定方法。
2. 继续掌握标定技术，提高标定精密度。

二、基本原理

碘标准溶液可用 $Na_2S_2O_3$ 标准溶液标定,也可以用 As_2O_3 基准物标定。
As_2O_3 标定碘溶液的反应为:

$$As_2O_3 + 6NaOH = 2Na_3AsO_3 + 3H_2O$$

$$Na_3AsO_3 + I_2 + H_2O = Na_3AsO_4 + 2H^+ + 2I^-$$

为使 I_2 的反应定量向右进行,加 $NaHCO_3$ 使溶液 pH 在 8 左右。淀粉指示剂显蓝色为终点。

As_2O_3 基本单元为 $\frac{1}{4}As_2O_3$,摩尔质量 $M=49.46g \cdot mol^{-1}$。

I_2 基本单元为 $\frac{1}{2}I_2$。

三、试剂

碘;碘化钾;As_2O_3 基准物;0.5%淀粉指示剂;$0.05mol \cdot L^{-1} Na_2S_2O_3$ 标准溶液;$NaHCO_3$;0.1%甲基橙指示剂。

四、实验步骤

1. $0.05mol \cdot L^{-1}$ 碘标准溶液的配制

称取碘 3.5g 于洁净的烧杯中,加碘化钾溶液(13.5g KI 溶于 25mL 水中),待碘完全溶解后,加浓 HCl 3 滴,加水至 500mL,放棕色瓶中于暗处保存。

2. $0.05mol \cdot L^{-1}$ 碘标准溶液的标定

① 精确称取 110℃ 干燥处理的 As_2O_3 基准物,称量范围 0.5~0.7g,加 $1mol \cdot L^{-1}$ NaOH 溶液,加热至 As_2O_3 溶解后,定量移入 250mL 容量瓶中,加去离子水稀释至标线,摇匀,备用。

准确移取 $0.05mol \cdot L^{-1} As_2O_3$ 标准溶液 25.00mL,置于锥形瓶中,加甲基橙指示剂一滴,滴加稀盐酸至粉红色,加 $NaHCO_3$ 2g、去离子水 50mL、淀粉指示剂 3mL,用待标定碘液滴至蓝色为终点。平行滴定三次。与同学互换 As_2O_3 标准溶液,各平行滴定两次。计算标定精密度及碘标准溶液浓度。

② 用 $0.05mol \cdot L^{-1} Na_2S_2O_3$ 标准溶液标定碘溶液浓度。

从酸式滴定管中放出 25.00mL 碘溶液于锥形瓶中,加水至 100mL,用 $Na_2S_2O_3$ 标准溶液滴至浅黄色,加 3mL 淀粉溶液,继续滴定至蓝色消失为终点。平行滴定三次,计算碘标准溶液浓度及标定精密度。

③ 比较两种方法标定的碘标准溶液浓度有无显著性差异。

五、注意事项

1. As_2O_3 为剧毒品,使用时要注意安全及废液处理。
2. 配制碘溶液时,一定要待固体 I_2 完全溶解后,再移入试剂瓶,或过滤。
3. 配制碘溶液还应加少量盐酸,因为碘化钾试剂常含有少量 KIO_3,在酸性条件下与 KI 作用可转变为 I_2 之后再行标定。

4. 废碘液应回收。

六、思考题

1. 配制碘溶液时为什么要加入碘化钾？
2. 分析碘量法的误差来源。
3. 分析本次实验个人操作引入的误差。

实验十七　硝酸银标准溶液的配制和标定（选做）

一、目的要求

1. 学习 $AgNO_3$ 标准溶液的配制和标定方法。
2. 评定个人标定技术掌握情况。

二、基本原理

在 pH 6.5～10.5 的中性弱碱性溶液中，以 K_2CrO_4 为指示剂，用 NaCl 为基准物，标定 $AgNO_3$ 溶液，终点生成砖红色 Ag_2CrO_4 沉淀。反应式为：

$$Ag^+ + Cl^- =\!=\!= AgCl \downarrow$$
$$2Ag^+ + CrO_4^{2-} =\!=\!= Ag_2CrO_4 \downarrow （砖红色）$$

三、试剂

$AgNO_3$；NaCl 基准物；5% K_2CrO_4 指示剂。

四、实验步骤

1. 配制 $0.05mol \cdot L^{-1}$ $AgNO_3$ 溶液 500mL，用二次水配制，溶液贮于棕色瓶中。

2. NaCl 基准物使用前置于瓷蒸发皿中，于 550℃ 高温炉中干燥 1h，放干燥器中备用；或取少量 NaCl 基准物置于瓷坩埚中，在石棉网上用煤气灯加热至无爆鸣声，再加热 15min，干燥器中冷却后使用。

3. 配制 $0.05mol \cdot L^{-1}$ NaCl 标准溶液 250mL。

4. 标定 $AgNO_3$ 溶液：移取 25.00mL NaCl 标准溶液，置于锥形瓶中，加 1mL K_2CrO_4 指示剂溶液，在用力摇动下，用待标定的 $AgNO_3$ 溶液滴定至刚刚出现砖红色 Ag_2CrO_4 沉淀即为终点。平行滴定三次。与同学互换 NaCl 标准溶液各平行滴定两次。计算 $AgNO_3$ 标准溶液浓度。

五、注意事项

1. 滴定要用力摇动，滴速要慢，使 AgCl 凝聚好。
2. 实验用水要检验有无微量 Cl^-，最好用二次蒸馏水。
3. 终点易于滴过，因为本底为黄色 K_2CrO_4 溶液，在 AgCl 白色沉淀浑浊中观

察砖红色 Ag_2CrO_4 沉淀。因此，当 AgCl 沉淀开始凝聚下沉、乳浊液有所澄清时，应小心滴加 $AgNO_3$ 溶液并倾斜锥形瓶，使 AgCl 沉淀沉于瓶底一角，易于观察终点。

4. 含 Ag 废液倒回收瓶中。实验中溅洒在水池或地面上的 $AgNO_3$ 应及时擦净，以免留下棕黑色银斑。沾污到手上的 $AgNO_3$ 应及时用碘液擦净。

六、思考题

1. K_2CrO_4 指示剂加入量过多、过少对标定结果有何影响？介质 pH 过高、过低对标定结果有何影响？

2. 分析一下本次实验个人操作误差。

第六章　化学分析法实验考核

一、定量分析基本操作考试

班级_____姓名_____学号_____日期_____

1. 实验习惯与数据记录 （学生交验本学期实验记录本）

（1）仪器是否安放整齐_____。
（2）桌面是否清洁_____。
（3）公用仪器药品使用情况_____。
（4）实验过程态度是否认真_____。
（5）数据是否记在记录本上_____。
（6）数据修改是否遵守规定_____。
（7）是否正确使用有效数字_____。
（8）其他_____。

2. 天平称量操作与习惯 （单盘天平）

减量法称取任一种基准物（如 Na_2CO_3）2~3 份。
（1）用前天平罩是否放好_____。
（2）是否检查水平_____。
（3）是否清扫天平盘_____。
（4）是否检查数字窗及微调指零_____。
（5）锥形瓶是否编号_____。
（6）称量瓶是否装干燥器内带入天平室_____。
（7）记录本、锥形瓶是否放在规定位置_____。
（8）是否检查天平零点_____。
（9）开启天平是否轻开轻关_____。
（10）减量法称量样品倾倒技术是否正确_____。
（11）称量完毕读数是否正确_____。
（12）称量数据记录_____。
（13）是否检查部件复原情况_____。
（14）是否核对零点_____。
（15）是否罩好天平_____。
（16）其他，称量时间_____。

3. 天平称量操作考核

（1）用前天平罩是否放好_____。

77

(2) 是否检查水平_____。
(3) 是否清扫天平盘_____。
(4) 锥形瓶是否编号_____。
(5) 称量瓶是否装干燥器内带入天平室_____。
(6) 是否检查天平零点_____。
(7) 开启天平是否轻开轻关_____。
(8) 减量法称量样品倾倒技术是否正确_____。
(9) 称量完毕读数是否正确_____。
(10) 称量数据记录_____。
(11) 是否核对零点_____。
(12) 是否称量完毕使天平恢复原状：
 (a) 检查天平升降旋钮是否关闭_____。
 (b) 取出天平盘上的物品_____。
 (c) 关好天平门_____。
 (d) 指数盘回零_____。
 (e) 罩好天平罩，将天平台及地面收拾干净_____。
(13) 其他，称量时间_____。

4. 定量配制标准溶液与定量移取溶液技术
(1) 容量瓶、移液管、洗涤步骤是否正确_____。
(2) 仪器洗净标准是否知道，洗净情况_____。
(3) 洗净仪器使用洗液、蒸馏水是否遵守"少量多次"原则

_____。
(4) 样品溶解技术是否正确_____。
(5) 定量转移操作_____。
(6) 稀释至标线操作_____。
(7) 摇匀操作_____。
(8) 移液管洗涤操作是否正确_____。
(9) 进行淋洗是否遵守少量多次原则_____。
(10) 调节刻度操作是否正确_____。
(11) 定量转移标准溶液操作是否做到垂直靠壁，最后一滴停留 15s

_____。

5. 滴定分析技术
(1) $0.1 mol \cdot L^{-1}$ HCl 及 NaOH 体积比测定，是否知道如何进行测定

_____。
(2) 滴定管洗涤_____
(3) 滴定管用标准溶液淋洗_____

(4) 酸管涂油＿＿＿＿＿＿＿＿＿＿＿＿＿＿＿＿＿＿＿＿＿＿＿＿＿＿＿。
(5) 碱管排气泡＿＿＿＿＿＿＿＿＿＿＿＿＿＿＿＿＿＿＿＿＿＿＿＿＿。
(6) 零点调节＿＿＿＿＿＿＿＿＿＿＿＿＿＿＿＿＿＿＿＿＿＿＿＿＿＿＿。
(7) 滴定操作是否正确＿＿＿＿＿＿＿＿＿＿＿＿＿＿＿＿＿＿＿＿＿＿。
(8) 是否边滴边摇＿＿＿＿＿＿＿＿＿＿＿＿＿＿＿＿＿＿＿＿＿＿＿＿。
(9) 一滴控制情况如何＿＿＿＿＿＿＿＿＿＿＿＿＿＿＿＿＿＿＿＿＿＿。
(10) 半滴控制情况如何＿＿＿＿＿＿＿＿＿＿＿＿＿＿＿＿＿＿＿＿＿。
(11) 终点观测＿＿＿＿＿＿＿＿＿＿＿＿＿＿＿＿＿＿＿＿＿＿＿＿＿＿。
(12) 读数＿＿＿＿＿＿＿＿＿＿＿＿＿＿＿＿＿＿＿＿＿＿＿＿＿＿＿＿。
(13) 记录＿＿＿＿＿＿＿＿＿＿＿＿＿＿＿＿＿＿＿＿＿＿＿＿＿＿＿＿。
(14) 其他＿＿＿＿＿＿＿＿＿＿＿＿＿＿＿＿＿＿＿＿＿＿＿＿＿＿＿＿。

二、综合性实验考试

1. 开设目的

在全学期化学分析法实验基础上，作为考核性实验开设，考核学生分析问题、解决问题的能力。

(1) 连续进行实验的能力；
(2) 书写实验报告的能力；
(3) 测定数据与处理数据的能力。

2. 完成时间

根据学时及课表可连续开设，也可以每周开设一天，实验期间，实验室全天对学生开放。

3. 综合实验内容及报告要求

(1) 查阅书刊资料，提交预实验报告　根据给定题目查阅资料，选择分析方法及实验步骤，安排进度，提交预实验报告（步骤、仪器、药品清单），教师审核后，记录预实验成绩；根据实验室条件，指导可行性分析方案，学生方可开始实验。进行综合实验时实验室仅供应原瓶装酸、碱、固体试剂及指示剂。

(2) 书写综合性实验报告　实验结束书写综合性实验报告，教师评定成绩。

综合性实验报告包括单个方法报告与方法比较评述报告。单个方法报告按平时报告要求书写。评述报告按以下内容书写。

① 方法原理、介质条件、标准溶液、指示剂、滴定方式列表逐项进行比较。
② 比较实验步骤是繁复、费时，还是快速、简便。
③ 对方法精密度与准确度进行比较。
④ 对方法成本、工时进行核算比较。
⑤ 按毒性与环境污染对方法作出评估。
⑥ 按国家标准、部颁标准、企业标准、厂矿、科研应用情况对方法实用性进行评定。

综合上述六项作出结论性评价及应用选择。

4. 综合实验题目

根据工艺类大专专业性质，应选用应用性课题。可选择第七章提供的各类化学分析法应用实验，也可选择本章提供的下述题目。

(1) 环境分析

① 检验饮用水源是否受污染，能否供饮用。

② 工业用水、锅炉用水、循环冷却水水质检验判断所用水质是否合格。

③ 工业废水、污染源监测超标情况。

(2) 轻工产品质量检验　例如食品检验，选取日常生活有关的酱油、醋、植物油、方便面、奶粉、巧克力、皮蛋、鲜肉，检验是否符合卫生标准。

(3) 化学试剂规格检验　按国家标准检验试剂纯度、主成分含量及杂质是否符合出厂标志的等级检验。

(4) 工业原材料检验　对工业用原材料，如煤、焦炭、石灰石等验收。

(5) 土壤、化肥质量检验　对土壤的酸碱性、肥力检验，确定施肥方案，如pH、N、P、K、$Na_2CO_3+NaHCO_3$ 等分析项目。

化肥有农用氨水、氮肥、磷肥、钾肥，按质量标准检验是否合格。

(6) 金属材料质量检验　金属分析，例如钢铁中碳、硅、磷、硫、锰五元素分析以及合金分析。

(7) 矿石分析　例如硅酸盐分析。

(8) 基本化工分析（包括中控分析）　例如烧碱、纯碱、硫酸、盐酸、乙酸分析，以及有机化工聚乙烯、聚氯乙烯、聚丙烯生产分析。

(9) 建筑材料质量检验　例如水泥全分析（SiO_2、Al_2O_3、Fe_2O_3、CaO、MgO 等）。

(10) 石油产品质量检验　例如油品分析（四乙基铅含量、密度、闪点、水分等）。

(11) 化学新合成产品分析　例如絮凝剂分析（酸度、pH、Al_2O_3、Fe_2O_3 等），又如表面活性剂分析（酸值、酯值、皂化值、羟值、碘值、活性、密度分析）。

对上述选题应结合本专业取舍，分析项目应根据学时、设备，选做以化学分析法为主的部分主要项目，难度与实验工作量均应适中。

在上述分类的综合实验中，可以有不同的组合方式。例如 $CaCO_3$ 纯度分析，用酸碱、配合物、氧化还原滴定法及称量分析法测钙，并进行方法比较；在方法比较中也可以有化学法、仪器法比较。例如水中石油类分析，有称量分析法、紫外分光光度法、红外分光光度法、荧光光度法方法比较；水中微量铁分光光度法是 $α-α'$ 联吡啶、邻菲啰啉、PAR、几种显色剂的分光光度法比较。

若条件具备，综合实验可安排在仪器分析法之后，按照发射光谱法、红外光谱法的定性分析，各类化学分析法、仪器分析法的无机物、有机物全分析顺序进行。但现实是大部分学校不具备这个条件，所以把考核化学分析法作为基点，考核学生在工农业生产、国防和环境各领域例行分析任务中的独立实验能力。

第三篇 分析检测方法实际应用训练

第七章 化学分析法的应用

化学分析法在常量组分的定量分析中获得广泛的应用。本章提供一系列化学分析法的综合实验以加深对化学平衡和滴定分析法的理解,并涉及取样、样品处理的基本知识,以及分析结果计算及表达,有利于对分析方法全部过程的了解。

实验十八 混合碱含量的测定

一、目的要求

1. 应用强酸标准溶液测定碱度。
2. 掌握用双指示剂连续滴定测定混合碱含量的方法。

二、基本原理

在化工生产中,混合碱系指 NaOH 和 Na_2CO_3 的混合物,或 $NaHCO_3$ 和 Na_2CO_3 的混合物。

Na_2CO_3 作为二元碱,用强酸滴定时有两个化学计量点,对应的 pH 分别为 8.35 和 3.9。

对 NaOH 和 Na_2CO_3 混合碱,第一个化学计量点 NaOH 全部和 Na_2CO_3 的一半被酸中和到 $NaHCO_3$,可使用酚酞或酚红与百里酚蓝混合指示剂指示滴定终点。继续用酸滴定,即与 $NaHCO_3$ 反应达第二个化学计量点,可用甲基橙指示滴定终点。

滴定反应为:

第一化学计量点　　$NaOH + HCl \Longrightarrow NaCl + H_2O$
　　　　　　　　　$Na_2CO_3 + HCl \Longrightarrow NaHCO_3 + NaCl$

第二化学计量点　　$NaHCO_3 + HCl \Longrightarrow NaCl + H_2O + CO_2 \uparrow$

第一化学计量点消耗盐酸体积为 V_1,第二化学计量点消耗盐酸总体积为 V_2。

计算式:

$$w(NaOH) = \frac{c(HCl)[V_1 - (V_2 - V_1)]M(NaOH)}{m_{样} \times 1000}$$

$$w(Na_2CO_3) = \frac{c(HCl) \times 2(V_2 - V_1)M\left(\frac{1}{2}Na_2CO_3\right)}{m_{样} \times 1000}$$

对 $NaHCO_3$ 和 Na_2CO_3 混合碱，第一化学计量点仅 Na_2CO_3 的一半被酸中和，而第二化学计量点 Na_2CO_3 的另一半和全部 $NaHCO_3$ 被酸中和。

滴定反应为：

$$Na_2CO_3 + HCl = NaCl + NaHCO_3$$

$$NaHCO_3 + HCl = NaCl + H_2O + CO_2 \uparrow$$

计算式：

$$w(Na_2CO_3) = \frac{c(HCl) \times 2V_1 M\left(\frac{1}{2}Na_2CO_3\right)}{m_{样} \times 1000}$$

$$w(NaHCO_3) = \frac{c(HCl)(V_2 - 2V_1)M(NaHCO_3)}{m_{样} \times 1000}$$

三、实验步骤

1. NaOH 和 Na_2CO_3 混合碱含量的测定

移取未知含量的浓 NaOH 和 Na_2CO_3 混合碱液 25.00mL 于 250mL 容量瓶中，稀释至标线。移取稀释后的混合碱液 25.00mL 置于锥形瓶中，加 25mL 去离子水，加 5 滴酚酞指示剂（或混合指示剂），用 $0.1mol \cdot L^{-1}$ HCl 标准溶液滴定到浅粉色恰好褪去（或由紫色变为浅粉色，并用 $NaHCO_3$ 溶液作参比溶液对照），记下消耗的 HCl 标准溶液体积 V_1，再加入 1~2 滴甲基橙指示剂，继续用 HCl 标准溶液滴定到橙色，记下总体积 V_2。计算 NaOH 和 Na_2CO_3 的各自含量。

2. 饼干中 $NaHCO_3$ 和 Na_2CO_3 含量的测定

在饼干制作中，$NaHCO_3$ 用作面团的松散剂，发酵产生 CO_2；Na_2CO_3 用来中和发酵过程产生的过量酸，因此测定饼干中 $NaHCO_3$ 和 Na_2CO_3 的含量是它的质量检验指标之一。

称取 5.00g 饼干，用经煮沸后除去 CO_2 的去离子水溶解，将浑浊液定量移入 250mL 容量瓶中，稀释至标线，摇匀、静置。用移液管移取上层清液（或滤液）50mL，置于 250mL 锥形瓶中，加 1% 酚酞指示剂 3~5 滴，用 $0.1mol \cdot L^{-1}$ HCl 标准溶液滴定至浅粉色恰好褪去。记录消耗的 HCl 标准溶液体积 V_1，再加入 0.1% 甲基橙指示剂 2~3 滴，继续用 HCl 标准溶液滴定至橙色，记录消耗的 HCl 标准溶液的总体积 V_2。

完成测定后，可按前述计算式求出各自含量。

四、思考题

1. 测定混合碱的第一计量点时，以酚酞作指示剂时，使用对照溶液的目的是什么？如何配制对照溶液？

2. 测定混合碱时，消耗 HCl 标准溶液的体积 V_1 和 V_2 的关系如下，试判断它们为何种混合碱？

① $V_1 > V_2 - V_1$；
② $V_1 < V_2 - V_1$；
③ $V_1 = V_2 - V_1$。

实验十九 果品、果汁中总酸度的测定

一、目的要求

1. 应用碱标准溶液测定果品、果汁中的总酸度。
2. 了解果品、果汁样品的预处理方法。

二、基本原理

食用果品，如苹果、柑橘、葡萄等，都含有多种有机酸。它们可为抗坏血酸（维生素C）、苹果酸、柠檬酸、酒石酸、乙酸等，这些有机酸都可用NaOH标准溶液滴定，以酚酞作指示剂，测定出果品或果汁中的总酸度。

应指出，由于果品或果汁中的酸值较低，测定中样品用量应适当，还应用去离子水做空白实验，以获得准确结果。

三、实验步骤

1. 果品、果汁样品的制备

对苹果、甜橙等样品，待去除皮、核后，置于瓷研钵中，捣碎，制成糊状，用减量法在100mL烧杯中准确称取约20g样品，然后，在100mL锥形瓶上口放置一个漏斗，用圆形纱布替代滤纸置于漏斗中，再将已称量果品样品置于漏斗的纱布上，用玻璃棒或铲将样品糊状物挤干，将果汁收集在锥形瓶中。最后将果汁经滤纸过滤后收集在250mL容量瓶中，用去离子水稀释至标线，摇匀后备用。

对果汁样品，可取样10~20mL准确称量后，将果汁经滤纸过滤后收集在250mL容量瓶中，用去离子水稀释至标线，摇匀后备用。

2. 总酸度的测定

从制备好的样品溶液中移取25.00mL置于250mL锥形瓶中，加入1~2滴酚酞指示剂，用NaOH标准溶液滴定至浅粉红色为终点，保持30s不褪色，记下消耗的NaOH标准溶液体积，并再测定两次，取平均值$V(\text{NaOH})$。

另移取25.00mL去离子水，仍用NaOH标准溶液滴至酚酞变色为终点，测定三次，取平均值作为空白值(V_0)。

四、结果计算

$$总酸度(有机酸\%) = \frac{c(\text{NaOH})[V(\text{NaOH}) - V_0]K}{m_{样}}$$

式中，$c(\text{NaOH})$为NaOH标准溶液的浓度；K为有机酸基本单元的式量：$M_B \times 10^{-3}$，其值如下：

有机酸	柠檬酸	苹果酸	乙酸	酒石酸	乳酸	琥珀酸	草酸
K							

分析柑橘、葡萄、浆果时，可以柠檬酸计算总酸度；对苹果、红果、草莓可以苹果酸计算总酸度。

五、思考题

1. 做空白实验的目的是什么？
2. 你能提供另一种样品制备方法吗？
3. 影响测定结果准确度的因素有哪些？
4. 能否用抗坏血酸来计算总酸度？

实验二十　中和法测定铵盐、氨基酸中的氮含量

一、目的要求

1. 了解速效肥料碳酸氢铵的测定方法。
2. 了解食醋、黄酱中氨基氮测定的甲醛法。
3. 了解酱油中铵盐测定的蒸馏法。

二、基本原理

速效肥料 NH_4HCO_3 可被酸分解，直接用盐酸标准溶液滴定，反应为：

$$NH_4HCO_3 + HCl =\!=\!= NH_4Cl + H_2O + CO_2\uparrow$$

可用甲基橙指示剂变色显示终点的到达。

食醋、黄酱、酱油中都含有氨基酸，其氨基氮都可用甲醛法测定。氨基酸含有羧基和氨基，$-NH_2$ 可与甲醛结合，定量置换出羧基中的 H^+，可用酚酞作指示剂，用 NaOH 标准溶液滴定，反应为：

$$\underset{\underset{NH_2}{|}}{\overset{\overset{H}{|}}{R-C-COOH}} + \underset{\underset{H}{|}}{\overset{O}{\overset{\|}{HC}}} \longrightarrow \underset{\underset{NH-CH_2OH}{|}}{\overset{\overset{H}{|}}{R-C-COO^-}} + H^+$$

酱油中含有蛋白质、氨基酸或铵盐，其中的铵盐在弱碱性介质中用蒸馏法将游离的氨蒸发出并用硼酸溶液吸收后，以甲基红（或甲基红-溴甲酚绿）作为指示剂，再用盐酸标准溶液滴定至橙红色（或灰红色），反应为：

$$2NH_3 + 4H_3BO_3 =\!=\!= (NH_4)_2B_4O_7 + 5H_2O$$
$$(NH_4)_2B_4O_7 + 2HCl + 5H_2O =\!=\!= 2NH_4Cl + 4H_3BO_3$$

蒸馏法还可用于测定酱油中蛋白质、氨基酸和铵盐的总氮含量，此时需预先用硫酸对酱油样品进行消化处理，使蛋白质、氨基酸分解出 NH_3 与硫酸结合生成硫酸铵，再加入强碱 NaOH 进行蒸馏，逸出的 NH_3 用硼酸吸收后，再用盐酸滴定，

就可测出总氮含量。

三、实验步骤

1. 速效肥料 NH_4HCO_3 中氮含量的测定

准确称取 NH_4HCO_3 样品 $1.0\sim1.5g$（$\pm0.0002g$），置于 250mL 锥形瓶中，加去离子水 50mL，加入 $2\sim3$ 滴 0.1% 甲基橙指示剂，用 $0.1mol\cdot L^{-1}$ HCl 标准溶液滴定至由黄色变至微红色。

测定结果可按下式计算：

$$w(N) = \frac{c(HCl)V(HCl)\times 0.01400}{m_{样}}$$

式中，$c(HCl)$ 为 HCl 标准溶液的浓度，$mol\cdot L^{-1}$；$V(HCl)$ 为滴定消耗 HCl 标准溶液的体积；$m_{样}$ 为 NH_4HCO_3 样品质量，g；0.01400 为 N 的毫摩尔质量，$g\cdot mmol^{-1}$。

2. 食醋、黄酱中氨基氮含量的测定（甲醛法）

准确移取市售食醋样品 $1.0\sim2.0mL$，置于 250mL 锥形瓶中，加去离子水 50mL、1% 酚酞指示剂 $3\sim5$ 滴，用 $0.1mol\cdot L^{-1}$ NaOH 溶液滴定至浅粉色以中和食醋中的乙酸，然后加入 10mL 预先用 $0.1mol\cdot L^{-1}$ NaOH 中和至酚酞恰至浅粉色的 36% 的中性甲醛，摇匀，放置 2min 后，用 $0.1mol\cdot L^{-1}$ NaOH 标准溶液（重新调节滴定管刻度为"0"）滴定至浅粉色，记录消耗的 NaOH 标准溶液体积 V。再用同样体积的去离子水代替食醋测定空白值。

可按下式计算食醋中氨基氮的含量：

$$氨基氮含量 = \frac{c(NaOH)(V-V_0)\times 0.014}{V_{样}}\times 100 \quad [g\cdot(100mL)^{-1}]$$

式中，V_0 为空白滴定消耗 NaOH 标准溶液体积，mL；0.014 为氮的毫摩尔质量，$g\cdot mmol^{-1}$。

若测定黄酱样品，应准确称取研细样品 5.0g 于 150mL 烧杯中，加水搅匀后定量转移到 100mL 容量瓶中，加水稀释至标线，摇匀备用。测定时，用移液管移取稀释样品溶液 10mL，置于 250mL 锥形瓶中，加 100mL 水，再按食醋中氨基氮的测定方法进行测定。

3. 酱油中铵盐含量的测定（蒸馏法）

准确称取酱油样品 2g，置于 500mL 蒸馏瓶中，加去离子水 $150\sim 200mL$ 及固体 MgO 1g，安装好蒸馏装置，将冷凝器接收管插入含 2% 硼酸溶液 10mL 及 0.2% 甲基红指示剂 3 滴的 250mL 锥形瓶中，加热蒸馏，收集馏出液约 150mL，用少量去离子水冲洗冷凝器接收管的末端。再将 250mL 锥形瓶中的全部溶液用 $0.1mol\cdot L^{-1}$ HCl 标准溶液滴定由黄色变至橙红色，记录消耗的 HCl 体积 V，并做空白实验。

按下式计算酱油中铵盐的含量：

$$w(\mathrm{NH}_3) = \frac{c(\mathrm{HCl})(V-V_0) \times 0.017}{m_{样}}$$

式中，V_0 为空白实验消耗盐酸标准溶液的体积，mL；0.017 为 NH_3 的毫摩尔质量，$\mathrm{g \cdot mmol^{-1}}$。

四、思考题

1. 为什么中和甲醛试剂中的游离酸时，用酚酞作指示剂？
2. 画出蒸馏法测定铵盐含量的实验装置。
3. $\mathrm{NH_4HCO_3}$ 中含氮量可否用甲醛法测定？

实验二十一　EDTA 滴定法应用（一）——钙镁含量测定

一、目的要求

1. 掌握水的硬度测定方法。
2. 了解泻盐中 $\mathrm{MgSO_4 \cdot 7H_2O}$ 含量的测定方法。
3. 了解葡萄糖酸钙含量的测定方法。

二、基本原理

硬度表示水中钙镁盐含量的多少。

水的硬度分为暂时硬度和永久硬度。"暂硬"主要由钙镁的酸式碳酸盐形成，煮沸时即分解成碳酸盐沉淀而失去硬度。"永硬"主要由钙镁的硫酸盐、氯化物及硝酸盐等形成，不能用煮沸方法除去。

暂硬和永硬之和称为"总硬"。由镁离子形成的硬度称为"镁硬"，由钙离子形成的硬度称为"钙硬"。

EDTA 配合物滴定法测定水中钙、镁是测定水的硬度应用最广泛的标准方法。

1. 总硬度（钙镁含量）的测定

在 pH=10 的氨性缓冲溶液中，以铬黑 T 为指示剂，用 EDTA 滴定钙镁含量。EDTA 首先与 $\mathrm{Ca^{2+}}$ 配合，而后与 $\mathrm{Mg^{2+}}$ 配合：

$$\mathrm{H_2Y^{2-} + Ca^{2+} \Longrightarrow 2H^+ + CaY^{2-}} \quad (pK=10.59)$$

$$\mathrm{H_2Y^{2-} + Mg^{2+} \Longrightarrow MgY^{2-} + 2H^+} \quad (pK=8.69)$$

终点时：　　$\mathrm{MgIn^- + H_2Y^{2-} \Longrightarrow MgY^{2-} + HIn^{2-} + H^+}$
　　　　　　　　（酒红色）　　　　　　　　（纯蓝色）

由于铬黑 T 与 $\mathrm{Mg^{2+}}$ 显色的灵敏度高，与 $\mathrm{Ca^{2+}}$ 显色的灵敏度低（$\lg K_{\mathrm{CaIn}}$=5.40，$\lg K_{\mathrm{MgIn}}$=7.00），所以当水样中 $\mathrm{Mg^{2+}}$ 的含量较低时，用铬黑 T 作指示剂往往得不到敏锐的终点。这时可在 EDTA 标准溶液中加入适量 $\mathrm{Mg^{2+}}$（标定前加入 $\mathrm{Mg^{2+}}$，对测定结果有无影响？），或在缓冲溶液中加入一定量的 Mg-EDTA 盐，利用置换滴定法的原理来提高终点变色的敏锐性。

加入的 MgY 发生下列置换反应：
$$MgY + Ca^{2+} \rightleftharpoons CaY + Mg^{2+}$$

MgY 与铬黑 T 显很深的红色。滴定到终点时，EDTA 夺取 Mg-铬黑 T 中的 Mg^{2+}，又形成 MgY，游离出指示剂 HIn^{2-}，颜色变化明显。

2. 钙硬的测定

在 pH>12.5 时，Mg^{2+} 生成 $Mg(OH)_2$ 沉淀，在用沉淀掩蔽法掩蔽 Mg^{2+} 后，用 EDTA 单独滴定 Ca^{2+}。钙指示剂与 Ca^{2+} 显红色，灵敏度高，在 pH 12~13 滴定 Ca^{2+} 时，终点呈指示剂自身的蓝色。

终点时反应为：
$$CaIn^- + H_2Y^{2-} \rightleftharpoons CaY^{2-} + HIn^{2-} + H^+$$
（桃红色） （纯蓝色）

镁硬为总硬与钙硬之差。

用 EDTA 标准溶液测定 Ca^{2+}、Mg^{2+} 含量的方法，也适用于泻盐中 $MgSO_4$ 含量和补钙剂中葡萄糖酸钙含量的测定。

三、实验步骤

1. 水的硬度测定

（1）水的总硬度测定　用量筒量取 100mL 水样于 250mL 锥形瓶中，加 5mL pH=10 的 NH_3-NH_4Cl 缓冲溶液（加一份，滴一份）、10 滴 Mg-EDTA 溶液、3~4 滴铬黑 T 指示剂，用 $0.02 mol \cdot L^{-1}$ EDTA 标准溶液滴定近终点时，标准溶液应慢慢加入，并充分摇动，至由红色转变为纯蓝色为终点，所耗 EDTA 溶液体积为 V_1。

（2）水的钙硬度测定　用量筒量取 100mL 水样于锥形瓶中，加入 8~10mL $2 mol \cdot L^{-1}$ NaOH，充分振摇，放置数分钟，加 8 滴钙指示剂，用 $0.02 mol \cdot L^{-1}$ EDTA 标准溶液滴定至由红色转变成纯蓝色为终点，所耗 EDTA 溶液体积为 V_2。

分析结果计算：以度（德国度）表示（1L 水中含 CaO 10mg 为 1 度）。

$$总硬(度) = cV_1 M(CaO) \times 1000$$
$$钙硬(度) = cV_2 M(CaO) \times 1000$$
$$镁硬 = 总硬 - 钙硬$$

式中，$M(CaO)$ 为 CaO 毫摩尔质量，$0.056 g \cdot mmol^{-1}$。结果要求保留 3 位有效数字。

（3）注意事项

① 滴定速度不能过快，要与反应速率相适应，特别是近终点时要慢加，以免滴过。

② 硬度较大的水样，在加缓冲溶液后会渐渐析出 $CaCO_3$、$Mg_2(OH)_2CO_3$ 微粒，与 EDTA 反应慢，使滴定终点不稳定。遇此情况可在水样中加适量稀 HCl 溶液振摇后，再调至近中性，或加 1~2 滴盐酸（1+1）酸化（用 pH 试纸试）后，

煮沸数分钟，除去 CO_2。然后加缓冲溶液，则终点稳定，或在加入 80%～90% 的 EDTA 后再加氨缓冲溶液。

③ 测钙时，加 NaOH 后要充分振摇，再加指示剂，以免 Mg^{2+} 与指示剂生成的沉淀与 $Mg(OH)_2$ 共沉淀，使终点不好看。

④ 干扰的消除方法。如果水中有 Cu^{2+} 存在，可加入 2% Na_2S 溶液 1mL，使 Cu^{2+} 变成 CuS 沉淀，过滤之。若有 Fe^{3+}、Al^{3+} 存在，可加入 1～3mL 三乙醇胺掩蔽（应在酸性溶液中加入，然后再调节至碱性），若水样含锰超过 $1mg·L^{-1}$，在碱性溶液中易氧化成高价，使指示剂变为灰白或浑浊的玫瑰色。加入 2mL 1% 的盐酸羟胺还原高价锰，以消除干扰。

水样中铁含量高时，测总硬时终点变色从酒红色到紫色，若含量超过 $10mg·L^{-1}$ 时，掩蔽有困难，需要用蒸馏水稀释到含 $Fe^{3+} < 10mg·L^{-1}$，含 $Fe^{2+} < 7mg·L^{-1}$。

2. 泻盐 $MgSO_4·7H_2O$ 含量测定

准确称取泻盐 $MgSO_4·7H_2O$ 0.25g，加去离子水 20～30mL 溶解后，加 pH=10 的 NH_3-NH_4Cl 缓冲溶液 10mL、铬黑 T 指示剂 5 滴，用 $0.05mol·L^{-1}$ EDTA 溶液滴定至溶液由酒红色变为纯蓝色为终点。

$$w(MgSO_4·7H_2O) = \frac{cV \times 0.2465}{m_s}$$

式中，0.2465 为 $MgSO_4·7H_2O$ 的毫摩尔质量，$g·mmol^{-1}$。

3. 葡萄糖酸钙含量测定

准确称取样品 0.1～0.2g 于 250mL 锥形瓶中，加去离子水 10mL，微热溶解样品，加入调配好的 $NH_3-NH_4Cl-Mg-EDTA-$铬黑 T 混合溶液❶ 20mL，用 $0.025mol·L^{-1}$ EDTA 溶液滴定至纯蓝色为终点，记录消耗的 EDTA 标准溶液体积 V。

$$w(C_{12}H_{22}O_{14}Ca·H_2O) = \frac{cV \times 0.4484}{m_s}$$

式中，0.4484 为 $C_{12}H_{22}O_{14}Ca·H_2O$ 的毫摩尔质量，$g·mmol^{-1}$。

4. 蛋壳中钙、镁总量的测定

将蛋壳洗净，在沸水中煮沸 5～10min，除去蛋壳内的蛋白薄膜，然后将蛋壳在 110℃ 干燥箱中烘干，再将干燥蛋壳在研钵中研成粉末。

准确称取 0.20～0.30g 蛋壳粉末于 100mL 烧杯中，盖上表面皿，从烧杯嘴处小心滴加 10mL 去离子水和约 5mL $6mol·L^{-1}$ HCl 溶液，微火加热至蛋壳完全溶解，冷却后将溅到表面皿上的溶液淋洗至 100mL 烧杯中，再定量转移到 250mL 容量瓶中，稀释至标线，摇匀备用。若用去离子水，稀释过程中出现泡沫，可滴加

---

❶ 10mL NH_3-NH_4Cl 缓冲溶液加 1 滴 1% $MgSO_4$ 试液与 0.5% 铬黑 T 指示剂 5 滴，用 $0.025mol·L^{-1}$EDTA 溶液滴至纯蓝色。

2~3滴乙醇,待泡沫消除后再稀释至标线。

准确移取上述试液25.00mL于250mL锥形瓶中,加入20mL去离子水、5mL三乙醇胺溶液,摇匀,再加入10mL pH10的$NH_3·H_2O-NH_4Cl$缓冲溶液、铬黑T指示剂,用$0.01mol·L^{-1}$ EDTA标准溶液滴定至溶液由酒红色变为纯蓝色。平行测定三次,记录消耗的EDTA标准溶液的体积,计算以CaO含量表示的钙、镁总量。

$$w(CaO)=\frac{c(EDTA)V(EDTA)\times 0.056}{m_{样}\times 10}$$

式中,0.056为CaO的毫摩尔质量,$g·mmol^{-1}$。

四、思考题

1. 络合滴定中为什么需加入具有一定pH的缓冲溶液?
2. 什么叫水的硬度?硬度有哪几种表示方法?
3. 当水样中钙含量高时,为什么在标定EDTA准确浓度前向EDTA溶液中加入少量Mg^{2+}?它对测定结果有无影响,为什么?

实验二十二 EDTA滴定法应用(二)
——工业固体废物浸出液、废气烟尘中Pb含量测定

一、目的要求

Pb污染源主要来自尾气、涂料、印刷、采矿、冶炼厂等废水、废渣。Pb属于累积性毒物,贮于骨骼对人体有害。污染源中高含量Pb可用EDTA滴定法测定。

二、基本原理

以HAc-NaAc pH为5~6的缓冲溶液为介质,二甲酚橙为指示剂,用EDTA标准溶液滴定至亮黄色为终点。测定中可用沉淀分离法将Pb沉淀为$PbSO_4$,消除金属离子干扰。

三、实验步骤

取适量浸出液V_s(mL)置于250mL烧杯中,加5mL $HNO_3+H_2SO_4$(7+3)混合酸,电热板上蒸发除去过量H_2SO_4至产生大量SO_3白烟,冷却至室温,加入1mL硫酸(1+1)、30mL 10%酒石酸,加热煮沸,冷却后用中速滤纸过滤,并用5%硫酸洗涤沉淀及烧杯3~5次,并检查滤液中无Fe^{3+}后,用乙醇洗涤沉淀2~3次。将滤纸连同沉淀转入原溶样烧杯,加适量水冲下$PbSO_4$沉淀,加入50mL HAc-NaAc缓冲溶液❶,在电热板上加热煮沸15min,稍冷加入50mL去离子水,

---

❶ pH为5~6HAc-NaAc缓冲溶液配制方法:150g无水NaAc溶于水,加20mL冰醋酸,用水稀释约800mL,测量并调节pH至5.0~6.0。

加 0.5%二甲酚橙指示剂 2 滴，用 EDTA 标准溶液❶滴定至亮黄色为终点，记录消耗的 EDTA 溶液体积 V。

结果计算如下：

$$\text{Pb 含量} = \frac{cV \times 0.207 \times 10^6}{V_s} \quad (\text{mg} \cdot \text{L}^{-1})$$

式中，0.207 为 Pb 的毫摩尔质量，$\text{g} \cdot \text{mmol}^{-1}$；$V_s$ 为浸出液取样体积，mL。

实验二十三 $KMnO_4$ 滴定法应用（一）
——水中化学需氧量（COD）测定

一、目的要求

了解水中化学需氧量（COD）的测定方法。

二、基本原理

在酸性介质中，利用 $KMnO_4$ 的强氧化性，由氧化需氧有机物所消耗 $KMnO_4$ 的量，来测定 COD 含量。

三、实验步骤

1. 取水样 100mL，加 7.5mL 6mol·$L^{-1}\left(\frac{1}{2}H_2SO_4\right)$硫酸溶液，加 0.01mol·$L^{-1}\left(\frac{1}{5}KMnO_4\right)$高锰酸钾溶液 10.00mL，加热煮沸 10min，趁热加 15.00mL 0.01mol·$L^{-1}\left(\frac{1}{2}Na_2C_2O_4\right)$草酸钠标准溶液，立即用高锰酸钾标准溶液滴至浅粉色 30s 不褪，即为终点。

2. $KMnO_4$ 校正系数 K 的测定。在滴定溶液中加入 15.00mL 0.01mol·$L^{-1}\left(\frac{1}{2}Na_2C_2O_4\right)$草酸钠标准溶液，立即用高锰酸钾标准液滴到浅粉色 30s 不褪即为终点，记录消耗的 $KMnO_4$ 溶液体积 V。

$$K = 15.00/V$$

COD 计算式：

$$COD = \frac{[(10.00+V)K - 15.00] \times c\left(\frac{1}{2}Na_2C_2O_4\right) \times 8 \times 10}{100} \quad (\text{mg} \cdot \text{L}^{-1})$$

---

❶ 0.025mol·L^{-1} EDTA标准溶液浓度标定：移液管吸取 25.00mL 0.025mol·L^{-1} Pb(NO₃)₂ 标准溶液，置于 250mL 锥形瓶中，加 50mL 水，用氨水（1+1）中和 Pb(NO₃)₂ 溶液酸度（2 滴 0.1%对硝基酚指示剂）至黄色，滴加 6mol·L^{-1} HCl 至黄色刚刚褪去，加 25mL HAc-NaAc 缓冲溶液、2 滴 0.5%二甲酚橙指示剂，用 EDTA 标准溶液滴至亮黄色，记录消耗 EDTA 标准溶液体积，计算 c(EDTA)。

实验二十四 KMnO₄ 滴定法应用（二）
——植物油氧化值测定

一、目的要求

了解油脂氧化值的测定方法。

油脂氧化值表示植物油酸败程度，判断植物油新鲜程度，是食用植物油质量指标之一，规定为 100g 油脂和蒸汽一起馏出的酸败油脂分解物氧化时所需氧的质量（mg）。

二、基本原理

用一定量 $KMnO_4$ 氧化已酸败的油脂，过量的 $KMnO_4$ 再与一定量 $H_2C_2O_4$ 反应，剩余的 $H_2C_2O_4$ 再用 $KMnO_4$ 标准溶液滴定，就可计算出油脂的氧化值。

三、实验步骤

准确称取食用油样品 20.00g，置于 250mL 烧瓶中，加 100mL 温热去离子水，加入防止爆沸碎瓷片数粒，加热蒸馏，蒸馏速度 $10mL \cdot min^{-1}$，馏出物收集于 50mL 容量瓶中。用移液管移取馏出液 5.00mL，置于 250mL 磨口烧瓶内，加水 10mL、20% H_2SO_4 10mL、$c\left(\dfrac{1}{5}KMnO_4\right)$ 0.02 mol·L^{-1} 50.00mL，加热煮沸 5～10min，氧化酸败馏出物，趁热加入 0.02 mol·L^{-1} $c\left(\dfrac{1}{2}H_2C_2O_4\right)$ 标准液 50.00mL，再用 0.02 mol·L^{-1} $KMnO_4$ 溶液滴定过量 $H_2C_2O_4$ 至 $KMnO_4$ 浅粉色 30s 不褪即为终点，记录 $KMnO_4$ 体积 V。做空白实验，测得空白值 V_0。

计算式：

$$氧化值 = \dfrac{c\left(\dfrac{1}{5}KMnO_4\right)(V-V_0) \times 8}{m_s \times 5/50} \times 100 \quad [mg \cdot (100g)^{-1}]$$

式中，8 为换算后氧的摩尔质量，g·mol^{-1}。

实验二十五 碘量法应用（一）
——维生素 C 的含量测定

一、目的要求

了解营养制剂维生素 C 含量的测定方法。

二、基本原理

维生素 C 分子中的烯醇基 $\left(\begin{array}{c}-C=C-\\ | \ \ | \\ OH\ OH\end{array}\right)$ 具有还原性，它可以被 I_2 氧化成二酮

基 $\left(\begin{smallmatrix} -C-C- \\ \parallel \parallel \\ O O \end{smallmatrix}\right)$，所以可以用直接碘量法测定。滴定反应在 HAc 介质中进行。

$$\underset{O\ OH\,OH\ H\ OH\,OH}{C-C=C-C-C-CH_2} + I_2 \longrightarrow \underset{O\ \ O\ \ O\ H\ OH\,OH}{C-C-C-C-C-CH_2} + 2HI$$

三、实验步骤

准确称取维生素 C 样品 0.25g，加新煮沸去离子水 100mL 及 2mol·L^{-1} HAc 10mL，加 0.5% 淀粉指示剂 1mL，用 $c\left(\frac{1}{2}I_2\right)$ 0.1mol·L^{-1} 碘标准溶液滴定至稳定的蓝色即为终点。记录滴定消耗碘标准溶液体积 V。

$$w(\text{维生素 C}) = \frac{c\left(\frac{1}{2}I_2\right)V \times 0.08807}{m_s}$$

式中，0.08807 为维生素 C 的毫摩尔质量，g·mmol^{-1}。

四、思考题

1. 测定维生素 C 为什么要在 HAc 介质中进行，可否应用 HCl、HNO$_3$ 或 H$_2$SO$_4$？
2. 溶解维生素 C 样品时为什么要用新煮沸过的蒸馏水？

实验二十六　碘量法应用（二）
——铜合金中铜含量的测定

一、目的要求

掌握碘量法测定铜合金中铜含量的方法。

二、基本原理

将铜合金试样（黄铜或青铜）溶解于 HCl+H$_2$O$_2$ 中，加热分解除去 H$_2$O$_2$，在弱酸性溶液中铜与过量 KI 作用，释出等量的碘，用 Na$_2$S$_2$O$_3$ 标准溶液滴定释出的碘，即可求出铜含量。反应式为：

$$Cu + 2HCl + H_2O_2 \Longrightarrow CuCl_2 + 2H_2O$$
$$2Cu^{2+} + 4I^- \Longrightarrow 2CuI \downarrow + I_2$$

加入过量 KI，Cu^{2+} 的还原趋于完全。由于 CuI 沉淀强烈地吸附 I$_2$，使测定结果偏低，故在滴定近终点时，加入适量 KSCN，使 CuI（$K_{sp} = 1.1 \times 10^{-12}$）转化为溶解度更小的 CuSCN（$K_{sp} = 4.8 \times 10^{-15}$），释放出被吸附的 I$_2$，反应生成的 I$^-$ 又可利用，可以使用较少的 KI 而使反应进行得更完全。

$$CuI + SCN^- \Longrightarrow CuSCN \downarrow + I^-$$

SCN⁻只能在近终点时加入，否则有可能直接还原二价铜离子，使结果偏低。

$$6Cu^{2+}+7SCN^-+4H_2O\Longrightarrow 6CuSCN\downarrow+SO_4^{2-}+HCN+7H^+$$

也可避免有少量的 I_2 被 SCN^- 还原。

溶液的 pH 应控制在 3.3～4.0 范围内，若 pH 高于 4，二价铜离子发生水解，使反应不完全，结果偏低，而且反应速率慢，终点拖长；酸度过高，则 I^- 被空气中的氧氧化为 I_2（Cu^{2+} 催化此反应），结果偏高。合金中的杂质 As、Sb 在溶样时氧化为五价，当酸度过大时，能与 I^- 作用析出 I_2，干扰测定，控制适宜酸度可消除其干扰。

Fe^{3+} 能氧化 I^- 析出 I_2，可用 NH_4HF_2 掩蔽（生成 FeF_6^{3-}），NH_4HF_2 又是缓冲剂，使溶液 pH 保持在 3.3～4.0。

三、试剂

1+1（6mol·L⁻¹）HCl；30% H_2O_2（不要沾到皮肤上，以防止化学烧伤）；1+1（7.5mol·L⁻¹）氨水；20% NH_4HF_2 溶液；1+1 HAc；20% KI 溶液；0.5%淀粉溶液；10% KSCN 溶液；0.1mol·L⁻¹ $Na_2S_2O_3$ 标准溶液。

四、实验步骤

准确称取 0.25g 左右试样三份，置于 250mL 锥形瓶中，加入 10mL 1+1 HCl、1.5～2.5mL（30～40 滴）30% H_2O_2，盖上小表面皿，令其溶解。溶解完全后，小火煮沸溶液至无细小气泡发生，表示 H_2O_2 分解完全，再煮沸 1min 冷却后，用水吹洗表面皿，加约 60mL 水，滴加 1+1 氨水至有浑浊产生，加入 8mL 1+1 HAc、5mL NH_4HF_2，10mL、20% KI（三份不要同时加入），用 0.1mol·L⁻¹ $Na_2S_2O_3$ 滴定至浅黄色，再加入 3mL 0.5%淀粉溶液，继续滴定至浅蓝色为终点。再加入 10% KSCN 溶液 10mL，摇匀，溶液的蓝色转深，再继续用 $Na_2S_2O_3$ 标准溶液滴定到蓝色恰好消失为止。此时溶液呈含米色 CuSCN 沉淀的悬浮液。

测定结果按下式计算：

$$w(Cu)=\frac{c(Na_2S_2O_3)V(Na_2S_2O_3)\times\frac{63.55}{1000}}{m_s}$$

五、思考题

1. 测定铜含量时，加入 KI 为何要过量？此加入量是否要求很准确？加入 KSCN 起何作用？为什么在临近终点前才加入 KSCN 溶液？
2. 用碘量法进行滴定时，酸度和温度对滴定反应有何影响？
3. 铜合金样品用 HCl 和 H_2O_2 溶解后，加入 NH_4HF_2 的作用是什么？

实验二十七　碘量法应用（三）
——漂白粉有效氯的测定

一、目的要求

掌握碘量法测定漂白粉中有效氯的方法。

二、基本原理

漂白粉通用化学式为 Ca(ClO)Cl，可看做 Ca(ClO)$_2$ 和 CaCl$_2$ 的混合物。
漂白粉在酸作用下能释放出 Cl$_2$：

$$Ca\begin{matrix}Cl\\ \\OCl\end{matrix} + 2H^+ = Cl_2 + Ca^{2+} + H_2O$$

称为有效氯，漂白粉含有效氯 30%～35%。
用间接碘量法测定，反应式为：

$$ClO^- + 2I^- + 2H^+ = H_2O + Cl^- + I_2$$
$$I_2 + 2S_2O_3^{2-} = S_4O_6^{2-} + 2I^-$$

三、实验步骤

准确称取漂白粉样品 3g，于研钵内研磨，加少量水调成均匀浆状物，定量移入 250mL 容量瓶，用去离子水稀释至标线，摇匀。用移液管移取 25mL 置于 250mL 锥形瓶内，加 $c\left(\frac{1}{2}H_2SO_4\right)$ 6mol·L^{-1} 5mL、KI 1.5g，加水 15mL，用 0.05mol·L^{-1} Na$_2$S$_2$O$_3$ 标准溶液滴定至浅黄色时，加入 0.5% 淀粉指示剂 3mL，继续滴至蓝色消失即为终点。

计算式：

$$w(Cl) = \frac{c(Na_2S_2O_3)V \times \frac{M(Cl)}{1000}}{m_s \times \frac{25}{250}}$$

实验二十八　溴量法应用（一）
——溴量法测废水中苯酚含量

一、目的要求

掌握用溴量法测定废水中苯酚含量的方法。

二、基本原理

利用 KBrO$_3$ 在酸性介质进行的自身氧化还原反应生成游离的 Br$_2$：

$$BrO_3^- + 6e + 6H^+ = Br^- + 3H_2O$$
$$BrO_3^- + 5Br^- + 6H^+ = 3Br_2 + 3H_2O$$

再利用溴与酚类化合物发生加成反应：

$$C_6H_5OH + 3Br_2 \longrightarrow C_6H_2Br_3OH + 3HBr$$

过量溴与碘化钾反应释出等量碘,以淀粉为指示剂,用 $Na_2S_2O_3$ 标准溶液滴定。
$$Br_2 + 2KI =\!=\!= 2KBr + I_2$$
$$I_2 + 2Na_2S_2O_3 =\!=\!= 2NaI + Na_2S_4O_6$$

三、实验步骤

(1) 酚的蒸馏　量取废水样品 250mL❶,置于 500mL 玻璃蒸馏器内,加入 10% $CuSO_4$ 溶液 5mL、0.1%甲基橙指示剂 2 滴,滴加 $6mol·L^{-1} H_2SO_4$ 调溶液 pH 至 4.0,溶液呈橙红色后,加热蒸馏。蒸馏液收集于 250mL 容量瓶中(当废水样品大部分蒸出后,应向蒸馏瓶中加入少量水,以便收集废水馏出液 250mL)。

(2) 测定　移取 100mL 蒸馏液❷,置于 250mL 碘量瓶中,准确加入 $c\left(\frac{1}{6}KBrO_3\right)$❸ $0.1mol·L^{-1}$ 标准溶液 25.00mL❹,加入 10mL 浓 HCl,放置 15min,进行溴化反应之后,再加 10% KI 溶液 10mL,暗处放置 5min,析出碘用 $c(Na_2S_2O_3)$ $0.1mol·L^{-1}$ 标准溶液滴定至浅黄色时,加 0.5%淀粉指示剂 2mL,继续滴定至蓝色刚刚消失,记录消耗的 $Na_2S_2O_3$ 标准溶液体积 V。做空白滴定,记录消耗的 $Na_2S_2O_3$ 标准溶液体积 V_0。

结果计算如下:

$$苯酚含量 = \frac{c(V-V_0) \times 15.68 \times 1000}{V_s \times \frac{100}{250}} \quad (mg·L^{-1})$$

式中,15.68 为苯酚的摩尔质量,$g·mol^{-1}$。

四、思考题

1. 画出由废水中蒸馏出酚的实验装置。
2. 用 $KBrO_3$-KBr 标准溶液在酸性介质中生成溴,来取代直接使用溴标准溶液的原因是什么?

实验二十九　溴量法应用(二)
——霍夫曼法测定化妆品用油脂碘值❺

一、目的要求

掌握用溴量法测定化妆品用油脂碘值的方法。

---

❶ 废水取样量应视污染源废水含酚量多少而定,通常先粗测一下再定。
❷ 蒸馏液取样量应视污染源废水含酚量多少而定,通常先粗测一下再定。
❸ $0.1mol·L^{-1}$ KBr-$KBrO_3$ 标准溶液配制方法:称取 2.784g $KBrO_3$,用水溶解,加 10g KBr 后定量移入 1000mL 容量瓶,用去离子水稀释至标线,摇匀。
❹ KBr-$KBrO_3$ 标准溶液加入量应先粗测之后再定,一般要过量,以保证滴定测量的准确度。
❺ 本法为国外某化妆品公司验收原料碘值的规定方法,如蓖麻油、鳄梨油、单硬脂酸甘油酯、甜杏仁油等碘值测定均用此法。

二、基本原理

碘值用于衡量油脂不饱和程度，是指 100g 油脂所消耗的碘的质量（g）。

在氯仿介质中，溴与试样中不饱和键发生加成反应：

$$\diagdown C=C\diagup + Br_2 \longrightarrow \diagdown \overset{Br}{\underset{}{C}}-\overset{Br}{\underset{}{C}}\diagup$$

待反应完成后，过量溴与碘化钾反应，析出碘，以淀粉为指示剂，用硫代硫酸钠滴定。

$$Br_2 + 2KI = I_2 + 2KBr$$
$$I_2 + 2Na_2S_2O_3 = 2NaI + Na_2S_4O_6$$

三、实验步骤

根据碘值高低，称取不同量❶样品，置于小烧杯中，用 10mL $CHCl_3$ 溶解样品，注入 250mL 碘量瓶中，加入 25.00mL 溴溶液❷，置暗处 30min❸，加入 150mL 10% KI，用 $0.1mol·L^{-1}$ $Na_2S_2O_3$ 标准溶液滴定至浅黄色，加入 0.5% 淀粉指示剂 2mL，继续滴至蓝色消失，记录消耗的 $Na_2S_2O_3$ 标准溶液体积 V。做空白测定，记录消耗的 $Na_2S_2O_3$ 标准溶液体积 V_0。

计算式：

$$碘值 = \frac{(V_0-V)c(Na_2S_2O_3) \times 126.9 \times 100}{m_s \times 1000} \quad [g·(100g)^{-1}]$$

式中，126.9 为碘的摩尔质量，$g·mol^{-1}$。

实验三十 银量法应用——佛尔哈德法测酱油中 NaCl 含量

一、目的要求

掌握佛尔哈德法测定氯化物含量的方法。

二、基本原理

HNO_3 介质中，加入一定过量的 $AgNO_3$ 标准溶液，加铁铵矾指示剂，用 NH_4SCN 标准溶液返滴定过量的 $AgNO_3$ 至 $Fe[SCN]_3$ 血红色为终点。为使测定准

---

❶

碘值/g·(100g)$^{-1}$	称量样品质量/g
0~20	0.5~1.0
20~60	0.3~0.5
60~120	0.2
>120	0.10~0.12

❷ 溴溶液配制：将 130℃ 干燥过的 NaBr 溶于甲醇中，配制 NaBr+甲醇混合溶液(15+100)。然后加入液溴，按 1L NaBr+甲醇混合溶液加 5mL 液溴配制 0.5% 溴溶液。

❸ 放置时间视碘值高低而定，一般放置 30min，碘值>120g·(100g)$^{-1}$时放置 2h。

确，加入硝基苯将 AgCl 沉淀包住，阻止 SCN^- 与 AgCl 发生沉淀转化。由于硝基苯毒性大，改进的方法是加入表面活性剂，也有加 1,2-二氯乙烷的。

三、实验步骤

准确称取酱油样品 5.00g，定量移入 250mL 容量瓶中，加去离子水稀释至刻度，摇匀。准确移取酱油样品稀释溶液 10.00mL，置于 250mL 锥形瓶中，加水 50mL、6mol·L^{-1} HNO_3 15mL 及 0.02mol·L^{-1} $AgNO_3$ 标准溶液 25.00mL，再加硝基苯 5mL，用力振荡摇匀。待 AgCl 沉淀凝聚后，加入铁铵矾指示剂❶ 5mL，用 0.02mol·L^{-1} NH_4SCN 标准溶液滴定至血红色终点。记录消耗的 NH_4SCN 标准溶液体积 V。

计算式：

$$w(NaCl) = \frac{[c(AgNO_3)V(AgNO_3) - c(NH_4SCN)V(NH_4SCN)] \times 0.05845}{5 \times \frac{10}{250}}$$

式中，0.05845 为 NaCl 的毫摩尔质量，g·$mmol^{-1}$。

实验三十一　样品全分析（一）
——化工产品 KCl 中 K^+、Mg^{2+}、Cl^-、SO_4^{2-} 含量测定

一、目的要求

掌握化工产品 KCl 主体成分含量的测定方法。

二、基本原理

（1）K^+ 的测定　可使用称量分析法或滴定分析法。

① 称量分析法。在 HAc 介质中，四苯硼酸钠为沉淀剂，将 K^+ 沉淀为四苯硼酸钾，120℃干燥，称量。

$$K^+ + (C_6H_5)_4B^- \longrightarrow K(C_6H_5)_4B \downarrow$$

② 滴定分析法。在 HAc 介质中，K^+ 与四苯硼酸钠生成四苯硼酸钾沉淀，包覆于松节油中，水相中过量四苯硼酸钠以溴酚蓝为指示剂，用溴化十六烷基三甲铵滴定溴酚蓝至蓝色为终点。

$$K^+ + (C_6H_5)_4B^- \longrightarrow K(C_6H_5)_4B \downarrow$$

$$R^1R^2R^3R^4N^+ + (C_6H_5)_4B^- \longrightarrow (R^1R^2R^3R^4N)(C_6H_5)_4B$$

（2）Mg^{2+} 的测定　使用 EDTA 法，在 pH=10 的缓冲溶液中，以铬黑 T 作指示剂，用 EDTA 标准溶液滴定。

---

❶ 铁铵矾指示剂（10%）配制方法：称取 10g 硫酸铁铵，加 25mL 6mol·$L^{-1}$$HNO_3$ 及水溶解，稀释至 100mL。

(3) Cl^- 的测定 使用摩尔法，以 K_2CrO_4 作指示剂，用 $AgNO_3$ 标准溶液滴定。

(4) SO_4^{2-} 的测定 可使用称量分析法或滴定分析法。

① 称量分析法。在强酸性介质中，以 $BaCl_2$ 作沉淀剂生成 $BaSO_4$ 沉淀，再经过滤、洗涤、灼烧、称量。

② 滴定分析法。用 EDTA 返滴定法向含 SO_4^{2-} 的酸性溶液中加入过量 Ba^{2+} 盐，再于 pH=10 的缓冲溶液中以铬黑 T 作指示剂，用 EDTA 滴定过量 Ba^{2+}，间接计算出 SO_4^{2-} 的含量。

三、实验步骤

1. K^+ 含量测定

（1）称量法 准确称取 KCl 样品 2g，称准至 0.0002g，加水溶解，定量移入 250mL 容量瓶中，用去离子水稀释至刻度，摇匀。吸取 KCl 试液 25.00mL，置于 100mL 容量瓶中，用去离子水稀释至刻度，摇匀。用吸量管移取 KCl 样品稀释溶液 10.00mL，置于 150mL 烧杯中（含 K^+ 10～15mg），加入 15mL 去离子水、3mL 2mol·L^{-1} HAc，在 0.2mol·L^{-1} HAc 介质中，不断搅拌下，逐滴加入 2% 四苯硼酸钠沉淀剂至沉淀完全并过量（2g 样品 KCl 含 K^+ 13.5mg，加入沉淀剂量 13～14mL），放置 15min 后，用已在 120℃干燥恒重的 P_{16} 或 P_4 玻璃坩埚抽滤，用 10mL 0.02% 四苯硼酸钠洗液洗涤沉淀 5 次，每次 2mL 洗涤液，再用水洗净坩埚外部，置于烘箱中，在 120℃干燥 1h，干燥器中冷却 30min，称量至恒重。

结果计算如下：

$$w(K^+) = \frac{(m_2 - m_1) \times 0.1091}{m_s}$$

式中，m_2 为玻璃坩埚与四苯硼酸钾沉淀质量，g；m_1 为玻璃坩埚质量，g；m_s 为测定用 KCl 样品质量，g。

（2）滴定分析法 吸取称量法配制的 KCl 试液 4.00mL（含 K^+ 约 5mg），置于 150mL 烧杯中，加水至 25mL，加 3mL 2mol·L^{-1} HAc。在 0.2mol·L^{-1} HAc 介质中，准确加入 3mg 标准 K^+ 溶液❶，不断搅拌下，逐滴加入 2% 四苯硼酸钠沉淀剂至沉淀完全，且沉淀剂应过量，使溶液❷浓度 0.1%～0.2%，放置 5min 后，加入 0.1% 溴酚蓝指示剂 3～4 滴，用 0.5mol·L^{-1} NaOH 调至溶液呈黄色，pH3.5❸，加 0.5mL HAc-NaAc 缓冲溶液、0.5mL 松节油，充分搅拌下用溴化十六烷基三甲铵（0.7% 水溶液）标准溶液滴定至蓝色为终点。记录消耗的溴化十六烷基三甲铵体积 V。

结果计算如下：

---

❶ 为使测定 K^+ 近于 5mg，应加入 3mg K^+，因为样品中 K^+ 含量很少。
❷ 实验中应先粗测，再确定应加入沉淀剂量。
❸ pH3.5 终点明显，过高、过低终点均难分辨。

$$w(K^+) = \frac{(c_1V_1 - c_2V_2) \times 0.03909}{m_s}$$

式中，c_1 为四苯硼酸钠标准溶液浓度（用 KCl 标定）；V_1 为加入四苯硼酸钠体积；c_2 为溴化十六烷基三甲铵标准溶液浓度；V_2 为滴定消耗溴化十六烷基三甲铵体积；m_s 为测定用 KCl 质量；0.03909 为钾的毫摩尔质量，g·mmol^{-1}。

2. **Mg^{2+} 含量测定**

准确吸取测 K^+ 试液 25～50mL，置于 250mL 锥形瓶中，加入 5～10mL pH=10 的 NH_3-NH_4Cl 缓冲溶液、3～4 滴 0.5% 铬黑 T 指示剂，用 0.025mol·L^{-1} EDTA 标准溶液滴定至纯蓝色为终点。记录消耗的 EDTA 标准溶液体积。

$$w(Mg^{2+}) = \frac{c(EDTA)V(EDTA) \times 0.02430}{m_s}$$

式中，0.02430 为 Mg^{2+} 的毫摩尔质量，g·mmol^{-1}。

3. **Cl^- 含量测定**

准确吸取测 K^+ 试液 10.00mL，置于 250mL 锥形瓶中，加入 1mL 5% K_2CrO_4 指示剂溶液，在充分摇动下，用 0.02mol·L^{-1} $AgNO_3$ 标准溶液滴定至砖红色沉淀为终点。

$$w(Cl^-) = \frac{c(AgNO_3)V(AgNO_3) \times 0.03545}{m_s}$$

式中，0.03545 为 Cl^- 的毫摩尔质量，g·mmol^{-1}。

4. **SO_4^{2-} 含量测定**

（1）称量分析法　准确称取 KCl 样品 20g（称准至 0.0002g），置于 250mL 烧杯中，加 150mL 去离子水，加热微沸使样品溶解，冷却后移入 250mL 容量瓶，用去离子水稀释至刻度，摇匀，静置。

用移液管准确移取上层清液 50.00mL，置于 250mL 烧杯中，加 2 滴甲基橙指示剂，滴加 2mol·L^{-1} HCl 至刚呈红色，加热至沸，在不断搅拌下，加入 40mL 0.5% $BaCl_2$ 热溶液，剧烈搅拌，沸水浴加热陈化 30min，冷至室温，检查沉淀是否完全。倾泻法过滤❶，用水洗涤沉淀至无 Cl^-。将沉淀连同滤纸置于恒重瓷坩埚中，加热烘干、炭化、灰化，800～850℃ 马弗炉灼烧至恒重（第一次灼烧 45min，冷却 30min，称量；第二次灼烧 25min，冷却 30min，称量。两次称量之差≤0.5mg）。

计算式：

$$w(SO_4^{2-}) = \frac{(m_1 - m) \times 0.4116}{m_s}$$

---

❶ 在沉淀完全后，也可采用抽滤方法，用预先在 120～130℃ 烘干至恒重的 P_4（G_4）玻璃坩埚抽滤，倾泻法先将上层清液倾入坩埚抽滤，用水洗杯内沉淀至无 Cl^-，转移沉淀至玻璃坩埚，烘箱中 120～130℃ 烘 1h，干燥器中冷却 30min，称量，至恒重。

式中，m_1 为 $BaSO_4$ 沉淀＋瓷坩埚恒重质量；m 为瓷坩埚质量；m_s 为样品质量；0.4116 为 $\dfrac{SO_4^{2-}}{BaSO_4}$ 化学因数。

(2) EDTA 滴定法　准确移取称量法制备的试液 25.00mL（相当于 2.0g KCl），置于 250mL 锥形瓶中，加入 25mL 水，滴加 $2mol \cdot L^{-1}$ HCl 至溶液呈酸性，加热至沸，定量加入 $0.025mol \cdot L^{-1} BaCl_2$ 溶液 10.00mL（V_1），剧烈搅拌下析出 $BaSO_4$ 沉淀。沸水浴中陈化近 30min，冷至室温，加入 10mL Mg-EDTA 溶液、20mL pH=10 的 NH_3-NH_4Cl 缓冲溶液、3～5 滴 0.5％铬黑 T 指示剂，用 $0.025mol \cdot L^{-1}$ EDTA 标准溶液滴定至纯蓝色，记录消耗 EDTA 标准溶液体积 V_2。取相同量试液测 Ca-Mg 总量，记录消耗 EDTA 标准溶液体积 V_3。

计算式：

$$w(SO_4^{2-}) = \dfrac{c(Ba^{2+})V_1 - [c(EDTA)V_2 - c(EDTA)V_3]}{m_s} \times 0.0960$$

式中，0.0960 为 SO_4^{2-} 的毫摩尔质量，$g \cdot mmol^{-1}$。

实验三十二　样品全分析（二）
——工业循环冷却水污垢和腐蚀产物中铁、铝、钙、镁、锌、铜含量 EDTA 滴定法测定

一、目的要求

1. 了解并掌握用 EDTA 法分别测定工业循环冷却水污垢和腐蚀产物中铁、铝、钙、镁、锌、铜含量的方法。
2. 初步了解对固体样品的四分法缩分步骤以及固体样品的溶解方法。

二、基本原理

工业循环冷却水污垢和腐蚀产物可用 HCl 和 HNO_3 溶解，金属氧化物、碳酸盐、$HClO_4$ 可与有机物作用并将低价金属离子氧化成高价离子。

样品溶解后，金属离子进入溶液中，在 pH=2 的酸性介质中，可用磺基水杨酸作指示剂，用 EDTA 直接滴定 Fe^{3+}，此时共存的 Al^{3+}、Zn^{2+}、Cu^{2+}、Ca^{2+}、Mg^{2+} 不干扰 Fe^{3+} 的测定，可计算样品中 Fe_2O_3 的含量。

Al_2O_3 的测定使用了 EDTA 的置换滴定法。可先将样品溶解后的酸性溶液用氨水调节 pH 为 3～4，加入一定量的 EDTA 标准溶液，再用 HAc-NaAc 缓冲溶液调节 pH=6.0，使 Al^{3+}、Fe^{3+}、Cu^{2+} 皆与 EDTA 配位，过量的 EDTA 用 $ZnSO_4$ 标准溶液返滴定。此时溶液中同时存在定量配位的 AlY^-、FeY^-、CuY^{2-}、ZnY^{2-} 配离子，再向此溶液中加入固体 NaF，则 AlY^- 会转化生成更稳定的 AlF_4^- 配离子，并置换出等物质的量的 Y^{4-}：

$$AlY^- + 4F^- \Longrightarrow AlF_4^- + Y^{4-}$$

置换出的 Y^{4-} 可用 $ZnSO_4$ 标准溶液直接滴定，而间接计算出 Al_2O_3 的含量。

ZnO 为循环冷却水中使用的缓蚀剂，它会存在于冷却水的污垢和腐蚀产物中。向样品溶解后的酸性溶液中加入 NaOH 调节 pH 为 5～6，此时 $Fe(OH)_3$、$Al(OH)_3$ 和 $Cu(OH)_2$ 皆生成沉淀，再加入 pH=5 的 HAc-NaAc 缓冲溶液，并加入固体 NH_4F 掩蔽 Fe^{3+}、Al^{3+}，此时可以二甲酚橙作指示剂，用 EDTA 直接滴定 Zn^{2+}，测出 ZnO 含量。

CaO 和 MgO 含量测定，可向样品酸性溶液中加入 $NH_3 \cdot H_2O$，使 $Fe(OH)_3$ 和 $Al(OH)_3$ 沉淀，分离沉淀后的滤液一部分用 NH_3-NH_4Cl 缓冲溶液调节 pH=10，并加入硫代乙醇酸、三乙醇胺和 Na_2S 掩蔽，除去 Zn^{2+}、Cu^{2+} 的干扰，以铬黑T作指示剂，用 EDTA 滴定，测出 Ca^{2+}、Mg^{2+} 总量。另一部分滤液用 NaOH 调节 pH=12，也用硫代乙醇酸、三乙醇胺和 Na_2S 掩蔽干扰离子后，加入钙指示剂，用 EDTA 滴定测出 Ca^{2+} 含量。从 CaO 和 MgO 总量中减去 CaO 含量就可求出 MgO 含量。

CuO 测定时，仍使用 CaO 和 MgO 测定中分离 $Fe(OH)_3$ 和 $Al(OH)_3$ 后的滤液，在 pH 为 9～10 的 NH_3-NH_4Cl 缓冲溶液介质中，Cu^{2+} 与双环己酮草酰二腙（BCO）生成蓝色配合物，可在波长 600nm 下用分光光度法测出 CuO 的含量。

三、实验步骤

1. 试样溶液制备

取样 200g，四分法缩分至 25g，于 50～60℃ 干燥 6～8h，研磨至 120 目，装入广口瓶，放干燥器中备用。

准确称取 0.5g 样品，称准至 0.0002g，置于瓷坩埚中，从低温加热至 450℃，灼烧 30min，冷却后将残渣全部定量转移到 250mL 烧杯中，缓慢加入 30mL HCl 和 10mL HNO_3，在电热板或低温电炉上加热煮沸 20min 至溶液清亮，稍冷，再加入 20mL $HClO_4$，再加热至冒浓厚白烟 15～20min，冷却后加入 50mL 温水，煮沸，充分搅拌下用中速定量滤纸过滤。用 1% HNO_3 洗 5 次，再用热水洗 8 次，将滤液、洗液收集于 250mL 容量瓶中，加水稀释至刻度，摇匀，备用。

2. Fe_2O_3 测定

用移液管准确移取试液 25.00mL，置于 250mL 锥形瓶中，加 100mL 去离子水，加 10% 磺基水杨酸指示剂 1～2 滴，用 $NH_3 \cdot H_2O$（1+1）及 HCl（1+1）调节溶液 pH 为 1.8～2.0。然后在电炉上加热至 70℃ 左右，加 10% 磺基水杨酸指示剂 8 滴，立即用 0.02mol·L^{-1} EDTA 标准溶液滴定至亮黄色为终点（滴定温度不得低于 55℃）。

计算式：

$$w(Fe_2O_3) = \frac{c(EDTA)V \times 0.07985}{m_s}$$

式中，0.07985 为 Fe_2O_3 的毫摩尔质量，$g·mmol^{-1}$。

3. Al_2O_3 测定

用移液管准确移取试液 25.00mL，用氨水（1+1）调节 pH 为 3~4（精密 pH 试纸检验），准确加入 30~40mL 0.02mol·L^{-1} EDTA 标准溶液，加热至 60~70℃，加入 0.5% 二甲酚橙指示剂 1 滴，溶液呈黄色，加 pH=6.0 的 HAc-NH_4Ac 缓冲溶液 15mL，煮沸 5min，冷却，加 0.2% 二甲酚橙指示剂 2 滴，用锌标准溶液滴定至溶液由黄色变为橙红色（不计量），加固体 NaF 2g，加热煮沸 5min，冷却，加 0.5% 二甲酚橙指示剂 1 滴，用 Zn 标准溶液滴定至溶液由黄色变为橙红色为终点。记录 NaF 析出法 Zn 标准溶液滴定消耗的体积 V。

计算式：

$$w(Al_2O_3) = \frac{c(Zn^{2+})V(Zn^{2+}) \times 0.01019}{m_s}$$

式中，0.01019 为 Al_2O_3 的毫摩尔质量，$g·mmol^{-1}$。

4. ZnO 测定

准确移取 25.00mL 试液，加 75mL 水，用 2mol·L^{-1} NaOH 调 pH 为 5~6，加 pH=5 的 HAc-NaAc 缓冲溶液 20mL，电炉上加热至 30℃，加入 3g NH_4F，加热煮沸 2min，冷却至室温，加 0.5% 二甲酚橙指示剂 2 滴，用 0.02mol·L^{-1} EDTA 溶液滴定至亮黄色为终点。

计算式：

$$w(ZnO) = \frac{c(EDTA)V(EDTA) \times 0.08138}{m_s}$$

式中，0.08138 为 ZnO 的毫摩尔质量，$g·mmol^{-1}$。

5. CaO-MgO 测定

(1) $Fe(OH)_3$、$Al(OH)_3$ 分离 准确移取试液 50.00mL，置于 250mL 烧杯中，加入 1g NH_4Cl，加热至微沸，稍冷，搅拌下滴加氨水（1+1）至溶液出现棕红色 $Fe(OH)_3$ 和白色 $Al(OH)_3$ 沉淀，继续滴加至沉淀完全，溶液有氨味。然后加 50mL 沸水搅拌，加热煮沸 2~3min，待沉淀下沉，趁热用快速定量滤纸过滤于 250mL 容量瓶中，用 1% NH_4NO_3 溶液洗至无 Cl^- 为止。滤液冷至室温，用去离子水稀释至刻度，摇匀，备用。

(2) Ca^{2+}-Mg^{2+} 测定 准确移取分离 Fe^{3+}、Al^{3+} 后的试液 25.00mL，置于 250mL 锥形瓶中，加水稀释至 100mL，加 10mL pH=10 的 NH_3-NH_4Cl 缓冲溶液，加 0.2mL 硫代乙醇酸、3mL 三乙醇胺（1+2）、1mL Na_2S（5%），再加入 0.5% 铬黑 T 指示剂 3~5 滴，用 0.02mol·L^{-1} EDTA 标准溶液滴至纯蓝色为终点。记录消耗 EDTA 体积 V_1。

(3) Ca^{2+} 测定 准确移取分离 Fe^{3+}-Al^{3+} 后试液 25.00mL，置于 250mL 锥形瓶中，加水稀释至 100mL，加 10mL 2mol·L^{-1} NaOH 充分振荡，放置数分钟，

加 0.2mL 硫代乙醇酸、3mL 三乙醇胺（1+2）、1mL Na_2S（5%），加 0.5%钙指示剂 8 滴，用 $0.02mol·L^{-1}$ EDTA 标准溶液滴至纯蓝色终点。记录消耗的 EDTA 体积 V_2。

计算式：

$$w(CaO) = \frac{c(EDTA)V_2 \times 0.05608}{m_s}$$

式中，0.05608 为 CaO 的毫摩尔质量，$g·mmol^{-1}$。

$$w(MgO) = \frac{c(EDTA)(V_1-V_2) \times 0.04031}{m_s}$$

式中，0.04031 为 MgO 的毫摩尔质量，$g·mmol^{-1}$。

6. CuO 测定

准确移取 10mL CaO-MgO 测定中氨水-氯化铵分离后的滤液两份，置于 50mL 容量瓶中，分别用 HCl（1+1）或氨水（1+1）调节 pH=9.0 左右，加 15mL NH_3-NH_4Cl 缓冲溶液，在 1 份中加入 20mL 0.05% BCO❶ 显色剂，另一份不加作为参比液，分别用水稀释至刻度，摇匀，静置 5min 后，以试剂空白为参比溶液，在 600nm 波长处用 3cm 比色皿测吸光度 A，在标准曲线❷上查得铜含量。

计算式：

$$w(CuO) = \frac{c \times 1.251}{1000 m_s (1-T) \frac{25}{250} \times \frac{10}{50}} \times 100\%$$

式中，c 为标准曲线上查得的铜含量，mg；m_s 为试样质量，g；1.251 为换算为 CuO 的换算因数；T 为试样水分的质量分数。

---

❶ 0.05%双环己酮草酰二腙（BCO）：称取 0.5g BCO 加入 40mL 乙醇搅拌，再加入 40mL 热水（80℃左右）溶解后稀释至 1000mL，摇匀。

❷ 标准曲线绘制

铜标准溶液（Cu^{2+} 0.01mg·mL^{-1}）的配制：准确称取 0.01g（称准至 0.0002g）光谱纯铜片，加入 10mL HNO_3（1+3），低温加热溶解，赶尽氮的氧化物，冷却，定量移入 1000mL 容量瓶中，用水稀释至刻度。

标准曲线绘制：准确吸取 0mL、1mL、3mL、5mL、7mL 铜标准溶液于 50mL 容量瓶中，加入 15mL pH=9 的氨性缓冲溶液，加 20mL BCO 溶液，用水稀至刻度摇匀，静置 5min 后，以试剂空白为参比，在 600nm 处，b=3cm 比色皿测 A，以 Cu 量（mg）为横坐标、相应 A 为纵坐标绘制 A-c 标准曲线。

第八章 仪器分析法的应用

实验三十三 分光光度法：721型分光光度计仪器调校

一、目的要求

1. 根据仪器说明书了解分光光度计工作原理。
2. 会正确使用分光光度计。
3. 对仪器波长与比色皿进行校正。

二、实验步骤

1. 按分光光度计仪器使用方法检查仪器工作状态，调节 T "0" 及 "100%"，使仪器处于正常工作状态。
2. 检查仪器光学系统并进行波长校正。
3. 检查比色皿光程并进行配套。

三、721型分光光度计结构及技术指标

721型分光光度计（图8-1和图8-2）以钨丝白炽灯泡为光源，提供连续辐射，采用自准式光路，以玻璃棱镜及狭缝组成单色器，单光束方法获取一束强度一定、波长范围狭窄的单色光。

以GD-7光电管代替硒光电池作为光电转换元件，将光强度变化转变为电流强度变化经高值电阻（选用高阻毫伏计典型线路）通过测量电压降间接测量电流变化。经场效应晶体管转换后的电讯号，再通过3AX31C晶体管放大，由内磁式电流表指示 T 或 A 读数。

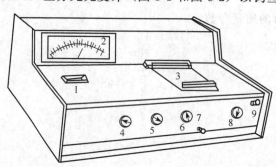

图8-1 721型分光光度计外形图
1—波长读数盘；2—微安表；3—比色皿暗盒盖；4—波长调节旋钮；5—"0"透光度调节旋钮；6—"100%"透光度调节旋钮；7—比色皿架拉杆；8—灵敏度选择；9—电源开关

721型分光光度计仪器主要技术指标：

(1) 波长范围　360～800nm。
(2) 波长精度

360～500nm　±3nm
500～600nm　±3nm
600～800nm　±5nm

（3）灵敏度　0.001% $K_2Cr_2O_7$ 溶液，1cm 比色皿，440nm 处 A 不小于 0.01。

（4）电源变化　190～230V，50.0Hz±0.5Hz。

四、721型分光光度计使用方法及维护

1. 使用方法

① 接通电源前应将各旋钮放在适当位置，灵敏度挡放在 1，光亮调节器旋至较小，检查电流指针是否位于"0"刻度线上，若不在"0"线上，可以用电表上的螺丝进行校正。

② 打开电源开关，打开比色皿暗盒盖，使电表指针处于"0"位，预热 20min，选择需用的单色光波长和相应的放大灵敏度挡，用调"0"电位器使电表指针指"0"。

③ 盖上比色皿暗箱盖，比色皿座处于蒸馏水校正位置，旋转光量调节器，使电表指针指 100%。

④ 按上述方法反复几次调整"0"位和电表指针 100%，即可进行测定。

⑤ 放大器灵敏度挡的选择系根据不同的单色光波长，光能量不一致时分别选用。其各挡灵敏度分别为：第一挡×1 倍；第二挡×10 倍；第三挡×20 倍。原则是使空白用光亮调节器良好地调整于 100% 处。

⑥ 空白可以采用空气空白、蒸馏水空白或其他有色溶液。用中性消光玻璃作空白陪衬，能提高消光读数，适于高含量测定。

⑦ 根据溶液颜色深浅，可以选用不同光径长度的比色皿，使电表读数在吸光度 0.8 以内。

⑧ 使用完毕，将开关放在"关"，拔下电源插头。

2. 仪器测量误差及使用注意事项

① 仪器测量过程应随时核对零点。

② 新购仪器及仪器久用后，波长刻度有差异，应定期校准波长。

③ 比色皿放入比色皿架时，应注意它们的位置是否垂直一致，否则易带来误差。各台仪器比色皿配套使用，不可随意调换。各比色皿 $T\%$ 应小于 0.5%。

④ 测量吸光度读数应控制在 0.10～0.70 范围内，以减少读数测量误差。

⑤ 仪器连续使用时间不应超过 4h，否则因散热不良，晶体管直流特性曲线改

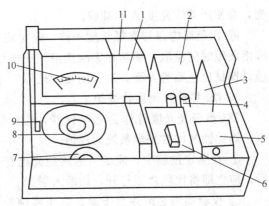

图 8-2　721型分光光度计内部结构示意图
1—光源灯室；2—电源变压器；3—稳压电路控制板；4—滤波电解电容；5—光电转换盒；6—比色计部分；7—波长选择摩擦轮机构；8—单色器组件；9—"0"粗调电位器；10—读数电表；11—稳压电源功率管部分

变，会使所测吸光度 A 不准确。

⑥ 比色皿应保持光径长度一致，避免沾污。用后及时用水洗净，或用盐酸-乙醇溶液短时间浸泡（切勿在铬酸洗液或有机溶剂中长时间浸泡，以免开胶）。用擦镜纸擦拭比色皿透光面，避免出现"斑痕"，影响透光度测量。

3. 721 型分光光度计维护

721 型分光光度计作为光学仪器，应注意维护光学系统，防尘、防潮、防酸、碱、腐蚀性气体对光学系统的侵蚀。

① 在测定过程中，应尽可能避免光电管长时间被光照射而疲劳。在读数完毕后，应立即将比色盒盖打开，切断入射光。

② 仪器周围必须注意干燥，防止腐蚀性气体，酸、碱液侵入仪器内部。若有溶液溅落在比色皿架内，应立即擦干净。

③ 应经常检查单色光器上的防潮硅胶是否变红失效，如失效应立即取出烘干或调换。

五、仪器光系统检查

在比色皿位置插入一块白色硬纸片，将波长调节器从 720nm 向 420nm 方向慢慢转动，观察出口狭缝射出的光线颜色是否与波长调节器所指示的波长相符。如相符，说明分光系统基本正常。

黄色光波长范围较窄，将波长调节在 580nm 处，应出现黄光。

也可用 $KMnO_4$ 溶液的最大吸收波长（525nm）检验仪器分光系统的质量。取 $0.1mol \cdot L^{-1} KMnO_4$ 溶液 2mL，用水稀释至 100mL，装入 1cm 比色皿中，以水为空白，在波长 460nm、480nm、500nm、510nm、515nm、520nm、525nm、530nm、535nm、540nm、550nm、570nm 处分别测定吸光度（每次改变波长后都要重新调节吸光度的零位），绘出吸收曲线。若最大吸收波长在 525nm±10nm 以内，说明仪器分光系统的精度基本合用。如果误差较大，可将波长调节器的刻度盘卸下，转动适当角度，装紧后重新检验（721 型分光光度计附件钕玻璃片的最大吸收波长 529nm 亦可用于核对波长刻度）。

六、比色皿厚度检验

把同一浓度的某有色溶液装入相同厚度的比色皿内，然后放在分光光度计上，在光源强度和波长不变的情况下测定透光率读数，其要求相差<0.5%，实际使用可略放宽，相差太大不能配套使用。

实验三十四 分光光度法：吸收曲线、工作曲线绘制及水中微量铁测定

一、目的要求

1. 学习吸收曲线绘制，最大吸收波长选择。

2. 学习工作曲线绘制。

3. 学习邻菲啰啉分光光度法测 Fe。

二、基本原理

邻菲啰啉测 Fe 是国家标准方法,Fe(Ⅱ) 在 pH 1.5~9.5 介质中与邻菲啰啉生成稳定的橙红色配合物,并在 510nm 呈最大吸收,$\varepsilon_{510} = 1.1 \times 10^4 \text{L} \cdot \text{mol}^{-1} \cdot \text{cm}^{-1}$。

当铁以 Fe^{3+} 存在时,可预先用还原剂盐酸羟胺(或对苯二酚等)将其还原成 Fe^{2+},其反应式如下:

$$2Fe^{3+} + 2NH_2OH \longrightarrow 2Fe^{2+} + N_2\uparrow + 2H_2O + 2H^+$$

测定时控制溶液酸度在 pH 为 3~8 较为适宜。酸度高时,反应进行较慢,酸度太低,则 Fe^{2+} 水解,影响显色。

Bi^{3+}、Cd^{2+}、Hg^{2+}、Ag^+、Zn^{2+} 等离子与显色剂生成沉淀,Ca^{2+}、Cu^{2+}、Ni^{2+} 等离子则形成有色配合物。当有这些离子共存时,应消除它们的干扰作用。

三、试剂

1. $0.1\text{mol}\cdot\text{L}^{-1} \text{KMnO}_4\left(\frac{1}{5}\text{KMnO}_4\right)$;$0.1\text{mol}\cdot\text{L}^{-1} \text{K}_2\text{Cr}_2\text{O}_7\left(\frac{1}{6}\text{K}_2\text{Cr}_2\text{O}_7\right)$。

2. 铁标准溶液:准确称取 0.864g 分析纯 $NH_4Fe(SO_4)_2 \cdot 12H_2O$,置于 100mL 烧杯中,以 30mL $2\text{mol}\cdot\text{L}^{-1}$ HCl 溶解后移入 100mL 容量瓶中,以水稀释至刻度,摇匀。配制 $100\mu\text{g}\cdot\text{mL}^{-1}$ 铁标准溶液。

3. 10%盐酸羟胺溶液:称取 5g 盐酸羟胺,溶于 45mL 水中(不稳定,须新近配制)。

4. NaAc 溶液 $1\text{mol}\cdot\text{L}^{-1}$。

5. 邻菲啰啉溶液 0.1%。

四、实验步骤

1. 吸收曲线绘制

① $0.1\text{mol}\cdot\text{L}^{-1}\text{KMnO}_4$ 溶液稀释 50 倍后,1cm 比色皿中,以水为空白,在波长 460nm、480nm、500nm、510nm、515nm、520nm、525nm、530nm、540nm、550nm、570nm 处,分别测定吸光度 A。绘制吸收光谱,选择 λ_{max}。

② $0.1\text{mol}\cdot\text{L}^{-1}\text{K}_2\text{Cr}_2\text{O}_7$ 溶液适当稀释后,1cm 比色皿中,以水为空白,在波长 460~580nm 范围测定吸光度 A。绘制吸收光谱,选择 λ_{max}。

2. 水中微量铁测定

(1) 吸收曲线的绘制 准确移取 $10\mu\text{g}\cdot\text{mL}^{-1}$ 铁标准溶液 5mL,置于 50mL 容量瓶中,加入 10%盐酸羟胺溶液 1mL,摇动容量瓶,加入 $1\text{mol}\cdot\text{L}^{-1}$ NaAc 溶液 5mL 和 0.1%邻菲啰啉溶液 3mL,以水稀释至刻度。在 721 型分光光度计上,用 2cm 比色皿,以水为空白溶液,从波长 440~600nm,每隔 10~20nm 测定一次吸光度,每换一个波长必须重新校正吸光度为0,在最大吸收波长(510nm)附近每隔5nm测定一个吸光度。以波长为横坐标,吸光度为纵坐标绘制吸收曲线。吸收曲线上的最大吸收波长为进行测定的适宜波长。

(2) 标准曲线的绘制　取 50mL 容量瓶 6 个,分别准确吸取 $10\mu g \cdot mL^{-1}$ 铁标准溶液 0.0mL、2.0mL、4.0mL、6.0mL、8.0mL 和 10.0mL 于各容量瓶中,各加入 1mL 10%盐酸羟胺溶液,摇动容量瓶,放置 2min 后再各加 5mL $1mol \cdot L^{-1}$ NaAc 溶液及 3mL 0.1%邻菲啰啉溶液,以水稀释至刻度,摇匀。在 721 型分光光度计上,用 2cm 的比色皿以水为空白,在最大吸收波长(510nm)处,测定各溶液的吸光度。以铁含量为横坐标、吸光度为纵坐标,绘制标准曲线。

(3) 水中微量铁的测定　吸取水样 V(mL)置于 50mL 容量瓶中,按标准曲线相同手续加试剂和测定吸光度,从标准曲线上查出铁的浓度,计算水样中铁含量。

五、记录及分析结果

1. 分光光度计型号　　　　　　　仪器编号

比色皿厚度

2. 吸收曲线绘制

波长/nm	440	460	480	490	500	505	510	515
吸光度 A								
波长/nm	520	525	530	540	560	580	600	
吸光度 A								

3. 标准曲线绘制与铁含量测定

编号	1	2	3	4	5	6	7(未知)
标准溶液/mL	0.0	2.0	4.0	6.0	8.0	10.0	
吸光度 A							

4. 绘制吸收曲线和标准曲线

5. 分析结果:$Fe(mg \cdot L^{-1})=$

六、思考题

1. 吸光度 A 为 0.25,相当于透光率 T 为多少?

2. 520nm 波长的光呈什么颜色?物质的颜色和吸收光的颜色是什么关系?如用比色计测定橙红色的邻菲啰啉-Fe(Ⅱ)配合物,应选择何种颜色的滤光片?

3. 改变波长后为什么要重新校正空白吸光度为0?

4. 如果水样含铁很高或很低,应该如何进行测定?如果要求分别测定 Fe^{2+} 和 Fe^{3+},应如何测定?

5. 摩尔吸光系数的定义是什么?根据本试验结果,计算邻菲啰啉-Fe(Ⅱ)配合物的摩尔吸光系数。

实验三十五　分光光度法：间接分光光度法测定自来水中的铝含量

一、目的要求

铝是地壳中含量最丰富的元素，人类长期摄入过量铝离子会造成老年性痴呆，引起骨质疏松，引起人体免疫能力下降，甚至会造成贫血症。

在饮用自来水生产过程，常用水溶液聚铝类絮凝剂沉降水中机械杂质，因此不可避免地会将一部分铝离子带入自来水中，其含量超过自来水水质标准的限量，会对人体健康造成危害，因此测定自来水中的铝含量，具有预防疾病的重要作用。

本实验采用分光光度法测定自来水中的铝含量，具有方法简单、测定结果可靠的优点。

二、基本原理

本实验在溶液 pH 保持 4.0~5.0 的条件下，利用 EDTA 与 Al^{3+} 和 Cu^{2+} 形成配离子 AlY^- 和 CuY^{2-} 稳定性的差别，通过配离子的转化，使水中的 Al^{3+} 与 CuY^{2-} 配离子反应，生成更稳定的 AlY^- 配离子，置换出等摩尔的 Cu^{2+}：

$$Al^{3+} + CuY^{2-} \Longrightarrow AlY^- + Cu^{2+}$$

置换出的 Cu^{2+} 与显色剂 1-(2-吡啶偶氮)-2-萘酚（PAN）反应，生成可被氯仿萃取的紫红色配合物：

$$Cu^{2+} + PAN \Longrightarrow Cu\text{-}PAN（紫红色）$$

从而可用分光光度法测定出铜的含量，而间接测定出水中的铝含量。

此时水溶液中的 AlY^- 配离子比 Al-PAN 稳定，不会生成有色配合物。

三、仪器与试剂

1. 紫外可见分光光度计：200~760nm。
2. 硫酸铝钾、硝酸铜、EDTA、PAN、乙酸、乙酸钠、硫酸、乙醇、氯仿：分析纯；去离子水。

四、实验步骤

1. 铝标准溶液的配制

$1.000 g \cdot L^{-1}$ 铝标准储备液：称取预先在硅胶干燥器中放置三天以上的 $KAl(SO_4)_2 \cdot 12H_2O$ 1.759g，用 $0.1 mol \cdot L^{-1}$ 硫酸溶液溶解，在 100mL 容量瓶中定容。

临用前将此储备液配成铝标准工作溶液：用 $0.1 mol \cdot L^{-1}$ 硫酸溶液逐级稀释成含铝 $1.0 mg \cdot L^{-1}$、$2.0 mg \cdot L^{-1}$、$4.0 mg \cdot L^{-1}$、$6.0 mg \cdot L^{-1}$、$8.0 mg \cdot L^{-1}$、$10.0 mg \cdot L^{-1}$ 的标准工作溶液。

2. 铜-EDTA（CuY^{2-}）配合物溶液的制备

(1) $0.01mol \cdot L^{-1}$ EDTA 溶液 称取乙二胺四乙酸二钠 0.372g 溶于 100.0mL 水中。

(2) $100mg \cdot L^{-1}$ 铜离子溶液 称取预先磨细并在硅胶干燥器中放置三天以上的 $Cu(NO_3)_2 \cdot 3H_2O$ 0.039g，溶于 100.0mL 水中。

(3) 乙酸-乙酸钠缓冲溶液（pH=4.5） 称取乙酸钠 32g 溶于适量水中，加入乙酸 24mL，用水稀释至 500mL。

(4) $1g \cdot L^{-1}$ PAN 乙醇溶液 称取 0.1g PAN 溶于 100mL 乙醇中。

(5) 铜（Ⅱ）-EDTA 配合物溶液 取 $0.01mol \cdot L^{-1}$ EDTA 溶液 5mL 于 250mL 锥形瓶中，加水 45mL，加乙酸-乙酸钠缓冲溶液 5mL 及 PAN 乙醇溶液 5 滴，加热至 60～70℃，再用 $100mg \cdot L^{-1}$ 铜离子溶液滴定至溶液由黄色变成紫红色，过量 3 滴，冷却至室温，再用 20mL 氯仿溶液萃取 Cu-PAN 配合物，弃去氯仿有机相，其水相即为铜（Ⅱ）-EDTA（CuY^{2-}）配合物溶液，备用。

3. 水样品中铝含量的测定

取自来水样品 25.00mL 于比色管中，依次加入乙酸-乙酸钠缓冲溶液 1.0mL、95％乙醇溶液 1.0mL、PAN 显色剂溶液 0.1mL，摇匀。再加入铜（Ⅱ）-EDTA 溶液 0.5mL，用水定容到刻度、摇匀。在 80℃ 水浴中加热 10min，冷却至室温后，用 10mL 氯仿萃取 1min，静置分层，再将氯仿有机相经脱脂棉过滤后，收集在 1cm 比色皿中，以空白溶液作参比，在 559nm 波长处测其光密度。

4. 铝标准工作曲线的绘制

按水样测定步骤，分别测定 $1.0mg \cdot L^{-1}$、$2.0mg \cdot L^{-1}$、$4.0mg \cdot L^{-1}$、$6.0mg \cdot L^{-1}$、$8.0mg \cdot L^{-1}$、$10.0mg \cdot L^{-1}$ 铝标准工作溶液的光密度，并绘制标准工作曲线。

五、结果计算

由已绘制的标准工作曲线和取样量，确定自来水样品中铝的含量（$mg \cdot L^{-1}$）。

六、思考题

1. 由林旁（Rigton）酸效应曲线找出 AlY^- 和 CuY^{2-} 配离子的稳定常数数值（$lgK_{稳}$），并确定这两种配离子各自可以稳定存在的 pH 范围。

2. 在 pH=4.5 时，EDTA 的酸效应系数（$lg\alpha_{Y(H)}$）是多少？在此 pH 值 CuY^{2-} 的条件稳定常数（$lgK'_{CuY^{2-}}$）是多少？CuY^{2-} 可否与 Al^{3+} 发生配离子转化反应？

3. 确定在不同 pH 的溶液中，作为显色剂的金属指示剂 PAN 各呈现何种颜色？在 pH=4.5 时，PAN 和 Cu(Ⅱ)-PAN 各呈现何种颜色？

4. 本测定中除 PAN 作为显色剂外，还可选择何种金属指示剂作为显色剂？

5. 在本测定中，为什么要在 80℃ 水浴中加热 10min？

实验三十六 分光光度法：测定小麦面粉中的过氧化苯甲酰含量

一、目的要求

过氧化苯甲酰（BPO）是广泛用作小麦面粉和玉米淀粉的增白剂和改性剂，若 BPO 添加量过多，会破坏面粉中含有的胡萝卜素、维生素 A、维生素 E、维生素 B_1、维生素 B_2，人们长期食用，会引起维生素缺乏造成的疾病，同时也会生成对人体健康有危害的苯甲酸，因此在面粉的国家标准中，严格限制 BPO 的用量为 $0.06g \cdot kg^{-1}$。

二、基本原理

在酸性条件下，过氧化苯甲酰与碘化钾反应生成碘和苯甲酸，加入淀粉后，其与碘作用呈现蓝色，可在 585nm 处进行分光光度法测定。

三、仪器与试剂

1. 紫外可见分光光度计。
2. 振荡器、高速离心机。
3. 磷酸、碘化钾、乙醇、淀粉、过氧化苯甲酰纯品（>98%），去离子水。

四、实验步骤

1. 各种试剂溶液的配制

（1）$100g \cdot L^{-1}$ KI 溶液　取 KI 10g 在 100mL 烧杯中加水 50mL 溶解，转移到 100mL 棕色容量瓶中，用水稀释至标线，摇匀，避光 4℃保存，有效期 3 天。

（2）$10g \cdot L^{-1}$ 淀粉溶液　1g 淀粉在 50mL 烧杯中，加少量水，搅呈糊状，再将其倒入含 50mL 沸水的 100mL 烧杯中，冷却后，将其转移到 100mL 容量瓶中，用水稀释至标线备用。使用前现用现配。

2. 样品处理

取 2.000g 面粉样品于 25mL 比色管中，加入无水乙醇 4.0mL，密塞、摇匀，在振荡器上振荡 10min，然后在高速离心机上，以 $4000r \cdot min^{-1}$ 转速离心分离，取上层清液 20mL 进行光度分析。

3. 过氧化苯甲酰标准溶液的配制及标准工作曲线的绘制

称取在 70℃、干燥 30min 的 BPO 纯品 0.0500g，在 100mL 烧杯中用 30mL 无水乙醇溶解，再转移至 50mL 容量瓶中，用无水乙醇稀释至标线，避光保存一周，配成 $0.5000g \cdot L^{-1}$ BPO 标准储备溶液。

取 25mL 比色管，分别加入 1.0mL、2.0mL、5.0mL、10.0mL BPO 标准储备溶液，再向每个比色管中加入 $100g \cdot L^{-1}$ KI 溶液 0.5mL，摇匀，再加入 $0.5mol \cdot L^{-1}$ H_3PO_4 溶液 1.0mL，$10g \cdot L^{-1}$ 淀粉溶液 2.0mL，用水稀释至标线，密塞、摇

匀，在暗处放置 20min 后，于 585nm，以空白作参比测定光密度，并绘制光密度 (A)-质量浓度 (c) 标准工作曲线，表明 BPO 在 0.016g·L^{-1} 以内呈现线性。

4. 样品测定

取样品处理后清液 2.0mL 于 25mL 比色管中，按制作标准工作曲线的相应步骤进行光密度测定。

五、结果计算

由标准工作曲线和取样量，计算面粉中的 BPO 含量。

六、思考题

1. 影响本测定方法准确性的操作条件有哪些？
2. 影响面粉样品处理结果的因素有哪些？

实验三十七　紫外吸收光谱法：共轭结构化合物发色基团的鉴别

一、目的要求

1. 通过测定具有共轭结构的有机化合物紫外吸收光谱，以鉴别化合物中发色基团及其化合物的类型。
2. 学习利用紫外吸收光谱确定共轭双烯类化合物，α, β-不饱和羰基化合物及取代芳香化合物分子骨架的方法。
3. 学习有机化合物结构与紫外吸收光谱之间内在联系的规律。

二、基本原理

紫外吸收光谱鉴定有机化合物主要是依据化合物中发色基团对紫外线的吸收特性和助色基团的助色效应强弱，因此利用紫外吸收光谱可以用来确定化合物中发色基团的种类、数目及位置，从而进一步可以区分饱和与不饱和化合物，鉴别共轭双键化合物及芳香化合物的分子骨架。

有机化合物紫外吸收光谱的吸收波长、吸收强度及吸收曲线的形状与发色基团的结构、发色基团间或发色基团与助色基团间的共轭程度以及发色基团在分子中的相对位置都有密切的关系。

共轭双烯化合物 $\pi \rightarrow \pi^*$ 跃迁的 K 吸收带出现在 210～250nm 区域，如果分子中存在多个双键共轭，其吸收带波长将随共轭双键数增加而红移到 250～300nm 区域。α, β-不饱和羰基化合物存在烯双键与羰基的共轭，不但在波长 210～250nm 区域出现 K 吸收带，同时在高于 300nm 区域可观察到 $n \rightarrow \pi^*$ 跃迁的 R 吸收带。芳香化合物由于存在芳环结构，其紫外吸收光谱将出现中等强度的 B 吸收带，B 吸收带的波长、形状与取代基结构有关。如果分子中存在发色基团与苯环的共轭结构，则芳香化合物的 K 吸收带与 B 吸收带将产生红移。若取代基中含有杂原子，则在高于 300nm 波长区域还可观察到 R 吸收带。

上述具有共轭结构化合物的紫外吸收波长还可按一定的方法进行计算，将测定结果与计算数据进行比较，可以进一步确证所测化合物的发色基团及分子骨架的结构。

本实验将通过测定三种不同类型的化合物，即具有 α,β-不饱和羰基结构的山梨酸，具有多个共轭双键的维生素 A 以及具有酰基苯结构的苯乙酮的紫外吸收光谱，并根据它们的紫外吸收波长、吸收强度对化合物中发色基团作出鉴别。

山梨酸

三、仪器与试剂

紫外分光光度计；分析天平；容量瓶；吸液管。山梨酸；苯乙酮；醋酸维生素 A；乙醇；异丙醇。

四、实验步骤

1. 配制溶液

① 用逐级稀释的方法分别配制浓度为 $0.1\times10^{-4}\sim0.4\times10^{-4}$ mol·L^{-1}（溶液 A）和 $0.5\times10^{-2}\sim1.0\times10^{-2}$ mol·L^{-1}（溶液 B）的山梨酸乙醇溶液。

② 配制浓度为 $3\sim5\mu\text{g·mL}^{-1}$ 的醋酸维生素 A 的异丙醇溶液（溶液 C）。

③ 用逐级稀释的方法分别配制浓度为 $0.2\times10^{-4}\sim0.8\times10^{-4}$ mol·L^{-1}（溶液 D）和 $0.3\times10^{-3}\sim1.0\times10^{-3}$ mol·L^{-1}（溶液 E）的苯乙酮乙醇溶液。

2. 测定

① 用 1cm 吸收池，以乙醇为参比，分别测定溶液 A 和溶液 B 的紫外吸收光谱。

② 用 1cm 吸收池，以异丙醇为参比，测定溶液 C 的紫外吸收光谱。

③ 用 1cm 吸收池，以乙醇为参比，分别测定溶液 D 和溶液 E 的紫外吸收光谱。

五、数据处理

1. 根据溶液 A 和溶液 B 的紫外吸收光谱，判断吸收带的电子跃迁类型及发色基团并计算各吸收带的波长及其摩尔吸光系数。

2. 确定溶液 C 的紫外吸收光谱中吸收带的电子跃迁类型、吸收波长及摩尔吸光系数，并判断发色基团的共轭双键数。

3. 根据溶液 D 和溶液 E 的紫外吸收光谱，判断吸收带的电子跃迁类型及发色基团并计算各吸收带的波长及其摩尔吸光系数。

4. 将实验测定的各化合物吸收带波长与按吸收波长计算方法求得的波长进行

比较。

六、思考题

1. 如果预先并不知道所测定的 A、B 和 C、D 溶液中化合物的结构,是否有可能根据紫外光谱确定它们的结构?除上述实验数据外,还需要哪些实验数据?

2. 如果用非极性溶剂溶解山梨酸和苯乙酮,它们的紫外吸收光谱会发生什么变化?

3. 测定同一样品的紫外光谱为什么需配制 2 个或 3 个浓度不同的溶液?配制溶液的依据是什么?

4. 如何测定苯乙酮的 R 吸收带?R 吸收带对芳香化合物结构鉴定有何意义?

实验三十八 紫外吸收光谱法:苯的 B 吸收带精细结构及正己烷中微量苯的测定

一、目的要求

1. 通过实验了解苯的 B 吸收带精细结构及其在溶液中精细结构的变化。
2. 用比吸光系数法测定正己烷中微量杂质苯的含量。

二、基本原理

苯在紫外光区有两个 $\pi \rightarrow \pi^*$ 跃迁的吸收带,$\lambda=203$nm 的 E_2 吸收带和 $\lambda=256$nm 的 B 吸收带。其中 B 吸收带具有精细结构,它是由波长为 230~267nm 的 7 组吸收峰所组成的。B 吸收带是芳香族化合物的特征吸收带。

当苯呈气体状态时,由于分子间距离比较大,互相作用力较弱,所以可观察到 B 吸收带的振动、转动精细结构,而在溶液中由于分子间距离缩短、作用力增大以及溶剂比的影响,精细结构中一些吸收较弱的谱线消失,吸收带合并成 7 个光滑、较宽的吸收峰。当苯环上有发色基团或助色基团取代基时,B 吸收带精细结构进一步合并,吸收峰减少,甚至变成一个宽吸收带。

比吸光系数法是分光光度定量分析方法之一,它是利用化合物的比吸光系数进行定量测定的。根据朗伯-比耳定律关系式,当吸收池厚度为 1cm 时,吸光度与浓度 c 之间的关系式可表示为:

$$A = Ec$$

若被测物质的浓度 c 以 $\text{g} \cdot (100\text{mL})^{-1}$ 为单位,则上式比例系数 E 称为比吸光系数,其数值等于溶液浓度为 $1.0 \text{g} \cdot (100\text{mL})^{-1}$ 时的吸光度值。为了与摩尔吸光系数相区别,常以 $E_{\text{cm}}^{1\%}$ 表示比吸光系数。比吸光系数可以用实验方法测定,许多化合物的比吸光系数可以从手册中查到。

比吸光系数与摩尔吸光系数类似,是化合物固有的特性,仅与测定波长有关。

比吸光系数 E 与摩尔吸光系数 ε 有如下的关系：

$$E = \frac{10\varepsilon}{M}$$

式中，M 为被测化合物的摩尔质量。

三、仪器与试剂

紫外分光光度计；容量瓶 10mL、25mL；吸液管 1mL、2mL、5mL。苯；正己烷（G.R. 和 C.P.）。

四、实验步骤

1. 配制苯的正己烷标准溶液

① 准确吸取 1mL 苯于 10mL 容量瓶中，用不含苯的优级纯正己烷溶解并稀释至刻度。

② 吸取上述溶液 2mL 于 25mL 容量瓶中，用优级纯正己烷稀释至刻度，此溶液的苯浓度为 $7.032\text{g} \cdot \text{L}^{-1}$，作为储备液。

③ 吸取 2mL 储备液于 25mL 容量瓶中，用正己烷稀释至刻度，此溶液的苯浓度为 $0.5626\text{g} \cdot \text{L}^{-1}$，作为标准溶液。

2. 测定苯蒸气的 B 吸收带精细结构

取少许苯滴于 1cm 带盖的吸收池中，于紫外分光光度计中记录 220～300nm 波长范围的苯蒸气吸收光谱。

3. 测定苯在正己烷溶液中 B 吸收带的摩尔吸光系数

① 分别吸取苯标准溶液 1.0mL、2.0mL、3.0mL、4.0mL、5.0mL 于 5 个 10mL 容量瓶中，用正己烷稀释至刻度。

② 用 1cm 吸收池，以优级纯正己烷作参比，分别测定上列溶液在 220～300nm 范围内的吸收光谱，确定 $\lambda_{\max} = 256\text{nm}$ 位置的吸光度。

4. 测定化学纯正己烷中杂质苯的含量

用 1cm 吸收池，以优级纯正己烷为参比，测定化学纯正己烷在 220～300nm 范围的吸收光谱，并确定 $\lambda_{\max} = 256\text{nm}$ 位置的吸光度。如果正己烷中苯含量过高，可以用优级纯正己烷稀释后进一步进行测定。

五、数据处理

1. 以苯标准溶液浓度为横坐标，吸光度为纵坐标作苯的工作曲线，并由工作曲线的斜率计算苯的 B 吸收带摩尔吸光系数 $\varepsilon = \dfrac{\Delta A}{\Delta c}$。

2. 计算苯的比吸光系数 E。

3. 计算化学纯正己烷中苯的含量：

$$c = \frac{Ak}{E}$$

式中，k 为测定时化学纯正己烷的稀释倍数。

4. 确定苯蒸气 B 吸收带 7 个主要吸收峰的波长，并与正己烷溶液中苯的 B 吸收带进行比较。

六、思考题

1. 解释气态苯与溶液中苯的 B 吸收带存在一定差别的原因。
2. 苯的 B 吸收带含有 7 个不同波长的吸收峰，除 $\lambda=256$nm 外，是否可选其他吸收峰进行定量分析？
3. 利用本实验数据是否还可用其他方法计算正己烷中苯的含量？

实验三十九 紫外吸收光谱法：维生素 C 和维生素 E 的同时测定

一、目的要求

1. 了解维生素 C 和维生素 E 的紫外吸收光谱的特性。
2. 学习在紫外吸收光谱区进行双组分同时测定的方法。

二、基本原理

维生素 C（抗坏血酸）和维生素 E（α-生育酚）在食品中起抗氧剂作用，它们可在一定时间内防止油脂变哈喇，二者结合一起使用比单独使用效果更好，可充分发挥二者的"协同效应"，它们以组合试剂方式用作食品添加剂。

维生素 C 是水溶性的，维生素 E 是油溶性的，但它们都溶于无水乙醇中，并在 220～320nm 紫外光谱中呈现吸收特性，因此可进行双组分的同时测定。

三、仪器与试剂

紫外分光光度计；石英比色皿 2 块；容量瓶：1000mL 2 个，50mL 9 个；吸量管：10mL 2 支。维生素 C；维生素 E；无水乙醇。

四、实验步骤

1. 配制维生素 C 系列标准溶液

称取 0.0132g 维生素 C，溶于无水乙醇中，定量转移至 1000mL 容量瓶中，用无水乙醇稀释至标线，摇匀。此溶液浓度为 7.50×10^{-5} mol·L^{-1}。分别吸取此溶液 4.00mL、6.00mL、8.00mL、10.00mL，移至 4 个洁净的 50mL 容量瓶中，用无水乙醇稀释至标线，摇匀备用。

2. 配制维生素 E 系列标准溶液

称取 0.048g 维生素 E，溶于无水乙醇中，定量转移至 1000mL 容量瓶中，用无水乙醇稀释至标线，摇匀。此溶液浓度为 1.13×10^{-4} mol·L^{-1}。分别吸取此溶液 4.00mL、6.00mL、8.00mL、10.00mL，移至 4 个洁净的 50mL 容量瓶中，用无水乙醇稀释至标线,摇匀备用。

3. 绘制维生素 C 和维生素 E 的紫外吸收光谱曲线

以无水乙醇作为参比,在 220~320nm 范围绘制维生素 C 和维生素 E 的紫外吸收光谱曲线,并确定各自的最大吸收波长 λ_C 和 λ_E。

4. 绘制标准工作曲线

以无水乙醇作参比,分别在 λ_C 和 λ_E 测定维生素 C 和维生素 E 系列标准溶液的吸光度,绘制吸光度-浓度的 4 条标准工作曲线,并求出 4 条直线的斜率 $\varepsilon_{\lambda_C}^C$、$\varepsilon_{\lambda_E}^C$、$\varepsilon_{\lambda_C}^E$、$\varepsilon_{\lambda_E}^E$。

5. 维生素 C 和维生素 E 双组分未知液含量的测定

取维生素 C 和维生素 E 双组分未知液 5.00mL,于 50mL 容量瓶中,用无水乙醇稀释至标线,摇匀。在 λ_C 和 λ_E 分别测定吸光度 A_C^{C+E} 和 A_E^{C+E},并计算未知液中维生素 C 和维生素 E 的各自含量。

五、数据处理

根据吸光度的加和性:

$$A_{\lambda_C}^{C+E} = A_{\lambda_C}^C + A_{\lambda_C}^E = \varepsilon_{\lambda_C}^C C_C + \varepsilon_{\lambda_C}^E C_E$$

$$A_{\lambda_E}^{C+E} = A_{\lambda_E}^C + A_{\lambda_E}^E = \varepsilon_{\lambda_E}^C C_C + \varepsilon_{\lambda_E}^E C_E$$

可推导出:

$$C_C = \frac{A_{\lambda_C}^{C+E} \varepsilon_{\lambda_E}^E - A_{\lambda_E}^{C+E} \varepsilon_{\lambda_C}^E}{\varepsilon_{\lambda_C}^C \varepsilon_{\lambda_E}^E - \varepsilon_{\lambda_E}^C \varepsilon_{\lambda_C}^E}$$

$$C_E = \frac{A_{\lambda_C}^{C+E} - \varepsilon_{\lambda_C}^C C_C}{\varepsilon_{\lambda_C}^E}$$

六、思考题

1. 写出维生素 C 和维生素 E(α)的结构式,并解释维生素 C 呈水溶性、维生素 E 呈油溶性的原因。

2. 使用本法测定维生素 C 和维生素 E 是否灵敏?解释其原因。

实验四十 紫外吸收光谱法:双组分表面活性剂混合物的定量分析

一、目的要求

1. 对紫外吸收谱带相互重叠的双组分混合物,掌握通过吸光度的矩阵计算法来同时定量测定各自含量的方法。

2. 了解紫外吸收光谱分析法在表面活性剂分析中的应用。熟悉计算机的使用及其在分光光度分析中的应用。

二、基本原理

某些含有芳环结构的表面活性剂,如阴离子表面活性剂中的十二烷基苯磺酸钠、非离子表面活性剂中的烷基酚聚氧乙烯醚及阳离子表面活性剂中的氯化十二烷基二甲基苄基铵等,它们在紫外光区都有取代芳烃的特征吸收带,因此可以利用这些吸收带进行定量测定。

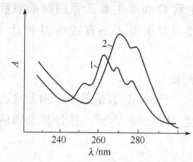

图 8-3 十二烷基苯磺酸钠和辛基酚聚氧乙烯醚的紫外光谱
1—十二烷基苯磺酸钠;
2—辛基酚聚氧乙烯醚

十二烷基苯磺酸钠和辛基酚聚氧乙烯醚是洗涤制品中最广泛采用的阴离子表面活性剂和非离子表面活性剂。分析含有两种不同类型的表面活性剂样品,一般是先用离子交换法将阴离子与非离子表面活性剂分开,然后分别用容量法或比色法进行定量测定,因而测定步骤较多,操作较复杂。

本实验是根据十二烷基苯磺酸钠和辛基酚聚氧乙烯醚在紫外光区所具有的特征吸收带(见图 8-3),并采用矩阵计算法,因而不需预先分离,可以直接应用紫外分光光度法对两组分表面活性剂混合物进行定量测定。

根据朗伯-比耳定律,在一定的浓度范围内,吸光度与浓度呈线性关系。对吸收带互相重叠的多组分混合物,吸光度与各组分浓度之间的关系式可以表示为:

$$A_i = \sum_{j=1}^{n} \varepsilon_{ij} C_j \qquad i = 1, 2, \cdots, m$$

式中,A_i 为混合物在波长 i 处的吸光度;ε_{ij} 为第 j 个组分在波长 i 处的摩尔吸光系数;C_j 为第 j 个组分的浓度;n 为混合物中组分数;m 为测定波长数。

如果摩尔吸光系数 ε 已由实验测得,则解线性方程组可以求得混合物中各组分的浓度 C。但是测定各组分在不同波长处的摩尔吸光系数比较麻烦、费时,且实验测定误差对线性方程组的解会产生较大的影响。为了克服上述缺点,提高计算结果的准确性,将朗伯-比耳定律关系式变形,以浓度 C 表示为吸光度 A 的线性函数,并用最小二乘法求解,对含有多组分的样品可表示为:

$$C_j = \sum_{i=1}^{m} P_{ji}^{*} A_i \qquad j = 1, 2, \cdots, n$$

式中,P 为比例常数。

如果对 d 个含量不同的样品(每个样品含 n 个组分)在 i 个波长处测定吸光度,则 d 个样品的浓度、吸光度之间的关系可用下式表示:

$$C_{jg} = \sum_{i=1}^{m} P_{ji} A_{ig} \qquad \begin{array}{l} j = 1, 2, \cdots, n \\ g = 1, 2, \cdots, d \end{array}$$

式中，d 为测定的样品数。

将上式写成矩阵形式，则为：

$$\begin{bmatrix} C_{11} & C_{12} & \cdots & C_{1d} \\ C_{21} & C_{22} & \cdots & C_{2d} \\ \vdots & \vdots & & \vdots \\ C_{n1} & C_{n2} & \cdots & C_{nd} \end{bmatrix} = \begin{bmatrix} P_{11} & P_{12} & \cdots & P_{1m} \\ P_{21} & P_{22} & \cdots & P_{2m} \\ \vdots & \vdots & & \vdots \\ P_{n1} & P_{n2} & \cdots & P_{nm} \end{bmatrix} = \begin{bmatrix} A_{11} & A_{12} & \cdots & A_{1d} \\ A_{21} & A_{22} & \cdots & A_{2d} \\ \vdots & \vdots & & \vdots \\ A_{m1} & A_{m2} & \cdots & A_{md} \end{bmatrix}$$

或

$$C = P = A$$

常数矩阵 P 可以通过测定 d 个标准混合样品的吸光度，求最小二乘解而得，即

$$P = CA^T (AA^T)^{-1}$$

式中，A^T 为矩阵 A 的转置矩阵；$(AA^T)^{-1}$ 为矩阵 AA^T 乘积的逆矩阵。

求得常数矩阵 P 后，就可直接从测定的未知样品的吸光度 A 计算出各组分的浓度 C。由于矩阵运算比较复杂、计算量大，一般需用计算机进行计算。本实验采用 BASIC 语言编制计算程序，可以在袖珍式计算机如 PC-1500A 及 PB-700 或其他微机上运行。计算程序附后。

三、仪器与试剂

紫外分光光度计；计算机；分析天平；容量瓶 25mL、100mL；吸液管 1mL、2mL、5mL、10mL。十二烷基苯磺酸钠；辛基酚聚氧乙烯醚。

四、实验步骤

1. 配制表面活性剂标准溶液

分别配制浓度为 $1.50 \text{g} \cdot \text{L}^{-1}$ 的十二烷基苯磺酸钠水溶液和浓度为 $1.0 \text{g} \cdot \text{L}^{-1}$ 的辛基酚聚氧乙烯醚水溶液。

2. 配制两组分表面活性剂混合标准溶液

分别吸取十二烷基苯磺酸钠标准溶液 2.0mL、3.0mL、4.0mL、5.0mL、6.0mL、7.5mL 于 6 个 25mL 容量瓶中，然后分别吸取辛基酚聚氧乙烯醚标准溶液 4.0mL、5.0mL、1.0mL、2.0mL、3.0mL、6.0mL，依次与 6 个十二烷基苯磺酸钠标准溶液混合，用水稀释至刻度。

3. 配制模拟两组分表面活性剂样品

配制 5 个两组分表面活性剂样品，为此分别吸取一定体积的十二烷基苯磺酸钠标准溶液和一定体积的辛基酚聚氧乙烯醚标准溶液，混合后稀释至 25mL。每个样品中十二烷基苯磺酸钠的浓度应在 $0 \sim 0.48 \text{mg} \cdot \text{mL}^{-1}$ 范围内变化，辛基酚聚氧乙烯醚的浓度应在 $0 \sim 0.24 \text{mg} \cdot \text{mL}^{-1}$ 范围内变化。

4. 测定

① 用 1cm 吸收池，以蒸馏水为参比，在波长 240～290nm 范围内测定 6 个混合标准溶液的紫外吸收光谱。

② 用1cm吸收池,以蒸馏水为参比,在波长240～290nm范围内测定5个模拟样品的紫外吸收光谱。

五、数据处理

1. 计算常数矩阵 P

① 选取6个测定波长:255nm、262nm、269nm、273nm、278nm和285nm。
② 分别计算各个标准混合溶液在6个波长处的吸光度。
③ 将混合标准溶液的浓度和吸光度分别填入表8-1和表8-2中。
④ 将表8-1和表8-2的数据依次键入计算机中,计算常数矩阵 P。

2. 计算模拟样品中两组分表面活性剂浓度

表8-1 混合标准溶液浓度

组 分	浓度 $C/mg \cdot mL^{-1}$					
	1	2	3	4	5	6
十二烷基苯磺酸钠						
辛基酚聚氧乙烯醚						

表8-2 混合标准溶液的吸光度

波长 λ/nm	吸 光 度 A					
	1	2	3	4	5	6
255						
262						
269						
273						
278						
285						

① 根据5个模拟样品的紫外吸收光谱,计算在6个测定波长的吸光度,填入表8-3中。

表8-3 模拟样品的吸光度

波长 λ/nm	吸 光 度 A				
	1	2	3	4	5
255					
262					
269					
273					
278					
285					

② 将吸光度数据，根据计算机运行时程序的要求键入计算机中，计算模拟样品中两组分表面活性剂的浓度。

③ 将计算结果与标准值对比；计算每一组分及每一样品的测定误差，将结果列入表 8-3 中。

六、思考题

1. 根据模拟样品的计算结果（见表 8-4），讨论影响测定结果准确度的因素有哪些？如何提高测定结果的准确度？

2. 如果模拟样品仅含一个组分，是否可以用求得的 P 矩阵进行计算？这样计算对结果会有何影响？

3. 将本实验的计算方法与解联立方程法进行比较，有什么特点？

表 8-4　模拟样测定的结果

组　分		浓度 $C/mg \cdot mL^{-1}$				
		1	2	3	4	5
十二烷基苯磺酸钠	测定值					
	标准值					
	相对误差/%					
辛基酚聚氧乙烯醚	测定值					
	标准值					
	相对误差/%					

$$s = \sqrt{\frac{\sum(C-C_0)^2}{\sum C_0^2}}$$

附　计算程序及使用说明

计算程序

```
1000   REM   C=PA
1010   CLEAR
1040   INPUT"N=";N,"D=";D,"M=";M
1050   DIM   C(N,D),A(M,D),E(N,M),G(M,M),P(D,M),B(D,M)
1060   FOR   I=1 TO N
1070   FOR   J=1 TO D
1080   READ  C(I,J)
1090   NEXT  J
1100   NEXT  I
1110   FOR   K=1 TO M
1120   FOR   J=1 TO D
1130   READ  A(K,J)
1140   B(J,K)=A(K,J)
```

121

```
1150  NEXT  J
1160  NEXT  K
1170  FOR  I=1  TO  N
1180  FOR  K=1  TO  M
1190  FOR  I=1  TO  D
1200  E(I,K)=E(I,K)+C(I,J)*B(J,K)
1210  NEXT  J
1220  NEXT  K
1230  NEXT  I
1240  FOR  K=1  TO  M
1250  FOR  S=1  TO  M
1260  FOR  J=1  TO  D
1270  G(K,S)=G(K,S)+A(K,J)*B(J,S)
1280  NEXT  J
1290  NEXT  S
1300  NEXT  K
1310  FOR  K=1  TO  M
1320  G(K,K)=G(K,K)+1
1330  NEXT  K
1340  FOR  K=1  TO  M
1350  Z=G(K,K)-1
1360  IF  Z=0  THEN  1600
1370  FOR  S=1  TO  M
1380  G(K,S)=G(K,S)/Z
1390  NEXT  S
1410  FOR  U=1  TO  M
1420  IF  U=K  THEN  1470
1430  H=G(U,K)
1440  FOR  S=1  TO  M
1450  G(U,S)=G(U,S)-H*G(K,S)
1460  NEXT  S
1470  NEXT  U
1480  NEXT  K
1490  FOR  K=1  TO  M
1500  G(K,K)=G(K,K)-1
1510  FOR  S=1  TO  M
1520  FOR  I=1  TO  N
1530  P(I,S)=P(I,S)+E(I,K)*G(K,S)
1540  P(I,S)=INT(P(I,S)*10000+0.5)/10000
```

```
1550  NEXT  I
1560  NEXT  S
1570  NEXT  K
1590  GOTO  1610
1600  PRINT  "NO UNIQUE SOLUTION"
1610  INPUT  "D1=";D
1630  PRINT  "MAT,Ax(M,D)"
1640  FOR  S=1  TO  M
1650  FOT  J=1  TO  D
1660  INPUT  "A(S,J)=";A(S,J)
1670  PRINT  A(S,J);
1580  NEXT  J
1690  PRINT
1700  NEXT  S
1710  PRINT  "MAT Cx(N,D)"
1720  FOR  I=1  TO  N
1730  FOR  J=1  TO  D
1740  C(I,J)=0
1750  FOR  S=1  TO  M
1760  C(I,J)=C(I,J)+P(I,S)*A(S,J)
1770  NEXT  S
1780  C(I,J)=INT(C(I,J)*10000+0.5)/10000
1790  PRINT  C(I,J)
1800  NEXT  J
1810  PRINT
1820  NEXT  I
1830  GOTO  1610
1910  DATA
1920  DATA
2000  END
```

使用说明

1. 本程序用 BASIC 语言编写。

2. 程序中 N 为样品中组分数，D 为标准样品数，M 为测定波长数。

3. 使用本程序时应在 1910 和 1920 行的 DATA 语句中分别键入混合标准溶液浓度数据和吸光度数据。

4. 在运行过程中，如出现 $D_1=$? 时，应键入所测的未知样品数，本实验中为模拟样品数；当计算机显示 A(S,J)=？时，应键入表 8-4 中模拟样品的吸光度数据。

5. 计算机依次输出模拟样品的吸光度数据矩阵和浓度数据矩阵。

实验四十一 紫外吸收光谱法：测定枸杞、陈皮、生姜中的硒含量

一、目的要求

硒是人体必需的微量元素，具有预防心血管疾病、抑制癌症和抗衰老的保健作用。使用紫外分光光度法测定中药材枸杞、陈皮、生姜中的硒含量，对调节中药材的用量、保证人体的安全摄入量有重要的参考价值。

二、基本原理

在酸性条件下，邻苯二胺盐酸盐与硒（Ⅳ）可形成络合物，其经甲苯萃取后，可在 335nm 处有最大吸收峰，可用于硒含量的光度测定。

测定前中药材要预先进行消化处理。

三、仪器与试剂

1. 紫外可见分光光度计：UV-2800AH 型。
2. 万能粉碎机，鼓风干燥器。
3. 邻苯二胺盐酸盐、硝酸、高氯酸、EDTA、甲苯：分析纯；硒粉纯品（>99%）；去离子水。

四、实验步骤

1. 中药样品预处理

中药样品用水冲洗后，在 80℃鼓风干燥器中干燥 48h，再用万能粉碎机磨碎，置于干燥器中保存备用。

取粉碎后的样品 1.000g 于 100mL 锥形瓶中，加入 HNO_3 10.0mL、$HClO_4$ 4.0mL，放冷消化过夜，次日在电热板上加热消化至溶液透明，冷却后，转移至 50mL 容量瓶中，用水稀释至标线，摇匀后备用。

2. 硒标准溶液的配制

称取硒粉纯品 0.1000g 于 100mL 烧杯中，加入 HNO_3 10mL，在 80℃水浴中溶解，冷却至室温，转移到 100mL 容量瓶中，用 10% HNO_3 溶液稀释至标线，摇匀，制成 $1.0000g·L^{-1}$ 硒标准储备溶液。

取上述硒标准储备溶液 1.0mL 于 250mL 棕色容量瓶中，加水稀释到标线，摇匀，制成 $4.0mg·L^{-1}$ 硒标准工作溶液。

3. 硒标准工作曲线的绘制

分别移取 $4.0mg·L^{-1}$ 硒标准工作溶液 0.125mL、0.25mL、0.50mL、1.00mL、2.00mL 置于 125mL 分液漏斗中，加水 25.0mL，用 $0.1mol·L^{-1}$ HCl 溶液（或氨水）调节 pH=2.0，加入 $10g·L^{-1}$ 邻苯二胺盐酸盐溶液 2.0mL，摇荡

再静置 2h 后,向分液漏斗中加入 10.0mL 甲苯进行萃取,移出甲苯层,以空白作参比,于 335nm 测其光密度,绘制光密度 (A)-质量浓度 (c) 标准工作曲线。

4. 样品中硒含量的测定

取前述制备的样品溶液 5.00mL 于 125mL 分液漏斗中,依次加入水 25.0mL、50g·L^{-1} EDTA 溶液 5.0mL,用 0.1mol·L^{-1} HCl 溶液(或氨水)调节 pH=2.0,再加入 10g·L^{-1} 邻苯二胺盐酸盐溶液 2.0mL,振荡、静置 2h 后,向分液漏斗中加入 10.0mL 甲苯进行萃取,移出甲苯层于 335nm 测其光密度。

五、结果计算

由标准工作曲线和取样量计算药材中硒的含量。

六、思考题

1. 测定中加入显色剂后,为什么要放置 2h,再进行甲苯萃取?
2. 测定样品中硒含量时,为什么要加入适量 EDTA 溶液?

实验四十二 红外吸收光谱法:聚乙烯塑料材质分析

一、目的要求

1. 了解聚乙烯的光谱特征,进而识别塑料材质。
2. 通过实验学习热压制膜技术。

二、基本原理

聚乙烯塑料以聚乙烯树脂为基本成分,具有链状的线型结构,通式为 $+CH_2-CH_2+_n$,可反复受热软化(或熔化)和冷却凝固。在软化状态下能受压进行模塑加工;在冷却至软化点以下能保持模具形状。

根据聚合压力不同,聚乙烯有高、中、低压之分。高压聚乙烯又称低密度聚乙烯,中压、低压聚乙烯又称高密度聚乙烯,结晶度均在 60%～90% 之间,软化点在 105～130℃ 之间,很容易热压成膜。在没有热压模具的情况下,薄膜可在金属、塑料或其他材料的平板之间压制。

聚乙烯属饱和烃类化合物,红外光谱特征同石蜡极其相似。石蜡中 —CH_3、—CH_2— 的 ν_{C-H} 谱带位于 3000～2700cm^{-1},σ_{C-H} 谱带位于 1460cm^{-1}、1380cm^{-1},—CH_2— 的 γ_{C-H} 出现在 720cm^{-1}。聚乙烯的红外光谱也基本呈现这些谱带,但两者还是可以区分的。比如石蜡一般是非结晶的,它的亚甲基面外弯曲振动只产生一条谱带,位于 720cm^{-1} 处。而聚乙烯一般情况下是结晶的,上述谱带分裂为双峰,分别位于 731cm^{-1} 和 720cm^{-1},谱带强度也较大。又如低分子量聚乙烯含有较多的不饱和双键,在 1000～850cm^{-1} 范围出现几条谱带,而石蜡的光谱则没有这些谱带。

另外，聚乙烯有高密度和低密度之分。低密度聚乙烯含有较多的支链，在 1380cm^{-1} 有较强的甲基对称变形振动谱带；高密度聚乙烯分子链呈线型，甲基很少，亚甲基吸收位于 1370cm^{-1}。此外，高密度聚乙烯含有较多的烯类端基，在 990cm^{-1} 和 910cm^{-1} 有较弱的吸收带，非常有特征。

三、仪器与试剂

红外光谱仪；不锈钢刮刀；试管；酒精灯；长、宽各 4cm 左右，厚 2mm 左右的聚四氟乙烯平板。聚乙烯树脂或聚乙烯塑料的食品包装瓶内盖。

四、实验步骤

1. 取几块刀削碎的聚乙烯瓶内盖投入小试管内，在酒精灯上加热软化后，马上用不锈钢刮刀将软化物刮在聚四氟乙烯平板上，同时摊成薄膜。

2. 将聚四氟乙烯片水平置于酒精灯上方适宜的高度，加热至聚乙烯塑料重新软化后，离开热源，立即盖上另一片聚四氟乙烯，压制薄膜。待聚四氟乙烯片冷却后，用刮刀小心取下薄膜。

3. 将聚乙烯薄膜固定在红外光度计的测试光路中，记录谱图。

五、数据处理

根据吸收峰的位置和强度，鉴别塑料材质。

六、注意事项

1. 适宜的薄膜厚度可根据所录制的光谱来加以选择（透过率值在 80%～20% 之间，吸光度值在 0.1～0.7 范围内。对于聚合物薄膜，厚度通常在 0.15mm 左右），而扫描光谱对样品进行鉴别时，不需要了解样品的精确厚度。

2. 本实验也可以将聚乙烯用热甲苯溶解（在沸腾温度下加热回流数小时）后，涂在盐片上，挥发溶剂成膜。此法需加热回流装置，制样时间长，但薄膜的质量比较稳定。

3. 对聚四氟乙烯片直接加热时，温度不宜过高，否则聚四氟乙烯片会软化变形。

实验四十三　红外吸收光谱法：正辛烷、对二甲苯、苯甲酸的测定

一、目的要求

1. 了解并掌握红外吸收光谱测定液、固态样品的制备方法。
2. 通过对谱图解析，掌握烷烃、芳烃和羧酸的红外吸收光谱的特征。

二、基本原理

1. 饱和烃的红外吸收光谱存在甲基和亚甲基的对称伸缩振动（ν_s）和反对称

伸缩振动（ν_{as}）。甲基吸收峰的波数约为 $2840cm^{-1}$，亚甲基的约为 $3000cm^{-1}$。

甲基中 C—H 键的弯曲振动吸收峰的波数约为 $1420cm^{-1}$，亚甲基中 C—H 键的变形振动吸收峰的波数约为 $1470cm^{-1}$；甲基中 C—H 键的对称变形振动吸收峰的波数约为 $1375cm^{-1}$，此峰可作为甲基存在的证据。

亚甲基的平面摇摆振动吸收峰出现在 $720\sim280cm^{-1}$，当四个 CH_2 直线连接时，吸收峰位在 $720cm^{-1}$，当相连 CH_2 数目减少时，吸收峰向高频方向位移，这可作为推测亚甲基链长短的依据。

2. 双取代芳烃的红外吸收光谱特征如下：

芳环中=C—H 键的伸缩振动吸收峰在 $3100\sim3000cm^{-1}$；取代甲基中 C—H 的对称和反对称伸缩振动吸收峰在 $3000\sim2840cm^{-1}$；取代甲基中 C—H 键的对称变形振动吸收峰在 $1380cm^{-1}$；芳环骨架中 C=C 键的伸缩振动在 $1650\sim1450cm^{-1}$ 有四条特征吸收谱带（$1450cm^{-1}$、$1500cm^{-1}$、$1585cm^{-1}$、$1600cm^{-1}$），可作为判定有无苯环的重要标志；芳环中 C—H 键的面外弯曲振动在 $900\sim650cm^{-1}$，是识别苯环上取代基位置和数目的重要特征峰，双取代的峰位在 $800cm^{-1}$。

3. 芳环羧酸的红外吸收光谱特征如下：

游离羧酸的 O—H 键的伸缩振动位于约 $3550cm^{-1}$，由于氢键会形成二聚体，此吸收峰会向低波数方向移动，会在 $3200\sim2500cm^{-1}$ 区形成宽面分散的吸收峰。

游离羧酸的 C=O 键的伸缩振动位于约 $1760cm^{-1}$，其二聚体位移到约 $1710cm^{-1}$。对芳环羧酸，由于羰基与苯环共轭，C=O 键的伸缩振动会移向低波数约 $1695cm^{-1}$。

由于羧酸双分子缔合，羰基 O—H 键的非平面摇摆振动呈现约 $920cm^{-1}$ 的宽吸收峰，这也是羧酸的另一特征。

此外芳环羧酸仍保留芳环骨架中 C=C 键的伸缩振动，在 $1650\sim1450cm^{-1}$ 仍可看到四条特征吸收谱带。

通过绘制正辛烷、对二甲苯和苯甲酸的红外吸收光谱，可清楚观察到上述各对应的特征谱带。

三、仪器与试剂

傅里叶变换红外光谱仪；压片机；玛瑙研钵；0.1mm 液体槽；微量注射器（$50\mu L$）。正辛烷；对二甲苯；苯甲酸；溴化钾；三氯甲烷（皆为分析纯）。

四、实验步骤

1. 正辛烷、对二甲苯的制样和红外光谱绘制

首先用浸渍三氯甲烷的脱脂棉擦拭干净液体槽，自然晾干或在红外灯下烘干备用。

正辛烷、对二甲苯皆为液体样品，可用微量注射器将样品注入可拆卸的液体槽中，固定后在透光窗口观察不要有气泡。

绘制红外光谱前，先打开红外吸收光谱仪、计算机工作站的开关，预热 10min

后，打开红外光谱软件。

将制好的样品放入红外吸收光谱仪的样品架上进行扫描，扫描结束后，用三氯甲烷溶剂清洗液体槽，干燥后放入干燥器中备用。

2. 苯甲酸的制样和红外吸收光谱绘制

将 10mg 苯甲酸白色晶状粉末置于玛瑙研钵内，然后加入约为样品质量 100 倍的溴化钾，在红外灯下混合研磨，直至颗粒直径小于 2μm，将适量研磨好的样品装于干净的模具内，施加适当压力，维持 5min，放气卸压后，取出模具脱模，将圆形样品片置于样品支架上，用纯溴化钾薄片作参比进行扫描，扫描结束后，用三氯甲烷清洗压模，干燥后放入干燥器中备用。

五、谱图解析

由绘制出的正辛烷、对二甲苯、苯甲酸的红外吸收谱图，找出烷烃中 CH_3—、CH_2—中 C—H 键，芳烃中 =C—H 键、C=C 键、C—H 键和芳环、羧酸中 O—H 键、C=O 键、C=C 键的各种分子振动呈现的红外吸收峰。

六、注意事项

1. 操作红外吸收光谱仪时，应严格按操作规程进行。

2. 清洗液体槽盐窗时，使用三氯甲烷或四氯化碳溶剂，其有毒性，应在通风橱内进行。

3. 液体槽的盐窗由溴化钾或其他卤代盐晶体加工制成，易潮解，易碎，价格昂贵，操作装配紧固螺钉时，要用力均匀，以免压裂或压碎盐窗片。在实验中盐窗片一定要洗干净。

七、思考题

1. 在绘制红外光谱图时，为什么要采用溴化钾盐窗？
2. 有机化合物产生红外吸收的基本条件是什么？
3. 在红外吸收光谱图中，能提供化合物分子结构的哪些信息？

实验四十四　红外吸收光谱法：正己胺的分析

一、目的要求

学习胺类化合物的红外吸收光谱鉴定方法。

二、基本原理

胺类化合物在 $3500\sim3100cm^{-1}$ 范围内，ν_{N-H} 谱带数目与氮原子上取代基多少有关：伯胺显双峰，两峰强度近似相等；仲胺显单峰，强度较弱；叔胺不显峰。这是鉴别伯、仲、叔胺的重要依据。另外，伯胺的 δ_{N-H} 位于 $1650\sim1580cm^{-1}$，

γ_{N-H} 位于 900~650cm^{-1}（峰较宽而且是典型的伯胺振动，但有时在此也不出现吸收），仲胺和叔胺在这一区域没有吸收。

在用红外光谱法测定含胺基团时，由于伯、仲、叔胺的特征吸收常常受到干扰，或者缺少特征谱带，单凭样品谱图很难鉴别。这时可以借助简单的化学反应，将它们转变成胺盐。胺盐中的 ν_{N-H} 具有宽的强吸收峰，且吸收峰位置移向低波数：伯胺盐在约 3000cm^{-1}，仲胺盐和叔胺盐在 2700~2250cm^{-1}，再根据 1600~1500cm^{-1} 区的 δ_{N-H} 频率可将仲胺盐和叔胺盐分开（叔胺盐在该区无吸收）。

比如正己胺 $CH_3(CH_2)_5NH_2$，不对称和对称伸缩振动谱带出现在 3330cm^{-1} 和 3240cm^{-1}，面内弯曲振动出现在 1610cm^{-1}，面外弯曲振动出现在 830cm^{-1}。当形成胺盐时，NH_3^+ 伸缩振动吸收带移向 3000cm^{-1}，而且在 1598cm^{-1} 和 1500cm^{-1} 出现 NH_3^+ 不对称及对称弯曲振动吸收带；连接到 N^+ 上的 —CH_2— 的弯曲振动大约出现在 1400cm^{-1} 处。

胺类物质的衍生化，一般是在惰性溶剂中通入干燥的氯化氢气体，使之生成氯化铵，然后记录氯化铵的红外光谱。

$$NaCl + H_2SO_4(浓) = NaHSO_4 + HCl\uparrow$$

$$HCl + RNH_2 \longrightarrow RNH_3 \cdot Cl$$

$$HCl + R_2NH \longrightarrow R_2NH_2 \cdot Cl$$

$$HCl + R_3N \longrightarrow R_3NH \cdot Cl$$

三、仪器与试剂

红外光谱仪；氯化氢发生装置（支管烧瓶、分液漏斗、U形管、接收瓶）；P_{16} 砂芯漏斗；压片装置。正己胺；氯化钠；浓硫酸；无水氯化钙；石油醚；玻璃棉（均为 A.R.）。

四、实验步骤

1. 正己胺与石油醚按 1+5 配制正己胺的石油醚溶液，置于接收瓶中。
2. 取数克氯化钠置于支管烧瓶中，用盛有浓硫酸的分液漏斗将瓶口塞紧。再取装有玻璃棉和无水氯化钙的 U 形管，将其一端连接烧瓶支管，另一端通入接收瓶，注意接口要插入试样溶液的底部。
3. 控制分液漏斗的旋塞，使浓硫酸缓缓滴下，直至接收瓶内有适量固体生成。
4. 撤去氯化氢发生装置，取出接收瓶，将瓶内固体与液体过滤分离。
5. 待石油醚溶剂挥发后，将 $CH_3(CH_2)_5NH_3 \cdot Cl$ 与 KBr 按 1:300 制成 KBr 锭片，记录光谱。
6. 将原样涂膜制片，用液膜法记录光谱。

五、数据处理

比较两张红外光谱，解释各吸收带的变化。

实验四十五　红外吸收光谱法：甲基苯基硅油中苯基/甲基比值的测定

一、目的要求

1. 了解甲基苯基硅油红外吸收光谱的特征。
2. 了解利用吸光度比例法进行红外光谱的定量分析。

二、基本原理

有机硅油含有硅氧烷结构，化学通式为：

$$\text{R-Si(R)(R)-O-[Si(R)(R)-O]}_n\text{-Si(R)(R)-R}$$

式中，n 可从几十到几千，在常温下可呈现液态或凝胶状态。当 R 代表甲基时称为甲基硅油或甲基硅橡胶，呈现非极性。若甲基被苯基取代后，随苯基含量的增大，呈现极性逐渐增加，可得到不同极性的甲基苯基硅油或甲基苯基硅橡胶。

含有不同取代基（苯基、乙烯基、氰基等）的硅油或硅橡胶可用作高级润滑油、消泡剂、脱模剂、绝缘油、真空扩散泵油或脂。有机硅油也是气液色谱中的一类耐高温、具有不同极性的重要固定液。

对甲基苯基硅油，其红外吸收光谱的主要吸收谱带为：Si—O—Si 伸缩振动 $1020\sim1100\text{cm}^{-1}$

甲基中 C—H 键的伸缩振动 2980cm^{-1}

苯基中 =C—H 键的伸缩振动 3070cm^{-1}

硅氧烷中 Si—CH$_3$ 键的伸缩振动 1260cm^{-1}

硅氧烷中 Si—C$_6$H$_5$ 键的伸缩振动 1429cm^{-1}

在甲基苯基硅油中的苯基含量，可用苯基/甲基比值表达，本实验就是用红外吸收光谱法，通过测定苯基和甲基吸收峰吸光度的比值来完成测定的。

甲基苯基硅油的红外吸收谱图中有两组吸收峰，即 $3070\text{cm}^{-1}/2980\text{cm}^{-1}$ 和 $1429\text{cm}^{-1}/1260\text{cm}^{-1}$，都可依据吸光度的比值来测定苯基/甲基比值，考虑到因 1429cm^{-1} 和 1260cm^{-1} 两个谱带所受干扰较小，可选定作为测定苯基/甲基比值的依据。

红外吸收光谱的定量分析，根据朗伯-比尔定律：

苯基在 1429cm^{-1} 的吸光度　　$A^{1429}=a^{1429}bc_{苯}$

甲基在 1260cm^{-1} 的吸光度　　$A^{1260}=a^{1260}bc_{甲}$

$$\frac{A^{1429}}{A^{1260}}=\frac{a^{1429}}{a^{1260}}\times\frac{c_{苯}}{c_{甲}}=K\frac{c_{苯}}{c_{甲}}$$

由上式表明，苯基/甲基的浓度比 $c_苯/c_甲$，与其吸光度之比 A^{1490}/A^{1260} 之间呈现线性关系。

因此利用一组已知苯基/甲基摩尔浓度比值 $c_苯/c_甲$ 的甲基苯基硅油样品，测量 A^{1429}/A^{1260} 的比值，绘制 A^{1429}/A^{1260}-$c_苯/c_甲$ 的标准工作曲线，就可对未知苯基/甲基比值的甲基苯基硅油样品进行苯基含量的定量测定。

三、仪器与试剂

红外吸收光谱仪；氯化钠盐片；称量瓶。甲基硅油（色谱纯）；苯基硅油（色谱纯）；甲基苯基硅油样品。

四、实验步骤

1. 绘制 A^{1429}/A^{1260}-$c_苯/c_甲$ 标准工作曲线

在 6 个 10～20mL 称量瓶中，按 $c_苯/c_甲$ 分别为 1:5、1:1、2:1、3:1、4:1 和 5:1 的摩尔比例，准确称取苯基硅油和甲基硅油，分别混匀后，在氯化钠盐片上涂膜，用相同厚度的氯化钠盐片作参比，置于红外吸收光谱仪上绘制出红外吸收光谱图。

由光谱图用基线测量法，分别测出标准曲线上六个点的 A^{1429}/A^{1260} 的比值（用峰高比值计算）。

以吸光度 A^{1429}/A^{1260} 比值作纵坐标，以摩尔比 $c_苯/c_甲$ 作横坐标，绘制出标准工作曲线。

2. 甲基苯基硅油样品中苯基含量的测定

取甲基苯基硅油样品，在氯化钠盐片上涂膜，按标准工作曲线操作条件，绘制红外吸收光谱图。由谱图中计算 A^{1429}/A^{1260} 的比值，再从标准工作曲线上计算出甲基苯基硅油样品中的苯基含量。

五、注意事项

1. 用本法测定样品中苯基含量的准确度，主要取决于标准样品组分的摩尔比值，必须准确称量，避免沾污。

2. 利用标准工作曲线测定时，样品中 $c_苯/c_甲$ 比值最好落在标准工作曲线范围以内，否则会造成较大误差。

六、思考题

1. 在红外吸收光谱的定量分析中，如何选取用于定量分析的吸收谱带，使测量误差最小？

2. 如何用基线法测量峰高？

3. 此实验中利用双组分比例法进行定量分析，可否推广到大于两组分的定量分析中？

实验四十六　原子发射光谱法：摄谱试样预处理、感光板的暗室处理和摄谱技术

一、目的要求

掌握摄谱试样预处理、感光板暗室处理和摄谱仪摄谱的基本操作技术。

二、基本原理

由物质中每一种元素的原子或离子在电能（热能或光能）的激发下发射特征的光谱线，这种特征的光谱线经过摄谱仪的分光系统和投影系统，可在投影屏上得到按不同波长顺序排列的光谱，把这种光谱记录在感光板上，按其波长或黑度进行定性或定量分析。

三、仪器与试剂

WP-1 型平面光栅摄谱仪；球磨机；筛网（300 目）；小车床；天津紫外Ⅱ型感光板；光谱纯石墨电极（其直径分别为 6mm、8mm、10mm）；塑料方盘。显影液；停影液；定影液；乙醇。

四、实验步骤

1. 试样的预处理

（1）固体金属及合金等导电体试样的处理

① 块状金属及合金试样的处理。用中等细度的砂轮（90 目左右）或金刚砂纸制备出一个均匀光滑的试面，试面上不应有毛刺、勾痕、氧化层等。然后分别用不同质量的试样进行摄谱，测出各试样"燃烧斑点"的面积，一般被测试样的直径略比其最大"燃烧斑点"的直径大 3mm。而后再根据被测元素的质量作用曲线确定出试样不应小于的质量。

② 棒状金属及合金试样的处理。一般是将棒状金属及合金在车床上加工成直径为 8mm、顶端带直径为 2mm 的平面锥体。对于直径小于 8mm 但又大于 3mm 的金属棒，也可加工成顶端带直径为 2mm 的平面锥体。以棒状金属作电极进行光谱分析时，棒状金属的锥体头表面必须光滑、无氧化层。

③ 丝状金属及合金试样的处理。直径小于 3mm 的丝状试样通常有三种处理方法，其一是用中等粒度的砂纸处理其表面，而后将其紧密地卷绕在光谱纯的石墨电极上，卷绕层数需根据金属丝的粗细而定。一般点燃光源后保持光谱纯石墨电极不外露为宜。其二是将处理过的金属丝卷成直径为 8mm 左右的棒状。其三是将金属丝重新进行熔炼制成金属块或金属棒。

④ 薄金属及合金板试样的处理。有两种情况，其一，对在光源中不能产生过热或部分蒸发的薄板试样，只需用中等粒度的砂布除去表层污物、压平，然后在其

下面放上一块平整光滑的金属块即可摄谱，金属块的质量应大于被测元素的最小取样量（根据质量作用定律查得）。其二，对在光源中能够产生过热或部分蒸发的薄板试样（厚度小于0.2mm），又有两种处理方法：一种是用细粒度的砂布将试样表层的污物除去，然后将薄板卷成紧密无缝隙的棒；另一种是将试样进行熔炼，使其转化成金属块或金属棒。

⑤ 碎屑状金属及合金试样的处理。首先用酸和水或只用水洗去表层污物，然后慢慢烘干，烘干后放入研磨体内磨成200目以下的粉末（分析什么元素就用什么元素组成的磨体），分析时可将粉末试样直接装入石墨电极小孔内，用全燃烧的方式进行测定。也可压制成小片或小丸，放入石墨电极小孔内进行测定。

当被测元素的分析灵敏度较低时，就需将试样转化成金属氧化物粉末或采用化学分离的方法通过提高被测元素的浓度来提高被测元素的分析灵敏度。

⑥ 金属氧化物粉末试样的制备。用硝酸溶解粉末状的金属试样，溶后浓缩并将其转移到一个瓷坩埚内进行烘干，烘干后将温度升到600℃灼烧20~30min，冷却后粉碎、研磨并过筛，加入1∶1的光谱纯石墨粉，混匀后压成小片。

被测元素的化学富集，用HNO_3溶解粉末试样，溶解后加入能使基体元素沉淀的酸或其他试剂，充分搅拌后将带有沉淀的溶液转入容量瓶中定容，静止澄清后用移液管移取一定体积的上层清液置于预先装有一定质量光谱纯石墨粉的烧杯中，加热蒸干，取下稍冷，沿杯壁用少许水冲洗，再继续蒸干，混匀即可。

(2) 固体非导体试样的处理　固体非导体物质和具有不良导电性的物质不能利用光谱分析的电激发方法直接测定，只能通过预处理和利用辅助电极的方式进行分析。

① 土壤、陶瓷样品的处理。试样在450℃下灼烧20~30min，冷却后磨至300目以下，称取20mg试样和40mg缓冲剂内标混合物（按2∶3∶5比例混合的K_2SO_4、$CaCO_3$和光谱纯石墨及相应的内标元素）置于点滴板的同一穴中，用微量移液管加入0.2mL 2%甲基纤维素水溶液，用塑料棒搅拌均匀后分别蘸起两滴滴在经防水处理的直径为6mm上、下两只平头电极的表面上，每个试样重复三次，在红外灯下烘干后再摄谱。

② 无机物、炉渣、岩石矿物样品的处理。

a. 直接压坯法。适用于试样组分的全分析。试样经烘干处理后用圆磨盘细磨机破碎至200目以下，加入适量的光谱缓冲剂，混匀后压坯即可。也可将与光谱缓冲剂混匀的试样直接装入电极穴中、压实，用全燃烧的方式进行摄谱。

b. 化学处理法。当试样中被测元素的含量较低同时基体元素又干扰被测元素的测定时，必须用化学方法处理试样，使被测元素与基体元素分离，然后再烘干溶液，将残渣与适量的光谱缓冲剂混匀即制成了试样。

c. 铅、铋、锡、镍等金属试贵金属法。将粉碎的试样称量，再根据试样的性质配入适量的试贵金属元素的试剂，然后进行熔炼，熔炼后冷却并将金属样粉碎溶解在盐酸和硝酸的混合液中，加入适量的光谱缓冲剂并蒸干溶液，残渣混匀后即为试样。

③ 植物样品的处理。

a. 压片法。用2份植物干样加1份 Li_2CO_3 和6份光谱纯石墨，压制成直径为6mm 的片放在电极上，用高压火花激发即可。

b. 电极内灰化法。把粉碎的植物干样装入电极穴中，于500℃马弗炉中灰化，然后电极用石蜡作防水处理，在处理后的电极穴中滴入盐酸，使灰分转化为氧化物并烘干，再加入5mg 1∶1 的 Li_2SO_4 和光谱纯石墨为缓冲剂，用直流电弧激发至全部燃烧。

c. 试液法。把植物试样酸化，然后制备成试液，用转盘电极火花法进行测定。

④ 生物试样的处理。用10∶1的硝酸和高氯酸消解，混酸的用量根据称样量而定，一般使消解液达到无色透明即可。蒸干消解液后用盐酸溶解，再蒸干使其转化为氯化物，将此氯化物溶于1％ NH_4Cl 光谱缓冲剂中，移取试样液 0.3mL 至电极穴中蒸干即可摄谱。

（3）液体试样的处理　液体试样中的金属和某些非金属元素可利用发射光谱分析中的转盘电极法或溶液喷射法来直接分析，试样不需要任何的预处理或富集。但当试样中被测元素的含量是痕量同时又存在着其他的基体元素干扰时，试样就需用热法或湿法破坏分解后再用无机酸把被测金属转移到溶液中去，经沉淀富集、离子交换、电解或萃取等富集方法富集后，就可用转盘电极法或溶液喷雾法等分析方法直接测定。

（4）气体样品的处理　用原子发射光谱法分析气体样品中金属元素的含量时，试样往往不需要任何的分离或预处理就可直接测定。但有时为了更灵敏地测定气体混合物中的金属含量，需要适当的前分离。

2. 感光板的暗室处理

（1）感光板的裁剪和装盒　感光板的启封、裁剪、装盒及包装工作都需在暗室的暗红灯下进行。要获得大小和暗盒相符的感光板途径有两个：一是按暗盒尺寸向生产厂家订购；二是将感光板放在光滑的切板架上用玻璃刀切割来获得。切板架可根据具体要求自行设计制作。切割时为了防止划伤乳面，最好在切板架上铺一层洁净光滑的纸，切割时乳面（不光滑面）朝下，沿着压在感光板上的尺轻轻地用玻璃刀一次性单向切割玻璃表面，不必用力过猛，更不能在同一位置上连割两次，以免损坏刀刃，然后沿切割处向下折断玻璃，再反向折断乳面，拿板时手指不能触及乳面，否则会在乳面上留下痕迹。

将感光板乳面对着受光面放入暗盒，盖上暗盒盖，适当地拧紧暗盒后盖上的固定钮，太松会漏光，太紧则损坏固定钮，装好后应检查挡板是否关紧。剩余的感光板按原包装方法用纸包好装入盒内，切勿撕碎纸角及盒角以防漏光。整盒感光板启开后应尽快用完。摄谱时应先抽开暗盒前的挡板，使感光板乳面朝向光路后就可摄谱。

(2) 显影液的配制　取温度不超过50℃的蒸馏水放入烧杯中，然后依次用粗天平称取米吐尔 2.3g、无水亚硫酸钠 55g、海德洛 11.5g，按称量顺序逐一将药品溶入水中，溶完后若溶液中有微小的不溶物则可进行过滤，滤后的溶液定容于 1000mL 棕色瓶中，即为 AB 显影液的 A 溶液。再另取一烧杯放入 500mL 温度不超过 50℃的蒸馏水，然后依次用粗天平称取 57g 无水 Na_2CO_3、7g KBr，按称量顺序依次将药品溶入水中，溶完后若溶液悬浊则可过滤，滤后的溶液定容于 1000mL 的棕色瓶中，即为 AB 显影液的 B 溶液。临显影之前将 A 液和 B 液按 1:1 比例混合后使用。

(3) 定影液的配制　取温度不超过50℃的蒸馏水放入烧杯中，然后依次称取硫代硫酸钠 240g、无水亚硫酸钠 15g、冰醋酸 15mL（用量筒量取）、硼酸 7.5g、钾明矾 15g，按称量顺序逐一将药品溶解，注意在加入中和剂乙酸和硼酸时，乙酸一定要稀释后再加入，这样可防止硫代硫酸钠的分解而不致使定影液变黄。硼酸可用少量热水溶解后再加入，在配制时一定要使前一种试剂溶解后再加入下一种试剂，试剂全部溶完之后定容至 1000mL 的定量瓶中。

(4) 感光板的冲洗

① 显影。显影时先将适量的显影液倒入塑料方盘，把感光板先在水中稍加湿润后将乳剂面向上浸没在显影液中，轻轻晃动方盘，以克服局部浓度的不均匀，20℃时在暗室的红暗灯下显影 5min。

② 停显。为了保护定影液显影后的感光板，可先在稀乙酸溶液中漂洗（每升含冰醋酸溶液 15mL）或用清水洗，使显影停止。然后浸入定影液中，停显操作也应在暗红灯下进行，在 18～25℃时漂洗 1min 左右。

③ 定影。用 F-5 酸性坚膜定影液在 20℃时将适量的定影液倒入另一塑料方盘，乳剂面向上浸其中，定影开始应在暗红灯下进行，5min 后可在红灯下观察，新配制的定影液约 5min 就能观察到乳剂通透（即感光板变得透明）。

④ 水洗。定影后的感光板需在室温的水流中淋洗 15min 以上，淋洗时乳面向上充分洗除残留的定影液，否则谱片在保存过程中会变黄而损坏。

⑤ 干燥。谱片应在干净的架上自然晾干，如需快速干燥可在乙醇中浸一下，再用吹风机用冷风吹干。乳面不宜用热风吹，30℃以上的温度会使乳剂软化起皱而损坏。

3. 摄谱仪的摄谱技术

(1) 电极的加工　电极的加工需借助小型车床、带固定铗的手钻或带平台的电钻及铅笔卷刀等工具来完成。光谱分析过程中使用何种形状的电极常需根据试样的形状及导电性来决定。如果试样是块状、棒状或片状的导体，这时只需用铅笔卷刀加工出一个带平头的棒状光谱纯石墨电极，其形状如图 8-4(a) 所示。如果试样是金属细屑或金属氧化物粉末，这时需加工出两只光谱纯石墨电极，上电极为锥形，下电极为杯形，杯的深度需根据被测元素的熔点来定。测定低熔点金属元素需加工深杯电极，测定高熔点金属元素需加工浅杯电极，杯的深度一般控制在 4～10mm，两只电极的形状如图 8-4(b) 所示。如果试样是由金属粉末或金属氧化物粉末或其他的非金属绝缘物粉末与适量光谱纯石墨粉压制成的片或丸，这时也需加工出两只光谱纯石墨电极，上电极为锥形，下电极为凹面半球形，两只电极的形状如图 8-4(c) 所示。如果试样是水溶液，这时除可用旋转电极法、溶液喷雾法等分析方法测定外，还可采用球形上电极、多层板下电极的方法来测定。总之，发射光谱分析中除电极形状需确定外，电极各部位的尺寸也需经实验来确定。

(2) 摄谱条件的选择　光谱分析的灵敏度较高，因此分析过程中除选择适当的光源、电极外，还应考虑选择狭缝宽度、感光板的灵敏度、曝光时间及摄谱仪色散率等。狭缝宽度一般以 5～10μm 为宜，太宽会使谱线变粗而彼此易于重叠，太窄会降低灵敏度。感光板的灵敏度要高，不能使用已过期的感光板。曝光时间的长短一定要控制在使谱

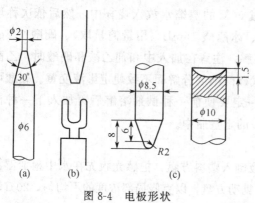

图 8-4　电极形状

线的黑度落在乳剂特性曲线的线性范围内。摄谱仪应选用大色散率的，因色散率大则谱线彼此分得开，易于分辨，但对不太复杂的试样则应用色散率不太大的中型摄谱仪就足够了。

为了使试样挥发、激发完全，通常使用 5～25A 的大电流。对难熔物质则使用更大的电流。在打弧过程中，为了使易挥发元素和难挥发元素的光谱分开，一般先用小电流打弧一段时间，再升高为大电流将试样蒸发完。如果一开始就用大电流则使易挥发元素迅速挥发，以致来不及激发就失散了。若始终用小电流则在打弧之后，难挥发元素仍旧留在石墨电极孔中，使分析得不到准确的结果。试样挥发是否完全可由电弧的声音和颜色来判断，当试样挥发完全时，电弧发出噪声并呈紫色同时电流也下降。

电极形状对被测元素的挥发也有很大的影响，定性分析时一般使用 2.5mm（孔径）×2mm（孔深）×(0.5～0.7)mm（壁厚）的孔穴。定量分析时一般使用 4.0mm（孔径）×(4～10)mm（孔深）×(0.1～0.4)mm（壁厚）的孔穴。在测定易挥发的元素时需把孔适当加深以降低物质的挥发速度，在测定难挥发的元素时又需把孔适当变浅，以免因孔深而使挥发时间过长导致过深的背景。

五、思考题

1. 配制定影液时乙酸为什么要在稀释后才能加入？
2. 怎样正确安装调整摄谱仪？

实验四十七　原子发射光谱法：乳剂特性曲线的绘制

一、目的要求

1. 了解乳剂特性曲线在光谱分析中的意义。
2. 学习用阶梯减光板和铁谱线组绘制乳剂特性曲线的方法。
3. 学习测微光度计的使用方法。

二、基本原理

摄谱法光谱定量分析是将光谱记录于感光板上，然后利用其光谱线的变黑程度以表示谱线的强度。感光板上谱线的变黑程度和使之曝光的强度、曝光的时间、谱线的波长、感光板乳剂的种类、显影液的成分和显影的条件等有关。当其他条件都固定以后，感光板上谱线的黑度 S 和曝光量 H 的对数的关系即乳剂特性曲线，可以采用图解法表示。图中有一段成正比的直线部分，就是光谱定量分析中常采用的黑度范围。

本实验以常用的阶梯减光板法或铁谱线组法绘制乳剂特性曲线。

阶梯减光板法是利用一块很薄的水晶片制成的阶梯减光板（常用为九阶板）。当同一谱线经过阶梯减光板后，会得到一系列不同透射光的强度 I_i，由于：

$$I_i = T_i I_0$$

式中，T_i 为某一阶的透光率；I_0 为谱线未减弱的光强度，从而可获得不同强度的谱线。

由于曝光量 H 与光强度 I 成正比，因此可用 $\lg I$ 直接对 S 作图绘制乳剂特性曲线。

铁谱线组法是基于选定的铁谱线组的相对强度是已知的，且这些谱线是属于强度不同的同一元素的多重线系，故可用这些谱线的 $\lg I$ 对 S 作图绘制乳剂特性曲线。

三、仪器与试剂

WPG-100 型或 WSP-1 型平面光栅摄谱仪；交流电弧发生器；8W 光谱投影仪；9W 测微光度计；天津紫外Ⅰ型感光板；铁电极。AB 显影液；F-5 酸性坚膜定影液。

四、实验步骤

1. 阶梯减光板法

（1）摄谱条件　工作电压 220V；工作电流 5A；上下电极距离 2mm；遮光板

3.2mm；狭缝宽度 $7\mu m$；中心波长 300nm；九阶梯减光板，曝光时间 15s。

(2) 感光板的暗室处理　见本章实验四十六。

(3) 看谱　将已摄有九阶梯铁谱线的干板放在投影仪上，在反衬度不变的范围内选定三组强度不同的各阶梯谱线，压动刻号机构，作上标记，并记下其波长以测量其相应的黑度。

(4) 黑度测量　将干板置于测微光度计上。测量条件：狭缝宽度 0.1mm；狭缝高度 12mm。调节谱线至清晰，分别测量已选定的三组谱线各不同阶梯的黑度，并按表 8-5 记录所测量的黑度值。

表 8-5　谱线黑度测量记录

阶梯号	$\lambda_1=$　nm	$\lambda_2=$　nm	$\lambda_3=$　nm
1			
2			
3			
4			
5			
6			
7			
8			
9			

2. 铁谱线组法

(1) 摄谱条件　光谱光阑高度 1mm，其他条件同阶梯减光板法。

(2) 感光板的暗室处理　见本章实验四十六。

(3) 看谱　将已摄铁谱线的干板放在投影仪上，用铁光谱图对照，找出所需的谱线，压动刻号机构，作上标记。

(4) 黑度测量　用测微光度计分别测量已选定的 8 条铁谱线的黑度（测量条件同阶梯减光板法），并按表 8-6 记录所测量的黑度值。

表 8-6　谱线黑度测量记录

λ/nm	$\lg I$	S
315.12	1.10	
315.78	1.17	
315.70	1.30	
316.06	1.36	
320.53	1.60	
320.04	1.68	
322.20	2.05	
322.57	2.16	

五、数据处理

1. 将九阶梯减光板的不同透光率（表8-7）换算成 $\lg I$，然后以 $\lg I$ 为横坐标，S 为纵坐标，在方格纸上画出各自的乳剂特性曲线。以其中较直的曲线为基线，将其他两条曲线分别平移至基线上，最后绘制成完整的乳剂特性曲线。

表 8-7 九阶梯减光板的透光率

阶梯	1	2	3	4	5	6	7	8	9
透光率/%	100	67	47	31	21	13.2	9.8	6.8	100

2. 以铁谱线组的 $\lg I$ 为横坐标，相应的 S 为纵坐标在方格纸上绘制乳剂特性曲线。

3. 从绘制的乳剂特性曲线求出感光板的反衬度 r 值。

六、思考题

1. 绘制乳剂特性曲线的意义是什么？在光谱分析中有哪些应用？
2. 用铁谱线组法绘制乳剂特性曲线对谱线有何要求？

实验四十八　原子发射光谱法：特种钢中杂质元素的定性分析

一、目的要求

1. 学习铁光谱比较法定性判别未知试样中所含的元素。
2. 了解特种钢中可能存在的杂质元素。

二、基本原理

每种元素的原子受激发时，将发射出其特征的光谱，因此可根据特征光谱线是否出现来确定某种元素是否存在。实际上在定性分析中，选用 2～3 条灵敏线或其特征线组来判断某一元素是否存在。

三、仪器与试剂

WP-1 型平面光栅摄谱仪；8W 型光谱投影仪；天津产红快型光谱感光板（感色范围 300.0～700.0nm）；光谱纯石墨圆头上电极 ϕ8mm；元素发射光谱图及元素波长线表（光栅用闪耀波长为 570.0nm）。显影液；停影液；定影液；乙醇；定性分析试样钢块。

四、实验步骤

1. 将光谱纯石墨棒加工成圆头石墨上电极，钢样为下电极，装入感光板（参看实验四十六）。
2. 拟订摄谱计划，摄谱仪狭缝宽度为 10μm，中间光阑 3mm，中心波长分别为 440nm、540nm、620nm，光栅台转角、狭缝倾角、调焦量等需参照仪器说明书进行调节。

(1) 光源　火花发生器，电流 12A，控制间隙 3mm，极距 3mm。

(2) 曝光时间　预烧 30s，曝光 40s。

(3) 摄谱　本实验采用分段摄谱法进行检测，各中心波长的获得需参看仪器说明书进行调节光栅台转角来实现，狭缝倾角、调焦量也需根据仪器说明书来调节。摄谱时需固定感光板，通过调节哈特曼光阑的位号来使感光板的各部位曝光，每改变一次中心波长，需曝光一次。

3. 感光板的暗室处理（参看实验四十六）。

4. 识谱

① 熟悉投影仪的构造及使用方法。

② 熟悉元素发射光谱图中的铁光谱特征线组并与所摄的铁谱对照。

③ 识谱是从短波方向向长波方向逐一查找各可能存在元素的光谱灵敏线是否存在，从而确定试样中可能存在的元素。

本实验要求确定试样中有无铬、锰、钼、钨、钒、镍、钛、铝、铜、钴、铌、镁、硅、碳、硫、磷。

五、数据处理

1. 列出分析元素选用的灵敏线或特征线组的波长。

2. 确定试样中的主要成分及微量杂质。

3. 记录分段摄谱现象。

六、思考题

谱板经放大后投影在投影屏上，在其与标准谱线图进行比较时，为什么有时通过摄谱仪拍摄的谱线与标准谱线图上的波长相同的同一条线会出现微小的不重合现象？

实验四十九　原子发射光谱法：高纯石墨电极中痕量杂质元素的定性分析

一、目的要求

1. 在光谱分析中常用的石墨电极中常会含有某些痕量杂质元素，影响样品中痕量元素定性分析结果的可靠性，也会给定量分析带来误差。本实验是测定石墨电极中都含有哪些杂质元素，其纯度是否达到光谱纯。

2. 认识氰的带状光谱。

3. 比较电弧和火花光谱。

二、基本原理

只要在合适的激发条件下，样品中的痕量杂质元素会被激发而产生具有特征波长的光谱线，经摄谱后获样品光谱图。根据元素特征谱线，确定其存在与否。由于本实验样品中杂质元素含量非常低，各种杂质元素的光谱化学性质又有很大差别，所以要分别用交流电弧和火花激发，并且采用较长的曝光时间。

三、仪器与试剂

WP-1型光栅摄谱仪（或其他型号）；火花发生器；交流电弧发生器；8W型光谱投影仪；天津紫外Ⅱ型感光板。显影液；定影液。

四、实验步骤

1. 摄谱条件

摄谱仪狭缝宽0.01mm；交流电弧电流6A；火花电流5A；分析间隙3mm；预燃时间20s；曝光时间80s。

2. 摄谱

① 调节光栅转角，使中心波长为250nm，把哈特曼光阑的比较光谱光阑调至"1"位置，以纯铁作上下电极，用交流电弧作激发光源，摄取铁谱；然后把光阑调至"2"，上下电极均用样品石墨电极摄谱，然后改变光栅转角至合适位置上（根据所用摄谱仪的色散率而定，如使用倒线色散率为 $0.4nm \cdot mm^{-1}$ 的摄谱仪，感光板全长240mm，可将中心波长调至340nm），将光阑调至"4"上，摄取铁谱；再把光阑调至"5"上摄取同一样品石墨电极光谱。然后，再调节光栅转角至适当位置（如中心波长为430nm处），用光阑"7"摄铁谱；用光阑"8"摄同一样品石墨电极光谱。

② 移动感光板10mm，改用火花作激发光源，重复上面摄谱过程。

3. 感光板处理

详见实验四十六。

4. 识谱

将感光板置于8W型光谱投影仪的谱片台上，用标准谱图对照，从短波向长波逐条谱线进行识别，找出所有谱线及谱带。

五、数据处理

将查到的所有元素列出，并标明谱线波长、谱线级次、谱线性质等。

六、注意事项

1. 在摄取铁谱时的曝光时间可减少为20s，否则铁谱线的黑度过大。

2. 在摄取样品石墨电极光谱时，要用一对新的石墨电极，每次摄样品石墨电极光谱时，要用同一对石墨电极，但在更换电极时，要注意不要沾污石墨电极。

七、思考题

1. 根据分析结果，说明你所使用的石墨电极是否达到光谱纯。
2. 根据分析结果，能否粗略地确定你所使用的石墨电极中杂质元素的大致含量？
3. 今后再使用该石墨电极进行光谱定性及定量分析时，应分别注意哪些问题？
4. 在你摄得的样品光谱中，有多少氰的带状光谱？它们对光谱分析有何影响？如何消除或减弱氰带？

实验五十　原子发射光谱法：黄酒中钙、镁、铜、铁和锰的测定（ICP）

一、目的要求

1. 掌握 ICP 光源的工作原理及特点。
2. 初步掌握 ICP 光源的实际操作。
3. 测定黄酒中若干微量元素的含量。

二、基本原理

电感耦合等离子体（ICP）是利用高频感应加热原理使流经石英管的工作气体氩（或氮、空气等）电离而形成的高温等离子体。由于 ICP 具有激发效率高、稳定性好等特点，故作为原子发射光谱法（AES）的激发光源具有良好的分析性能。ICP-AES 是多种元素同时测定的有效分析手段。

黄酒为我国特产。酒中金属元素的含量为其重要的质量指标之一。本实验在选定的测量条件下，酒样用气动喷雾雾化，气溶胶由氩载气直接导入等离子炬中蒸发和激发。基于乙醇对自激式高频发生器阳流和栅流等的影响规律，可估算出试样黄酒中的乙醇含量约为 18%，据此在标准系列溶液中加入相应量的乙醇，以补偿乙醇对 ICP 的影响。以背景为内标，ΔS 对 $\lg C$ 绘制工作曲线，同时测定黄酒中钙、镁、铜、铁和锰。

三、仪器与试剂

WSP-1 型平面光栅摄谱仪；ICP-D 型高频等离子体光源（WP-2L）；高频等离子体平面光栅摄谱仪；交流电弧发生器；8W 型光谱摄影仪；9W 型测微光度计；天津紫外 I 型感光板；铁电极。元素标准储备液：Ca、Mg 10.00 mg·mL^{-1}，Cu、Fe、Mn 1.000 mg·mL^{-1} 的 5% 盐酸溶液；AB 显影液；F5 酸性坚膜定影液。

四、实验步骤

1. 混合标准系列溶液的配制

分别移取不同量的各元素标准储备液配制成标 1，然后用标 1 以 5、2、1 阶梯逐级稀释成标 2～标 7（表 8-8）。

表 8-8 含 18%（体积分数）乙醇的混合标样系列

元素	标 1	标 2	标 3	标 4	标 5	标 6	标 7
Cu	10.0	5.0	2.0	1.0	0.50	0.20	0.10
Fe、Mn	100.0	50.0	20.0	10.0	5.0	2.0	1.0
Ca、Mg	1000.0	500.0	200.0	100.0	50.0	20.0	10.0

2. 测定条件

已选定的最佳折中条件为，高频发生器参数：阳极电压 3.6kV；阳极电流 0.90A；栅极电流 150mA。氩气流量：冷却气 13.3L·min^{-1}；辅助气 0.67L·min^{-1}；进样载气 0.63L·min^{-1}。摄谱条件：中心波长 300nm；狭缝宽度 10μm；光谱光阑高度 1mm；取光高度为负载线圈上方 15mm；试液提升量 0.7mL·min^{-1}；曝光时间 20s（铁电极 8s，交流电流 4A）。

3. 摄谱

ICP-D 高频等离子体发生器的使用方法见仪器使用说明书。将 ICP 点燃预热 15min，根据上述各测定条件调节仪器有关参数，并按表 8-9 所列顺序依次摄影。

4. 感光板的暗室处理

同本章实验四十六。

表 8-9 摄谱顺序

板移	光阑	试样	板移	光阑	试样
30	4	铁棒	39	5	标 3
30	5	标 7	40	5	标 2
31	5	标 7	41	5	标 2
32	5	标 6	42	5	标 1
33	5	标 6	43	5	标 1
34	5	标 5	44	5	样品 1
35	5	标 5	45	5	样品 1
36	5	标 4	46	5	样品 2
37	5	标 4	47	5	样品 2
38	5	标 3	47	6	铁棒

5. 谱线测量

在光谱投影仪上找出表 8-10 所列各元素的分析线并刻上记号。于测微光度计上测量待测元素分析线及其长波背景的黑度。

表 8-10 元素分析线

元素	Ca	Cu	Fe	Mg	Mn
波长/nm	Ⅰ 318.1	Ⅰ 324.8	Ⅱ 259.9	Ⅰ 278.0	Ⅱ 293.3

五、数据处理

1. 以同标液各测定元素的二次测量的平均黑度差$\overline{\Delta S}$对$\lg C$分别绘制工作曲线。
2. 以酒样中测定元素的$\overline{\Delta S}$在相应工作曲线上查出$\lg C$，并计算酒样中各元素的含量。

六、思考题

1. 简述 ICP 光源的工作原理。
2. 影响待测物谱线强度的主要因素有哪些？

实验五十一　原子发射光谱法：ICP-AES 法测定洗衣粉中的磷含量

一、目的要求

使用含磷酸盐的洗衣粉，洗涤后的废水排入江、河后，会促使藻类迅速繁殖，会严重破坏生态平衡，使江、河、湖泊水中的含氧量迅速下降，危及人类的生存环境，一些发达国家已禁止生产含磷酸盐的洗衣粉，我国对洗衣粉中的P_2O_5含量也作了严格的规定（对低磷含量洗衣粉 $P_2O_5\% \leqslant 0.35 \pm 0.01$；对高磷含量洗衣粉 $P_2O_5\% \leqslant 1.40 \pm 0.03$），因此建立简单、快速、准确的测定洗衣粉中磷含量的方法具有实用价值。

二、基本原理

电感耦合等离子体（ICP）-原子发射光谱（AES）采用光栅-棱镜色散系统和固态检测器，测定线性范围宽，基体干扰较小，可对具有较高盐浓度的样品直接进样，从而可快速测定洗衣粉中的磷含量。

三、仪器与试剂

1. ICP-AES Spectrometer（Varian）：垂直观测。
2. $NH_4H_2PO_4$（G.R.），去离子水。

四、实验步骤

1. 仪器工作条件

射频发生器：频率 27.12MHz 或 40.68MHz；功率 1.20kW。

等离子气体：氩气；载气流速 $0.7L \cdot min^{-1}$；辅助气流速 $1.50L \cdot min^{-1}$；冷却气流速 $15.0L \cdot min^{-1}$。

雾化器压力 200kPa，溶液提升量 $1.0mL \cdot min^{-1}$。

分析线：213.68nm。

开机后达点火条件后，先点火，待炬焰稳定 15min 后，就可进样进行测定，每次更换样品前，可用去离子水冲洗炬管 30s。

2. 标准溶液的配制和标准工作曲线的绘制

准确称取 $NH_4H_2PO_4$，用水溶解后，配成 $1.0mg \cdot mL^{-1}$ 磷（P_2O_5）标准储备液。

使用前用 2% HCl 溶液稀释配成 $0\mu g \cdot mL^{-1}$、$5\mu g \cdot mL^{-1}$、$10\mu g \cdot mL^{-1}$、$15\mu g \cdot mL^{-1}$、$20\mu g \cdot mL^{-1}$、$25\mu g \cdot mL^{-1}$ 磷（P_2O_5）标准工作溶液。按仪器工作条件测量，并绘制峰面积（A）-质量浓度（c）标准工作曲线，结果表明其线性范围为 $0.007 \sim 25\mu g \cdot mL^{-1}$（$P_2O_5$）。

3. 样品测定

称取混合均匀的样品，对低磷含量洗衣粉为 0.2000g；对高磷含量洗衣粉为 0.1000g，置于 100mL 烧杯中，加水 50mL、浓盐酸 2mL，溶解后转移至 100mL 容量瓶中，加乙醇 2～3 滴，用水稀释至标线，混匀备用。用相同方法配制空白溶液。再按仪器工作条件，进行样品溶液和空白溶液的测定。

五、结果计算

由标准工作曲线和取样量，计算洗衣粉中的磷含量。

六、思考题

1. 在样品溶液制备中加入几滴乙醇的目的何在？
2. 在本测定中为什么采用垂直观测？其有哪些优点和缺点？

实验五十二　原子吸收光谱法：原子吸收光谱仪最佳操作条件选择

一、目的要求

1. 了解原子吸收分光光度计的基本结构及使用方法。
2. 初步掌握原子吸收光谱分析的基础实验技术。
3. 了解原子吸收光谱分析与测量条件的关系及其依据。

二、基本原理

在火焰原子吸收光谱分析中，分析方法的灵敏度、准确度、干扰情况和分析过程是否简便快速等，除所用仪器的质量因素外，在很大程度上取决于实验条件。因此，最佳实验条件的选择是个重要问题。

本实验以钙元素为例，对燃烧器高度、燃气和助燃气的流量比（燃助比）、灯电流、光谱通带、试液提取量及雾化效率进行选择。

三、仪器与试剂

WFX-1B 型原子吸收分光光度计；钙空心阴极灯；空气压缩机；乙炔钢瓶。钙标准溶液，$4.0\mu g \cdot mL^{-1}$。

四、实验步骤

1. 初步固定的测量条件

波长 422.7nm，灯电流 5mA，狭缝宽度 0.1mm，空气流量 $5L \cdot min^{-1}$，乙炔流

量 $1L \cdot min^{-1}$。

2. 燃烧器高度的选择

在火焰中进行原子化的过程是一种极为复杂的反应过程。在火焰的不同高度，基态原子的密度是不同的，因而灵敏度也不同。一般地讲，约在燃烧器狭缝口上方 2~5mm 附近处火焰中具有最大的基态原子密度，灵敏度最高，但对于不同测定元素和不同性质的火焰而有所不同。

在初步固定的测量条件下，喷入钙标准溶液，读取吸光度值。然后改变燃烧器高度标尺为 5mm、7mm、9mm、11mm、13mm、15mm，测出相应的吸光度。绘制吸光度-燃烧器高度曲线，从曲线上选定最佳燃烧器高度。

3. 燃助比的选择

当火焰种类确定后，燃助比的不同必然会影响到火焰的性质、吸收灵敏度及干扰的消除等问题。原子吸收光谱分析的火焰燃烧状态一般分为化学计量火焰（燃助比约 1:4）、富燃火焰 [燃助比 (1.2~1.5):4]、贫燃火焰 [燃助比 1:(4~6)]。同种火焰的不同燃烧状态，其温度与气氛也有所不同。实验分析中应根据元素的性质选择适宜的火焰种类及其燃烧状态。

在上述选定的燃烧器高度情况下，喷入钙标准溶液，固定助燃气（空气）的流量为 $5L \cdot min^{-1}$，而改变燃烧气（乙炔）流量 $1.0mL \cdot min^{-1}$、$1.1mL \cdot min^{-1}$、$1.2mL \cdot min^{-1}$、$1.3mL \cdot min^{-1}$、$1.4mL \cdot min^{-1}$、$1.5mL \cdot min^{-1}$，测出相应的吸光度。绘制吸光度-燃气流量曲线，从曲线上选定最佳燃助比，并确定火焰属于哪一种燃烧状态。

4. 灯电流的选择

空心阴极灯的发射特性与灯电流有关。灯电流小，发射线半峰宽窄，光输出稳定，灵敏度高，但强度弱；灯电流大，发射线强度大，信噪比大，但谱线轮廓变坏，灵敏度低。因此，必须选择合适的灯电流。选择灯电流的一般原则是，在保证稳定放电和合适的光强输出前提下，尽可能选择小的灯电流。对于大多数元素而言，选用的灯电流是其额定电流的 40%~60%。

在上述选定的燃烧器高度和燃助比情况下，先把灯电流调至 3.0mA 处，喷入钙标准溶液读取吸光度，然后改变灯电流为 4.0mA、6.0mA、8.0mA、10.0mA、12.0mA，测出相应的吸光度。绘制吸光度与灯电流的关系曲线，从曲线上选定最佳灯电流。

5. 光谱通带的选择

光谱通带宽度和被测元素及空心阴极灯有关。当共振线附近有非共振线时，光谱通带的选择尤为重要，因为它直接影响测定的灵敏度和工作曲线的线性范围。对于大多数元素的通带宽度为 0.4~4mm 之间，对谱线复杂的 Fe、Co、Ni 等元素，需要采用小于 0.2nm 的通带宽度。光谱通带 W 等于狭缝宽度 S 和单色器倒线色散率 D 的乘积。对于确定的仪器，D 是一定的，因而光谱通带只决定于狭缝宽度。

选择通带除应分开最靠近的非共振线外,适当放宽狭缝,可以提高信噪比和测定的稳定性。

用以上选定的条件,喷入钙标准溶液,改变狭缝宽度 0.1mm、0.2mm、0.3mm、0.5mm,测出相应的吸光度。不引起吸光度值减小的最大狭缝宽度,就是合适的狭缝宽度。

6. 试液提取量及雾化效率的测定

试液提取量一般在 $3\sim6\text{mL}\cdot\text{min}^{-1}$ 较为适宜。若提取量太小,由于进入火焰的溶液太少,灵敏度低;提取量太大,则消耗火焰的热量、温度降低,同时较大雾滴进入火焰,难以完全蒸发,原子化效率下降,灵敏度低。通过改变喷雾气流速度及吸液毛细管的内径与长度,可以调节提取量。

雾化效率是指进入火焰的雾滴占整个提取试液的百分数,可通过测量单位时间内试液提取量及废液排出量的体积差进行估算。

$$\text{雾化效率} = \frac{\text{提取量} - \text{废液量}}{\text{提取量}} \times 100\%$$

在选定的测量条件下,吸喷 50mL 去离子水,同时在排液管下方放置一个 50mL 烧杯,用秒表测出喷雾 50mL 去离子水所需的时间。喷雾完毕,待雾化室中的废液全部流入烧杯中后,用 50mL 量筒测定回收水的体积。估算所测定的试液提取量和雾化效率。

五、数据处理

1. 绘制吸光度-燃烧器高度曲线,选出最佳燃烧器高度。
2. 绘制吸光度-燃气流量曲线,选出最佳燃助比。
3. 绘制吸光度-灯电流曲线,选出最佳灯电流值。
4. 估算所测定的试液提取量和雾化效率。

六、思考题

1. 试述仪器最佳实验条件选择对实际测量的意义。
2. 为什么火焰原子吸收光谱法对助燃气与燃气开与关的先后顺序要严格地按操作步骤进行?
3. 某仪器测定钙的最佳工作条件,是否亦适用于另一台规格不同的仪器?为什么?

实验五十三 原子吸收光谱法:人发中锌元素含量的测定

一、目的要求

1. 进一步理解火焰原子吸收光谱分析中工作曲线法的基本原理与分析要领。
2. 学习常用原子吸收光谱仪的操作方法以及测定人发中锌的实验技术。

二、基本原理

发样经洗涤、干燥处理后,称一定量采用硝酸-高氯酸消化处理,将其微量锌以金属离子状态转入到溶液中。然后,按常规原子吸收光谱分析中的工作曲线法进行分析。

锌在人和其他动物体内具有重要功能,它对生长发育、创伤愈合、免疫预防都有重要作用。人发中的锌含量多少,标志着人体中微量锌含量是否正常。因此,分析人发中锌具有重要意义。

三、仪器与试剂

WFD-YⅡ型原子吸收光谱仪及其附件。硝酸(一级品,相对密度1.42);高氯酸(一级品,相对密度1.68)。

四、实验步骤

1. 发样采集与准备

用不锈钢剪刀从头枕部剪取发样,要贴近头皮剪取并弃去发梢,取发量以1g左右为宜,然后剪成1cm左右长。

将发样放在100mL的烧杯中,用1%的洗发精浸泡,置于电动搅拌器上搅拌30min,自来水冲洗20遍,蒸馏水洗5遍,再用去离子水洗涤5遍,于65~67℃的烘箱中干燥240min,取出后放入干燥器中保存备用。

2. 消化处理

称取上述处理过的发样0.2000g于100mL烧杯中,加入5mL浓硝酸,盖上表面皿,在电热板上低温加热消解,待完全溶解以后,取下冷却。然后加入高氯酸1mL,再放在电热板上升高温度继续加热,冒白烟至溶液余1~2mL(不可蒸干),取下冷却后用去离子水将其移入到25mL比色管中,稀释至刻度摇匀待测。每批试样需同时进行消化制取一份空白溶液。

3. 仪器的工作条件见表8-11。

表8-11 仪器工作条件

仪器工作条件	参 数	仪器工作条件	参 数
测定波长/nm	213.9	空气流量/L·min^{-1}	6.5
灯电流/mA	4	乙炔压力/MPa	0.05
狭缝宽度/mm	0.2	乙炔流量/L·min^{-1}	1.2
空气压力/kgf·cm^{-2} [①]	1.5	燃烧器高度/mm	7

① 1kgf·cm^{-2}=98.0665kPa。

4. 标准系列溶液的配制及吸光度测定

吸取10μg·mL^{-1}的锌标准溶液0mL、2.5mL、5.0mL、7.5mL、10.0mL、12.5mL分别放入6个25mL的比色管中,用1%高氯酸溶液稀释至刻度摇匀。按下述工作条件测定各标准溶液系列的吸光度。

5. **试液吸光度的测定**

将经消化处理的发样溶液和空白液,用测定标准系列相同的工作条件测定其吸光度。

五、数据处理

1. 将标准系列和发样测定结果按下表列出：

Zn 含量	0 含 Zn 0μg·mL⁻¹	1 含 Zn 1μg·mL⁻¹	2 含 Zn 2μg·mL⁻¹	3 含 Zn 3μg·mL⁻¹	4 含 Zn 4μg·mL⁻¹	5 含 Zn 5μg·mL⁻¹	空白	发样
吸光度								

2. 以标准系列溶液测定结果作 A-c 工作曲线。

3. 发样吸收度减去空白吸收度所得值从工作曲线中找出相应浓度，然后按发样称量算出 Zn 的含量。

六、思考题

1. 发样的处理与消解完全对分析结果影响较大。本实验在发样处理等方面应注意哪些问题？

2. 依据你的实验，总结火焰原子吸收光谱法的优缺点。

实验五十四　原子吸收光谱法：测定食用菌中铜、锰、铁、锌的含量

一、目的要求

微量元素与人体健康关系密切，作为食品的食用菌不仅含有丰富的蛋白质、氨基酸、维生素，还富含多种微量元素，它是具有保健作用的食品。由于食用菌中所含铜、锰、铁、锌的含量较低，用化学分析法难于准确测定，使用火焰原子吸收光谱法，可准确测定食用菌中微量元素的含量，为食用菌的合理选用及深度加工，提供参考数据。

二、基本原理

在原子吸收光谱中，分别采用 324.7nm、279.8nm、248.3nm、213.9nm 锐线光源，可准确测定食用菌中的铜、锰、铁、锌含量。

在测定前预先对食用菌进行炭化、消解处理，制备成适用的被测溶液。

三、仪器与试剂

1. 原子吸收分光光度计：火焰原子化装置，配备压缩空气和乙炔钢瓶。
2. 烘箱、电热板、马弗炉。
3. 纯铜丝、金属锰、纯铁丝、纯锌片、硝酸、高氯酸、三氯化镧、三氯化锂、

氯化铯：优级纯；去离子水。

四、实验步骤

1. 食用菌样品的预处理

洗净食用菌样品，剪碎后，在105℃烘箱中烘干，再经研钵磨细至40～60目，混匀，在广口瓶中保存。

准确称取磨细样品3.0000g，置于瓷坩埚中，放入马弗炉中，先在200℃炭化2h，然后升温至350℃预灰化2h，最后在500℃灰化至白色或灰白色，冷却后，向灰化样品中加入HNO_3-$HClO_4$混合酸（3∶1）10mL，在电热板上加热进行硝化，直至溶液呈现无色透明为止。冷却后转移到50mL容量瓶中，加入0.5mL 10% $LiCl_3$溶液用水稀释至标线，摇匀备用。

2. 仪器工作条件

测定时各元素燃烧器高度皆为6mm，工作条件见表8-12。

表8-12 测定铜、锰、铁、锌的工作条件

元素	测定波长 /nm	灯电流 /mA	光谱通带宽度 /μm	空气流量 /L·min^{-1}	C_2H_2流量 /L·min^{-1}
Cu	324.7	8	0.5	5.5	0.8
Mn	279.8	8	0.5	5.5	0.8
Fe	248.3	10	0.4	5.5	0.8
Zn	213.9	6	0.4	5.5	0.8

当测定锰、铁时，可加入$LaCl_3$，以除去Al^{3+}、Ti^{4+}及其他共存元素和PO_4^{3-}、SiO_3^{2-}的干扰，为抑制钾、钠的电离干扰，可加入$CsCl$。

3. 铜、锰、铁、锌标准溶液的配制和标准工作曲线的绘制

（1）铜、锰、铁、锌标准储备溶液的配制　分别取1.000g纯铜丝、1.000g金属锰、1.000纯铁丝用10～20mL（1+1）HNO_3溶液溶解，蒸发近干，再用1% HNO_3溶解，定容至1000mL。每种溶液浓度分别为1.00mg·mL^{-1}的铜、锰、铁，作为标准储备溶液。

另取1.000g纯锌片用10～20mL（1+1）HCl溶液溶解，蒸发近干，再用1% HNO_3溶解，定容至1000mL，其浓度为1.00mg·mL^{-1}锌，作为标准储备溶液。

（2）铜、锰、铁、锌标准工作溶液的配制和标准工作曲线的绘制　移取不同体积的铜、锰、铁、锌标准储备溶液，配成浓度分别为1μg·mL^{-1}、5μg·mL^{-1}、10μg·mL^{-1}、20μg·mL^{-1}、50μg·mL^{-1}、100μg·mL^{-1}的标准工作溶液，每种溶液中预先加入10% $LaCl_3$ 0.50mL，并用10% HNO_3溶液稀释。

按仪器工作条件开启火焰原子化装置，预热30min，调节燃气和助燃气比例及火焰高度至最佳条件，将上述标准工作溶液依次喷入空气-乙炔火焰，测量吸光度。

另与上述测定同时，仅加$LaCl_3$和10% HNO_3配制一空白溶液，测其吸光度。

将各种标准工作溶液测得的吸光度减去空白溶液的吸光度，再绘制吸光度

(A)-质量浓度（c）的标准工作曲线。

4. 食用菌中铜、锰、铁、锌含量的测定

将食用菌样品处理后所获溶液，在标准工作曲线的测量条件下，喷入空气-乙炔火焰，测量吸光度。

五、结果计算

由绘制的标准工作曲线和样品量计算食用菌中铜、锰、铁、锌的含量。

对常用食用菌实测参考数据如下：

$\mu g \cdot g^{-1}$

样品	黑木耳	白平菇	香菇	鸡腿菇	花菇	银耳
Cu	5.8	12.0	77.0	36.0	15.0	2.1
Mn	82.0	9.6	10.0	8.7	16.0	2.8
Fe	496.0	145.0	22.0	21.0	12.0	10.0
Zn	96.0	83.0	138.0	61.0	81.0	46.0

六、思考题

1. 本测定中加入 $LiCl_3$ 为消除何种干扰？
2. 配制标准溶液时，可否用各元素的硝酸盐来替代各种纯金属？

实验五十五　原子吸收光谱法：石墨炉原子吸收光谱仪最佳操作条件选择

一、目的要求

1. 了解石墨炉原子化器的基本构造。
2. 初步学习石墨炉原子吸收光谱分析的基础实验技术。

二、基本原理

石墨炉原子吸收光谱分析由于其灵敏度高，样品可直接在原子化器中进行处理，样品用量少，可直接进行固体粉末分析等优点，目前已成为痕量元素分析的一个重要手段。

石墨炉原子化器系统由石墨管、电源、惰性保护气体、冷却水等几个部分组成。样品（5~100μL）可通过进样器自动或手动加入到

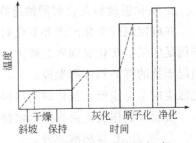

图 8-5　原子化过程升温程序

石墨管中，石墨管两端通电加热，其温度以及加热时间均可控制。典型的加热程序见图 8-5。由图可见，一个样品分析需经过 4 个过程。第一步是干燥，在这个过程升温较慢，其目的是将溶液样品中的溶剂蒸发掉。第二步是灰化，这一过程也比较

缓慢，其主要目的是使基体灰化完全，否则，在原子化阶段，未完全蒸发的基体可能产生较强的背景或分子吸收。第三步是原子化。这一过程要求升温速率很快，这样可使自由原子数目最多。最后过程是净化，其温度一般比原子化温度略高一些，以除去石墨管中的杂质元素及"记忆效应"。在这4个过程完成后，冷却水开关接通，使石墨管冷却至室温，便可进行下一个样品的分析。整个过程约需2min。

载气的作用，一是在干燥、灰化阶段将溶剂蒸气以及基体蒸气带走，二是保护石墨炉不被氧化，其流量控制随元素而异。

本实验以锰元素为例，对原子化过程的有关条件及载气流量进行选择。

三、仪器与试剂

日立180-80型原子吸收分光光度计及石墨炉原子化器；锰空心阴极灯；双笔记录仪；氩气钢瓶；微量进样器。锰标准溶液（30ng·mL^{-1}的0.1mol·L^{-1}盐酸溶液）。

四、实验步骤

1. 初步固定的测量条件

波长279.5nm，灯电流12.5mA，光谱通带0.4nm，进样量20μL，保护气体流量3L·min^{-1}，载气流量0.2L·min^{-1}，干燥温度80～120℃，干燥时间30s，灰化温度200～1000℃，灰化时间30s，原子化温度2500～2700℃，原子化时间7s，清洗温度2700℃，清洗时间3s，冷却时间30s。

2. 干燥温度和干燥时间的选择

干燥温度应根据溶剂或样品中液态组分的沸点来选择。一般选择的温度应略高于溶剂的沸点。例如对稀的水溶液干燥温度为100～110℃，甲基异丁酮干燥温度为120～130℃。干燥时间主要取决于进样量，下列数据可供参考：

进样量/μL	干燥时间/s	进样量/μL	干燥时间/s
10	15	50	40
20	20	100	60

3. 灰化温度和灰化时间的选择

在确定最佳灰化温度和灰化时间时，应注意相互矛盾的两个因素。一方面必须采用足够长的灰化时间和足够高的灰化温度，以便尽可能完全地将产生"烟雾"而引起干扰的样品基体挥发掉；另一方面，为保证分析元素在灰化过程中不损失，灰化温度应尽可能低，灰化时间尽可能短。

实验以制作灰化曲线来确定最佳的灰化温度，步骤如下：

① 取20μL锰标准溶液。

② 确定干燥温度和干燥时间。

③ 在200℃灰化30s或更长一些，然后进行原子化，原子化温度和时间可参考初步固定的条件。这个过程如出现背景吸收信号，表示有背景吸收。

④ 观察能给出最小的背景吸收信号的最低灰化温度，可选为最低灰化温度。

⑤ 在选定的最低灰化温度下,连续递减灰化时间,观察背景吸收信号,确定最短灰化时间。

⑥ 在上述条件下,每间隔 100℃ 依次递增灰化温度,根据不同灰化温度与对应原子化信号作图,即得灰化曲线。曲线平坦部分对应的最高温度就是最高灰化温度。

4. 原子化温度与原子化时间的选择

原子化时间的选择应尽可能短,但应以能完全原子化为准。从记录曲线上可通过观察原子化信号回到基线所需的时间决定原子化时间。

最佳的原子化温度以实验制作的原子化曲线确定,具体步骤如下:

① 取 20μL 锰标准溶液,采用按上述方法所确定的干燥、灰化程序。

② 选择 2500℃ 作原子化温度,时间 10s,观察原子化信号回到基线的时间,定为原子化时间。

③ 选择高于灰化温度 200℃ 作原子化温度,测量吸收信号,然后每间隔 100℃ 依次递增原子化温度。以各次的原子化温度对吸收信号作图,即得原子化曲线。最佳的原子化温度也就是能给出最大吸收信号的最低温度。

5. 载气流量的选择

载气流量对分析灵敏度和石墨管的寿命均有影响。减小载气流量,则易挥发元素的分析灵敏度提高,但石墨管寿命降低;若提高载气流量,则管内的层流状态不再存在,使信号不稳定。

在上述选定的原子化条件下,分别改变载气流量为 $50\text{mL}\cdot\text{min}^{-1}$、$100\text{mL}\cdot\text{min}^{-1}$、$150\text{mL}\cdot\text{min}^{-1}$、$200\text{mL}\cdot\text{min}^{-1}$、$250\text{mL}\cdot\text{min}^{-1}$、$300\text{mL}\cdot\text{min}^{-1}$、$400\text{mL}\cdot\text{min}^{-1}$,测量相应吸收信号,制作载气流量与吸收信号的关系曲线,选择合适的载气流量值。

五、数据处理

1. 绘制原子吸收信号对灰化温度和原子化温度的关系曲线,选择最佳灰化温度和原子化温度。

2. 绘制原子吸收信号对载气流量的关系曲线,选择合适的载气流量值。

六、思考题

1. 试述石墨炉原子化器灵敏度高的原因。
2. 简述石墨炉原子化法的基本过程及主要目的。

实验五十六 原子吸收光谱法:饮用水中痕量铜和铬的测定(石墨炉)

一、目的要求

1. 学习石墨炉原子吸收光谱法的操作程序和实验技术。
2. 了解石墨炉原子吸收光谱法测定饮用水中痕量铜和铬的方法。

二、基本原理

铜是人体和动植物的主要微量营养元素之一。高浓度铜对有机体有毒害作用,其安全浓度小于 1.0mg/L。

铬可以三价和六价两种形式存在,六价铬毒性比三价强,饮用水中六价铬含量应低于 $0.05\mathrm{mg\cdot L^{-1}}$。

铜和铬总量都可用石墨炉原子吸收法测定。

三、仪器与试剂

PE5100-PC 石墨炉原子吸收分光光度计,配有横向加热平台石墨管;铜和铬空心阴极灯;计算机工作站;氩气钢瓶;微升注射器。$Cu(NO_3)_2$;$Cr(NO_3)_3$;HNO_3(G. R.);$Mg(NO_3)_2$。

四、实验步骤

1. 铜标准溶液的配制

首先配制 $1000\mathrm{mg\cdot mL^{-1}}$ 铜的储备溶液,使用前用 0.2% HNO_3 稀释至 $50.0\mathrm{\mu g\cdot L^{-1}}$。

2. 铬标准溶液的配制

首先配制 $100\mathrm{mg\cdot mL^{-1}}$ 铬的储备溶液,使用前用 0.2% HNO_3 稀释至 $50.0\mathrm{\mu g\cdot L^{-1}}$。

3. 饮用水样的预处理

饮用水样先用 0.2% HNO_3 酸化,再加入适量 $3\mathrm{mg\cdot L^{-1}}$ $Mg(NO_3)_2$ 后,取 $20\mu L$ 水样在石墨炉中进行测定。

4. 仪器工作条件

仪器调试如下:

① 在可旋转灯座上分别安装 Cu 和 Cr 的空心阴极灯,按表 8-13 调节灯电流和狭缝宽度,预热 20min。

表 8-13　饮用水中铜、铬石墨炉原子吸收法的测定条件

	测　定　条　件	Cu	Cr
空心阴极灯	波长/nm	324.8	357.9
	灯电流/mA	15	25
	狭缝宽度/nm	0.7	0.7
	保护气流量/mL·min^{-1}	250	250
石墨炉	干燥温度/℃	110～130	110～130
	干燥时间/s	20～35	20～35
	灰化温度/℃	1050	1500
	灰化时间/s	30	30
	原子化温度/℃	1800	2300
	原子化时间/s	5	5
	除残温度/℃	2400	2400
	除残时间/s	2	2

② 调节石墨炉的位置，使能量指示显示 70%～80% 范围。开启冷却水和保护气，输入石墨炉操作参数后，用微升注射器注入 20μL 已预处理的饮用水样品，并利用塞曼效应进行背景校正。

5. 测量

（1）铜标准系列溶液　在 5 个 50mL 容量瓶中分别加入 50.0μg·L^{-1} 铜标准溶液 0mL、0.50mL、1.00mL、1.50mL、2.00mL 和 3mg·L^{-1} $Mg(NO_3)_2$ 溶液 10.00mL，用去离子水稀释至标线，摇匀备用。

待调好仪器操作参数后，自动升温空烧石墨管调零，然后从稀至浓逐个测量空白溶液和系列标准溶液的吸光度，进样量 20μL，每个溶液测定 3 次，取平均值。

（2）铬标准系列溶液　按照（1）铜标准系列溶液测量的相同方法进行。

（3）饮用水样品　在相同实验条件下，每次进样 20μL，测量 3 次，取平均值。

6. 结束

实验结束，按操作要求关闭气源和电源，并将仪器开关、旋钮置于初始位置。

五、数据处理

1. 根据记录的吸光度数据绘制标准工作曲线。
2. 由标准工作曲线求出饮用水中铜和铬的含量。

六、注意事项

1. 实验前检查通风是否良好，确保废气排出室外。
2. 使用微升注射器要仔细操作，防止损坏。

七、思考题

1. 本实验中绘制标准工作曲线和饮用水样预处理时，加入 $Mg(NO_3)_2$ 的目的是什么？
2. 在实验中通入保护气 Ar 的目的是什么？
3. 与火焰原子吸收法相比，石墨炉原子吸收法的主要优点是什么？

实验五十七　原子吸收光谱法：测定面制食品中的铝含量（石墨炉）

一、目的要求

铝是食品中广泛存在的元素，但铝不是人体所需的微量元素，如果摄入过多会严重影响人的神经系统和脑细胞的代谢，长期缓慢地造成对人体的危害，因此对面制食品中铝含量的测定，对保障食品安全有重要的作用。

二、基本原理

对面制食品中的铝含量可采用石墨炉原子吸收光谱法测定。

首先对面制食品进行碱熔-灰化法处理,制成含 Al^{3+} 溶液后,可在涂覆锆盐的石墨炉平台上进行原子化,加入硝酸镁基体改进剂,选择石墨炉合适的灰化温度和原子化温度,可获得高灵敏度、重复的分析结果。

三、仪器与试剂

1. 原子吸收分光光度计:配置用锆盐涂覆的石墨炉平台。
2. 电热板、马弗炉。
3. 硝酸镁、氢氧化钠、去离子水。
4. 铝标准储备溶液（100mg·L^{-1}）:使用前用水稀释至 1.0mg·L^{-1} 的铝标准工作溶液。

四、实验步骤

1. 面食样品的碱熔-灰化处理

称取样品 0.50～1.00g 置于瓷坩埚中,加入 50g·L^{-1} $Mg(NO_3)_2$ 溶液 10mL,混匀后,在电热板低温蒸干,然后在电炉上小心炭化至冒黑烟,再移入马弗炉 600℃灼烧 4h,取出冷却,加入 50g·L^{-1} NaOH 溶液 10mL,置于电热板上热溶样品炭化后的灰分,将浑浊溶液过滤,滤液收集在 50mL 容量瓶中,用 0.5mol·L^{-1} HCl 调节 pH 至 5.0～5.5,用水稀释至标线,摇匀备用。

按相同方法制作试剂空白溶液。

2. 仪器工作条件

(1) 采用测铝的空心阴极灯（309.3nm）,灯电流 6mA,光谱通带宽度 0.4nm,负高压 447V,信号采集方式:峰高。

(2) 石墨炉升温程序,如表 8-14 所示。

表 8-14 测铝时石墨炉升温程序

程序	温度/℃	升温时间/s	保持时间/s	N_2 气流量/mL·min^{-1}
干燥1	80	10	10	200
干燥2	150	10	10	200
灰化	1200	5	10	200
原子化	2400	0	4	0
高温净化	2600	1	3	200

3. 外标法测定样品中的铝含量

分别移取铝标准工作溶液、样品溶液和空白溶液各 10μL,分别加入 50g·L^{-1} $Mg(NO_3)_2$ 基体改进剂 1μL 于涂覆锆盐的石墨炉平台上,按表 8-14 升温程序,分别测定所获信号的峰高 $h_{标}$、$h_{样}$ 和 $h_{空}$,再求出标样和样品的有效峰高。

$$h_{标(有)} = h_{标} - h_{空}; \quad h_{样(有)} = h_{样} - h_{空}$$

五、结果计算

样品中的铝含量:$w_{Al} = \dfrac{h_{样(有)} \times \dfrac{c_{Al(标工)}}{h_{标(有)}} \times 10^{-5}}{w_{样}}$ (mg/g)

式中，$c_{Al(标工)}$ 为 $1.0\text{mg}\cdot\text{L}^{-1}$。

六、思考题

1. 食品多采用 $HNO_3\text{-}HClO_4$ 消解，本法使用碱熔灰化法有何优点？
2. 本测定中加入基体改进剂 $Mg(NO_3)_2$ 的目的是什么？
3. 本测定中为什么要采用涂覆锆盐的石墨炉平台？

实验五十八　电位分析法：测定工业废水的 pH

一、目的要求

学习电位分析法测 pH。

二、基本原理

工业废水的 pH 测定是环境监测的一项重要指标。玻璃电极的电位是随被测试液的 $[H^+]$ 变化而变化的，通过测量电池的电势便可求出溶液的 pH，而 pH 与电池电势变化的关系符合下式：

$$\Delta E = -58.16 \times \frac{273+t}{293} \times \Delta \text{pH}$$

式中，ΔE 为电势的变化；ΔpH 为 pH 的差值（相对于标准缓冲溶液）；t 为被测试液温度，℃。

在一定的溶液温度（t）下，每相差一个 pH 单位，即产生 $58.16\times(273+t/293)\text{mV}$ 的电势差。因此，可在酸度计上直接读出试液的 pH。

三、仪器与试剂

pHS-2 型酸度计；玻璃电极，饱和甘汞电极；磁力搅拌器。pH4.03、pH6.88、pH9.22 标准缓冲溶液。

四、实验步骤

分别取三份工业废水试样各 50mL，于 100mL 烧杯中，然后取一份与水样 pH 相近的标准缓冲溶液置于另一烧杯中。用温度计测样品和标准缓冲溶液温度，调节温度补偿器，用标准缓冲溶液定位，再用酸度计分别测定三份试样的 pH。

五、结果处理

$$\overline{\text{pH}} = (\text{pH}_1 + \text{pH}_2 + \cdots)/N$$
$$\overline{\sigma} = \sum(\text{pH}_i - \overline{\text{pH}})/N; \text{pH} = \overline{\text{pH}} \pm \overline{\sigma}$$

六、注意事项

1. 酸度计是高输入阻抗仪器，因此要特别注意保持输入端电极插头、插孔内的清洁及干燥。不测量时，应将接续器插入指示电极插孔中，以防灰尘和湿气侵入。
2. 在短时间测量时，酸度计可稍加预热，若长时间使用，中途应用标准缓冲溶液两次定位，才能保持仪器正常工作。

3. 若仪器开机测试时不稳定，可增长预热时间。

4. 由于玻璃电极的敏感膜部分特别薄，安装时，玻璃电极相对甘汞电极的底端而言要高一些，以防搅拌子碰到玻璃电极。甘汞电极下端瓷芯有时阻塞，电极内饱和 KCl 溶液有时也会不足而产生短路，因此要随时注意加以处理。

实验五十九 电位分析法：电位滴定法测定有机弱酸苯酚的含量

一、目的要求

有机弱酸，如苯酚、苯丙氨酸等，普遍存在于药品、保健品及食品中，由于大多数有机弱酸的水溶性较差，在水溶液中难于准确测定其含量，本实验提出在水相中准确测定有机弱酸——苯酚含量的方法。

二、基本原理

在水相中有机弱酸苯酚的电离平衡常数较小，难于用强碱直接滴定，若在水相中加入既有亲油基，又有亲水基的阳离子表面活性剂——十六烷基三甲基溴化铵（CTMAB），其对有机弱酸既有增溶作用，又有强化作用。

当一定浓度的表面活性剂溶于水后可形成胶束，当难溶于水的有机弱酸和表面活性剂共存于水相中，表面活性剂的亲油基会与有机弱酸分子中的碳链部分相互作用，与此同时，表面活性剂的亲水基会与水分子相互作用，从而使难溶于水的有机弱酸能完全溶于水中，从而起到了增溶作用。

表面活性剂能使有机弱酸的电离平衡常数 K_a 增大，这是由于带正电荷的阳离子表面活性剂的胶束会吸引溶液中有机弱酸分子（HA）中的偶极负端（A^-），而有机弱酸分子中偶极正端（H^+）会被带正电荷的胶束排斥，使有机弱酸分子中的 H^+ 更容易离解，从而增强有机弱酸的酸性，当有机弱酸的 K_a 值提升到 10^{-8} 左右，就会使自动电位滴定的一阶导数信号出现一个明显的突跃，从而可准确确定达化学计量点时，所消耗强碱氢氧化钠标准溶液的体积，而可准确测定有机弱酸的含量。

三、仪器与试剂

1. ZD-3 型自动电位滴定仪。
2. 氢氧化钠，邻苯二甲酸氢钾，十六烷基三甲基溴化铵，乙醇，去离子水。

四、实验步骤

移取相当于 $0.1000\text{mol} \cdot \text{L}^{-1}$ 苯酚溶液 10.00mL 于电位滴定仪专用烧杯中，加入 $0.1\text{mol} \cdot \text{L}^{-1}$ CTMAB 溶液 14.00mL，无水乙醇 1.00mL，加水 50mL，用 $0.1\text{mol} \cdot \text{L}^{-1}$ NaOH 标准溶液，在自动电位滴定仪上，滴定有机弱酸苯酚，记录

达化学计量点时的跃升电位 E'（一阶导数信号）；也可记录滴定过程电位 (E)-消耗 NaOH 体积 (V) 图来确定化学计量点。

滴定过程记录仪量程 500mV；记录纸速 2mL NaOH 溶液体积 cm^{-1}。

五、结果计算

苯酚溶液的浓度

$$c_{苯酚} = \frac{LSc_{NaOH}}{V_{苯酚}}$$

式中，L 为从滴定开始到达化学计量点的距离，cm；S 为记录仪纸速，mL·cm^{-1}；c_{NaOH} 为 NaOH 标准溶液的浓度，mol·L^{-1}；$V_{苯酚}$ 为被测苯酚溶液的体积，mL。

六、思考题

1. 测定中加入乙醇起何作用？若乙醇加入过多会引起何种效果？
2. 分析影响准确测定有机弱酸浓度的因素有哪些？

实验六十　电位分析法：氯离子选择性电极性能测试

一、目的要求

1. 学习电极性能的一般测试方法。
2. 进一步了解仪器及离子选择性电极的使用方法。

二、基本原理

氯电极是以 AgCl 和 Ag_2S 混晶压片作为敏感膜的选择性电极，其线性响应范围为 $(1\sim5)\times10^{-5}$ mol·L^{-1}，在测定时以 KNO_3 调节溶液的离子强度，允许 pH 范围为 $0\sim14$，故一般溶液不需调整 pH。

在进行氯电极的电位测定时，采用氯电极、双液饱和甘汞电极与待测液组成电池。在 pCl 为 $0\sim4.3$ 范围内，存在 $E=K-0.0592$pCl 的关系，式中 K 为常数，则 E 与 pCl 具有线性关系。

以不同浓度的氯化物溶液测定其电位值，以 E（mV）为纵坐标，$\lg c$ 为横坐标作图，即得工作曲线，工作曲线的斜率即为电极的斜率。其线性范围及检测下限也可由曲线得出。

以氯电极测定氯时，主要干扰离子为 S^{2-}、CN^-、Br^-、I^-、NH_4^+ 等。选择性系数的测定是要找出干扰离子对响应离子的影响程度，选择性系数大，干扰大，选择性系数小，干扰小。本实验为测定 $K(Cl^-, SO_4^{2-})$ 的选择性系数。

三、仪器与试剂

离子计或酸度计；氯离子选择性电极；双液甘汞电极（内盐桥为饱和 KCl，外盐桥为 0.1mol·L^{-1} KNO_3），磁力搅拌器。

NaCl 标准液：称取 5.845g 经 110℃ 烘干的分析纯 NaCl 试剂，溶解于水并稀释至 100mL 容量瓶中。此溶液浓度为 $1\text{mol}\cdot\text{L}^{-1}$。此溶液作为 NaCl 的标准储备液。

$0.1\text{mol}\cdot\text{L}^{-1}$ KNO_3：取 0.5055g 经烘干的分析纯 KNO_3 溶于水并稀释至 50mL 容量瓶中。

$0.01\text{mol}\cdot\text{L}^{-1}$ Na_2SO_4：取 0.071g 经烘干的分析纯 Na_2SO_4 溶于水并稀释至 50mL 容量瓶中。

四、实验步骤

1. 电极测量范围与响应斜率

用上述 $1\text{mol}\cdot\text{L}^{-1}$ 的 NaCl 标准溶液，分别稀释制成 $1.00\times10^{-1}\sim5.00\times10^{-5}$ $\text{mol}\cdot\text{L}^{-1}$ 的标准溶液系列。用 $0.1\text{mol}\cdot\text{L}^{-1}$ KNO_3 2mL 溶液作为离子强度调节剂。在仪器上分别测量其相应的电位值，然后以电位为纵坐标，$c(\text{Cl}^-)$ 为横坐标，在半对数坐标纸上绘制工作曲线。曲线斜率就是该电极的斜率，线性范围可由曲线大致估出。

2. 电极选择性系数测定

取 $10^{-2}\text{mol}\cdot\text{L}^{-1}$ 的 NaCl 标准溶液 50mL，在仪器上测定电位值 E_1；取 $10^{-2}\text{mol}\cdot\text{L}^{-1}$ 的 Na_2SO_4 溶液 50mL，在仪器上测定电位值 E_2。

五、结果处理

1. 电极响应斜率

$$S=\frac{\Delta E}{\Delta c}$$

式中，ΔE 为在曲线上截取一段电位值；Δc 为在横轴上取一段浓度值。

2. 选择性系数

$$K(\text{Cl}^-,\text{SO}_4^{2-})=\frac{a(\text{Cl}^-)}{a(\text{SO}_4^{2-})^{1/2}}\times 10^{(E_1-E_2)/S}$$

式中，$a(\text{Cl}^-)$ 为 Cl^- 活度；S 为电极响应斜率；$a(\text{SO}_4^{2-})$ 为 SO_4^{2-} 活度。

六、思考题

1. Cl^- 选择性电极的检测下限应该是多少？为什么？
2. 本实验测得的选择性系数是精确值还是近似值？为什么？

实验六十一　电位分析法：饮用水中氟含量测定
——工作曲线法

一、目的要求

1. 巩固离子选择性电极法的理论。

2. 了解 PXD-2 型通用离子计的使用方法。

3. 学会标准曲线的分析方法。

4. 了解 F 离子电极测定 F^- 的条件。

二、基本原理

氟是人体必需的微量元素，摄入适量的氟有利于牙齿的健康。但摄入过量对人体有害，轻者造成斑釉牙，重者造成氟胃症。

测定溶液中的氟离子，一般由氟离子选择性电极作指示电极，饱和甘汞电极作参比电极。它们与待测液组成电池，可表示为：

Ag，AgCl|NaF（0.1mol·L^{-1}），NaCl（0.1mol·L^{-1}）|LaF_3 电极膜 ‖ KCl（饱和）|Hg_2Cl_2，Hg

其电池电动势为：

$$E_{电池}=E_{SCE}-E_F$$

而

$$E_F=E_{AgCl/Ag}+K-\frac{RT}{F}\ln a_{F^-}$$

因此

$$E_{电池}=E_{SCE}-E_{AgCl/Ag}-K+\frac{RT}{F}\ln a_{F^-}$$

令

$$K'=E_{SCE}-E_{AgCl/Ag}-K$$

可得

$$E_{电池}=K'+\frac{RT}{F}\ln a_{F^-}$$

在 25℃时，$E_{电池}$ 表示为：

$$E_{电池}=K'+0.059\lg a_{F^-}=K'-0.059pF$$

式中，K' 为含有内外参比电极电位及不对称电位的常数；pF 为 F 离子浓度的负对数。

这样通过测定电位值，便可得到 pF 的对应值。本实验采用工作曲线法，配制一系列已知浓度的含 F^- 标准溶液，加入总离子强度调节缓冲剂，测得相应的 E 值，作 E-pF 工作曲线。未知样品测得 E 值后，在工作曲线上查出对应的 pF，即得分析结果。

LaF_3 单晶敏感膜电极，在 F^- 浓度为 $1\sim10^{-6}$mol·L^{-1} 的范围内，氟电极电位与 pF 呈线性关系。

三、仪器与试剂

氟离子选择性电极；232 型饱和甘汞电极；电磁搅拌器；PXD-2 型通用离子计。

用去离子水配制下述各试剂，且都使用聚乙烯塑料瓶。

（1）3mol·L^{-1}乙酸钠溶液　称204g乙酸钠（CH$_3$COONa·3H$_2$O，A.R.），溶于300mL去离子水中，加1mol·L^{-1}乙酸调节pH至7.0，用去离子水稀释至500mL。

（2）0.75mol·L^{-1}柠檬酸钠溶液　称取110g柠檬酸钠（Na$_3$C$_6$H$_5$O$_7$·2H$_2$O），溶于300mL去离子水中，加14mL高氯酸，用去离子水稀释至500mL。

（3）总离子强度调节缓冲剂　3mol·L^{-1}乙酸钠与0.75mol·L^{-1}柠檬酸钠溶液等量混合即成。

（4）1mol·L^{-1}盐酸溶液　取10mL盐酸（A.R.），加水稀释到120mL即可。

（5）氟标准溶液　在分析天平上精确称取0.2210g经100℃干燥4h的氟化钠，并溶于水中，移入100mL容量瓶中加水稀释至刻度，此溶液含氟量为5μg·mL^{-1}。

（6）氟标准溶液　取20.00mL氟标准溶液置于100mL容量瓶中，加水稀释至刻度，此溶液含氟量为1μg·mL^{-1}。

四、实验步骤

1. 标准系列溶液的制备

吸取0mL、1.0mL、2.0mL、5.0mL、10.0mL氟标准液（相当于0μg、1μg、2μg、5μg、10μg氟）分别置于50mL容量瓶中，并于各容量瓶中加入25mL总离子强度调节剂、10mL 1mol·L^{-1}盐酸，加水稀释至刻度，摇匀备用。

2. 操作

将氟电极、甘汞电极分别与离子计相接，并将上述各溶液依次倒入小聚乙烯塑料烧杯中，并取水样50mL。然后将电极分次插入氟的各标准系列及试样溶液中（浓度由稀到浓），开动搅拌器，待电位值（或pX值）稳定后依次测取读数。

五、结果处理

1. 制作工作曲线

以电极电位为纵坐标，氟离子浓度为横坐标，在半对数坐标纸上绘制工作曲线，由试液（饮用水）实测电位值在工作曲线上查找对应该电位下氟离子浓度A_s值。

2. 按下式计算

$$x = \frac{A_s \times 50 \times 1000}{m_s \times 1000}$$

式中，x为样品中含氟量，mg·L^{-1}；A_s为试样中F的浓度，mg·mL^{-1}；m_s为样品质量，g。

六、思考题

1. LaF$_3$电极为什么能反映F$^-$活度？
2. 离子计使用时很关键的步骤是什么？

3. 饮用水中含氟量的多少对人体健康有什么影响?

实验六十二 电位分析法：PVC 钙液膜电极的工作曲线法及电位滴定法测定钙含量

一、目的要求

1. 熟悉钙离子选择性电极性能及使用。
2. 学习 ZD-1、ZD-2 型电位滴定计的使用。
3. 熟悉 PXD-2 型通用离子计的使用。
4. 能用工作曲线法测定含钙水样中的钙含量。
5. 能用自动电位滴定法测定水泥生料中的钙含量。

二、基本原理

钙离子选择性电极是近年发展起来的一种新型化学测定工具，它具有响应快速、操作方便、选择性好、待测液用量少等优点，并能直接测定样品中游离钙含量。钙电极在 $10^{-5} \sim 10^{-1}$ mol·L^{-1}（标准液中含 0.1 mol·L^{-1} 氯化钾）内呈线性，测定的 pH 范围为 5～10。pH 可用 NH_3-NH_4Cl 或硼砂-NaOH 缓冲溶液调节。用钙电极测定时主要干扰为 Zn^{2+}、Pb^{2+}、Fe^{2+}，可用加入 Na_2S 的方法过滤分离除去。三乙醇胺可掩蔽 Fe^{3+}，Al^{3+} 等不需分离。

用钙电极测试时，由钙电极与双液饱和甘汞电极及待测液组成如下电池：

Ag，AgCl│$CaCl_2$(0.1mol·L^{-1})│PVC 液膜│待测液‖KNO_3(饱和)‖KCl(饱和)│Hg_2Cl_2·Hg

其电位与钙含量有如下关系：

$$E_{电池} = K - \frac{RT}{2F}\lg[Ca^{2+}]$$

在 25℃时为：

$$E_{电池} = K - \frac{0.0592}{2}\lg[Ca^{2+}]$$

式中，K 为常数；E 与 $\lg[Ca^{2+}]$ 具有线性关系，测定 E 值即可得钙含量。

钙电极还可应用于电位滴定中，用钙电极和甘汞电极检测以 EDTA 滴定水泥样品中 Ca^{2+} 电位变化，能获得满意结果。在电位滴定时选用已知的标准 Ca^{2+} 液，与标准 EDTA 反应，确定化学计量点的电位值，然后再将未知液自动滴定到此电位值。根据 EDTA 的用量和浓度，即可获得未知样品中钙的含量。

三、仪器与试剂

PXD-2 型通用离子计；ZD-1 或 ZD-2 型自动电位滴定计；电磁搅拌器；801 型

双液饱和甘汞电极（内盐桥为饱和 KCl 溶液，外盐桥为饱和 KNO_3 溶液）；402 型钙电极。

钙标准溶液 $1mg·mL^{-1}$：称取干燥后的基准碳酸钙 2.4972g，加水 20mL，滴入 1+1 盐酸溶解，过量 10mL 煮沸。冷却移入 1000mL 容量瓶中，用去离子水稀释至刻度。

pH8 的氨缓冲溶液：称取 67g NH_4Cl 溶于少量水，加 500mL 浓氨水后，用氨水或浓 HCl 调节 pH8 后，用水稀释到 1L。

硼砂-氢氧化钠缓冲溶液（pH10）。

EDTA 标准液：$0.015mol·L^{-1}$。

$0.2mol·L^{-1}$ KCl（1000mL）。

四、实验步骤

1. 工作曲线法测定水样中的钙含量（用 PXD-2 通用离子计）

① 取 $1mg·mL^{-1}$ 标准溶液 0.1mL、0.5mL、1mL、5mL、15mL，加入 pH=8 的 NH_3-NH_4Cl 缓冲溶液 10mL，再加入 25mL $0.2mol·L^{-1}$ KCl，用去离子水分别定容于 50mL 容量瓶中，分别测定对应的电位值。以 E-$\lg c$ 作图得工作曲线。

② 取水样 10mL，加入 pH=8 的 NH_3-NH_4Cl 缓冲溶液 10mL，再加入 25mL $0.2mol·L^{-1}$ KCl，用去离子水稀释至 50mL，测定。重复 3 次，取平均电位值，由工作曲线得出结果。

2. 电位滴定法测定水泥样品中的钙含量（用 ZD-1 或 ZD-2 型自动电位滴定计）

（1）终点电位的确定　准确取 $1mg·mL^{-1}$ 钙标准液 10mL，加入 15mL 硼砂缓冲溶液，用水稀释至 50mL。以钙电极与甘汞电极与此溶液组成电池，用 $0.015mol·L^{-1}$ EDTA 溶液滴定，测定电位值。待恰好达到理论滴定终点时，所读取的电位值即为化学计量点电位值。重复 3 次，取平均电位值（需根据等物质的量原则换算出 EDTA 的化学计量点用量后再滴定），并算出 EDTA 对钙的滴定度，即每毫升 EDTA 相当多少克的 Ca，以 T 表示。

（2）样品测定　准确称取水泥生料试样约 0.3g，用少量水润湿。加入 10mL 盐酸（1+4），加热分解，再煮沸 1~2min，过滤后，准确稀释至 250mL。

再取 10mL 试液，加入三乙醇胺（1+1）2mL，硼砂缓冲溶液 15mL，稀释体积为 50mL，以标准 EDTA 溶液自动滴定至终点［即（1）中的化学计量点电位值］。记录 EDTA 体积，重复 5 次，取滴定剂体积平均值计算结果。

五、结果处理

1. 工作曲线法对水泥样中钙含量测定结果的计算公式：

$$Ca \text{ 体积分数} = 0.5\bar{c}$$

式中，0.5 为稀释及换算系数；$\bar{c}$ 为由工作曲线上查得平均浓度，$mg·mL^{-1}$。

2. 电位滴定法对水泥样品中钙含量测定结果的计算公式：

$$w_{Ca} = \frac{25T\bar{V}}{0.3} \times 100\%$$

式中，T 为 EDTA 对钙的滴定度，g·mL^{-1}；$\bar{V}$ 为五次滴定用 EDTA 的平均体积，mL；25 为取样系数；0.3 为取样量，g。

六、注意事项

1. 使用 ZD-1、ZD-2 型电位滴定仪时，应使滴定速度与电极响应时间一致，否则会产生误差。

2. 若水样中含有干扰离子，应予以掩蔽或分离。

3. 每次测量的实验条件应保持一致。

七、思考题

1. PVC 钙液膜电极是如何指示待测试液中 Ca^{2+} 的含量的？

2. 若电极的平均响应时间与滴定控制速度（电子延时电路控制时间）不一致时，对结果会产生什么影响？

3. 以甘汞电极与钙液膜电极指示 EDTA 滴定 Ca^{2+} 的电位变化时，其理论化学计量点能否计算出来？如何计算？

4. 分析直接电位法与电位滴定法测定 Ca 含量时可能引入误差的因素。

实验六十三 库仑分析法：测定石油产品中微量水

一、目的要求

1. 巩固微库仑分析法的基本知识，学习使用微库仑分析仪。

2. 学习测定石油产品中微量水的实验方法。

二、基本原理

以按一定比例混合的卡尔·费休试剂、甲醇、氯仿混合物为电解液，当试样中有水存在时，碘氧化二氧化硫，发生如下化学反应：

$$I_2 + SO_2 + 3\,C_5H_5N + H_2O \longrightarrow 2\,C_5H_5N \cdot HI + C_5H_5N \cdot SO_3$$

生成的硫酸吡啶又同甲醇生成较稳定的甲基硫酸吡啶：

$$C_5H_5N \cdot SO_3 + CH_3OH \longrightarrow C_5H_5N \cdot CH_3SO_4H$$

消耗的碘由 I^- 在阳极发生氧化反应来补充：

$$2I^- - 2e \longrightarrow I_2$$

测量补充消耗的碘所需的电量，根据法拉第电解定律，可求出试样中的水含量。

三、仪器与试剂

YS-2A 型油中水分析仪或其他类型能供给 50mA 电解电流并有延时开关、正负补偿电路及桥流调节等装置的库仑仪一台。

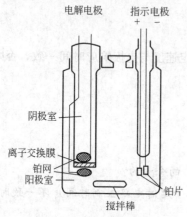

图 8-6　电解池构造示意图

电解池一套（如图 8-6）：电解阳极和电解阴极是铂丝网，阴极室与阳极室间通过离子交换膜相隔离。指示电极是两个相互平行、面积为 $0.7cm^2$ 的铂片，其间距为 $0.5\sim 1cm$。

注射器（50mL、2mL、1mL、0.25mL）；微量注射器（$1\mu L$、$10\mu L$、$50\mu L$、$100\mu L$）；取样器（见图 8-7）。

无水甲醇（A.R.）；吡啶（A.R.）；氯仿（A.R.）；碘（A.R.）。

二氧化硫：称取 240g 亚硫酸钠（或亚硫酸氢钠）于 2L 圆底烧瓶中，滴加浓硫酸制备二氧化硫，使用前用浓硫酸脱水，也可以使用钢瓶盛装的二氧化硫。

卡氏试剂：

甲液，将 50g 碘全部溶于 80mL 吡啶中，再加入 260mL 无水甲醇，此时溶液应出现橙色结晶。

乙液，向 40mL 吡啶中通入干燥的二氧化硫气体，使其总体积为 120mL。

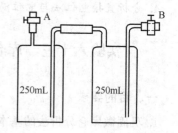

图 8-7　取样器安装示意图

在冷浴中，将乙液慢慢滴入甲液，甲液结晶物溶解，即得到深褐色卡氏试剂，待其冷至室温后，塞紧瓶塞，保存在干燥器内稳定 24h，即可使用。

电解液：将氯仿、甲醇、卡氏试剂按 3＋3＋1 混合即可。

四、实验步骤

1. 取样

① 将 250mL 特制取样器（图 8-7）用蒸馏水洗净，连同硅橡胶管放到烘箱中，在 120℃下烘 3～4h，取出放到干燥器内冷到室温，取样前与大气相通的导管要用分子筛保护。

② 在装置上取样时，打开取样口，先放出"死角"存油的 3～5 倍，至少用 500mL 试样冲洗取样瓶，再直接取样于取样瓶中，试样充满取样瓶后，立即旋紧螺旋夹。

2. 仪器及电解池准备

① 在预先洗净并干燥的电解池阳极室内放入搅拌棒,加入 70mL 电解液,向阴极室中加入 2mL 电解液,盖好滴定池帽,磨口处涂少许真空润滑油防湿,并将电极引线连接到库仑仪指定位置。

② 打开仪器和搅拌器电源开关,将"工作选择"按下"自动"键,调节"给定"旋钮在 7~9 之间,"增益"旋钮为最大值,"表头切换"键盘按下"测定 2"。

③ 将"时间选择"键盘选一合适时间,按下"启动","延时"指示灯亮后,用微量注射器向电解池注入适量含水甲醇,使仪器微安表指针偏向 $50\mu A$,调节电解量程至所需位置,到给定时间后,仪器即自动进行电解,数码管显示电解电量,到终点后电解自动停止,若终点能稳定 50s,即可进样分析。

3. 样品测试

① 用待测试样清洗注射器 5~7 次,先打开"螺旋夹 B",将注射器通过螺旋夹"A"插到试样油层中部,徐徐回抽柱塞抽取适当试样,记录取样量(参照表 8-15)。

表 8-15 取样量及电解电流

试样含水量/$\times 10^{-6}$	取样量/mL	电解电流/mA
0~10	2~5	2
10~100	1~2	2~5
100~1000	0.1~1	5~10
>1000	<0.1	10~50

② 时间选择 50s,按下"启动"键,将取好的样品迅速通过电解池进样口橡皮塞,注入电解池,待延时 50s 后,自动开始电解,待数码管停止跳动后,仪器若能稳定 50s,即可认为到达终点,记下数码管显示的毫库仑数。

五、数据处理

按下式计算试样中含水量:

$$x(H_2O) \times 10^{-6} = \frac{Q \times 10^3}{10722Vd}$$

式中,Q 为消耗的电量,mC;V 为进样体积,mL;d 为试样密度,$g \cdot mL^{-1}$。

六、注意事项

1. 一般情况下,70mL 电解液可与 0.5~0.8g 水反应,若水量过大时,会导致电解效率下降。因此,完成 30~50mL 轻质石油产品测试后,便应更换电解液。

2. 本方法所使用的电解液具有极强的毒性,更换时需在通风橱内进行。废电解液具有挥发性,应倒入密闭的瓶内集中处理。

3. 若试样中含硫化氢或硫醇时,会干扰测定,需用其他方法测定干扰物含量。

七、思考题

1. 怎样验证电解池的电解效率是否接近或达到了 100%？
2. 若溶液中含有溶解氧，实验结果会不会发生变化？

实验六十四　库仑分析法：库仑滴定法测定痕量砷

一、目的要求

1. 通过实验实习库仑滴定法的基本原理。
2. 学习简易库仑滴定仪的安装、使用和滴定操作。
3. 学习用库仑滴定法测定痕量砷的方法。

二、基本原理

库仑滴定法是建立在控制电流电解法基础上的一种准确而灵敏的分析方法，常用于微量组分及痕量组分的物质测定。与待测物质起定量反应的"滴定剂"是由辅助电解质在工作电极上发生电极反应而产生的，其滴定终点借指示剂或电化学方法指示。根据滴定终点时所耗电量，由法拉第电解定律计算出产生"滴定剂"的量，从而计算出被测物质的量。

本实验是将 As(Ⅲ) 试液置于 $0.1 mol \cdot L^{-1} H_2SO_4$ 介质中，以 KBr ($0.2 mol \cdot L^{-1}$) 为辅助电解质，用双铂片电极做工作电极，用死停终点法指示终点。工作电极上的反应：

阳极　　　　　$2Br^- - 2e \Longrightarrow Br_2$

阴极　　　　　$2H^+ + 2e \Longrightarrow H_2$

滴定反应：

$$AsO_3^{3-} + Br_2 + H_2O \Longrightarrow AsO_4^{3-} + 2Br^- + 2H^+$$

根据滴定消耗的电量，计算出 Br_2 的量，从而得出 As 的含量。

三、仪器与试剂

本实验采用的是单元仪表组合的简易库仑滴定装置（见图8-8）。$0.2 mol \cdot L^{-1}$ KBr；浓 H_2SO_4（相对密度 1.84，A.R.）。

$100 \mu g \cdot mL^{-1}$ As(Ⅲ) 溶液：准确称取 A.R. 级 As_2O_3 0.1320g，置于 100mL 烧杯中，加 5mL 20% NaOH，温热至 As_2O_3 全部溶解后，以酚酞为指示剂，用 $1 mol \cdot L^{-1} H_2SO_4$ 中和至无色，再过量 10mL，转入 1L 容量瓶中用蒸馏水稀释至刻度，摇匀备用。

四、实验步骤

1. 将两对铂电极置于热的 (1+1) HNO_3 溶液中浸数分钟，再用蒸馏水冲洗干净。

2. 按图 8-8 接好装置，将搅拌子放入电解池中，加入 0.2mol·L^{-1} KBr 溶液 100mL，浓 H$_2$SO$_4$ 1mL，搅拌均匀后，取部分置于阴极隔膜套筒内，其量保证筒内液面略高于电解池液面。

3. 接通 K$_1$，调节滑线电阻 10，使加在双铂丝指示电极上的电压为 150mV 左右，转动检流计 6 的"零点"调节器，使光点指示为"0"。

4. 接通 K$_1$，调节滑线电阻 11 使电解电流在 8～10mA。此时，在 Pt 片工作电极上有 Br$_2$ 产生，使指示电极上的检流计光点发生偏转。故应注意观察光点的移动并立即断开 K$_2$。

5. 调节检流计 6 的"灵敏度"分挡开关，使光点达最大偏转，然后逐滴加入 10mg·mL^{-1} 砷试液，使检流计光点复零。

6. 接通 K$_2$，在检流计光点恰好移至刻度值为 50 格的瞬间立刻断开 K$_2$（此即预定终点）。

7. 用移液管准确加入砷试液 5.00mL 于电解池溶液中，在接通 K$_2$ 的同时开动秒表计时，进行库仑滴定，记录恒电流 i 的数值，并注意观察检流计的光点，当光点移至预定终点值时，立即停止秒表并断开 K$_2$，记下电解滴定时间 t。重复上述实验 3 次，记录电流 i 及时间 t。

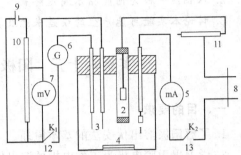

图 8-8　库仑滴定示意图

1—铂片电极；2—铂片电极与阴极隔离室；
3—铂丝指示电极对；4—搅拌磁子；
5—精密直流毫安表（30mA，0.5 级）；
6—检流计（灵敏度 10^{-9}A·mm^{-1}）；
7—直流伏特表（量程 1.5V）；
8—直流电源；
9—电池（1.5V）；10，11—滑线电阻；
12，13—开关 K$_1$，K$_2$

五、数据处理

1. 实验数据记录

砷试液体积 $V=$　　　　mL
电解电流 $i=$　　　　mA
电解时间 $t=$　　　　s

2. 按下式计算每次测定砷的含量（μg·mL^{-1}）

$$\text{砷的含量} = \frac{it}{V} \; (\mu g \cdot mL^{-1})$$

3. 分别计算 3 次平行实验的数值，计算砷含量的平均值。

六、思考题

1. 本实验的电解电路是怎样获得恒定电流的？

2. 双铂丝电极为何能指示滴定终点？
3. 讨论本实验可能产生的误差来源及其预防措施。

实验六十五　阳极溶出伏安法测铜

一、目的要求

1. 了解阳极溶出伏安法的基本原理。
2. 学习以汞膜电极为工作电极的溶出伏安法实验技术。

二、基本原理

阳极溶出伏安法是将待测离子先采用电解法将其富集于工作电极上，再使电位从负向正扫描，使待测物从电极溶出。在此过程记录溶出电流-电位曲线，如图8-9。根据电流-电位曲线的峰高，即可确定待测物质的含量。由于不同离子在一定的电解液中具有不同的峰电位，因此可根据峰电位进行定性分析。

峰高的测定方法如下：取电流-电压曲线上部拐点 A、B 连成直线。再自溶出峰顶点 C 作横坐标的垂线，与 AB 交于 O 点，CO 长度即为峰高，见图8-9。

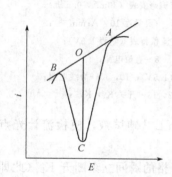

图8-9　阳极溶出伏安曲线

三、仪器与试剂

883型极谱仪；铂球镀银汞膜电极（或悬汞电极）；玻璃态石墨棒电极；磁力搅拌器；秒表。1mol·L^{-1}氨水；5.00×10^{-4}mol·L^{-1}铜标准溶液；10%亚硫酸钠溶液（用时用无水亚硫酸钠配制）。

四、实验步骤

取7个25mL容量瓶，依次加入0mL、0.20mL、0.40mL、0.60mL、0.80mL及1.00mL 5.00×10^{-4} mol·L^{-1}的铜标准溶液和5.00mL未知试样液。再加入2.5mL 1mol·L^{-1}氨水及10%的亚硫酸钠溶液2mL，用水稀释至刻度，摇匀。

测定：在25mL烧杯中倒入上述溶液（从最浓的标准溶液依次测起，最后测未知试样溶液），放入搅拌子后置于磁力搅拌器上，安装好汞膜电极和石墨电极，如图8-10所示。汞膜电极接极谱仪负极。石墨电极通过开关与仪器正极相连，然后按下面步骤进行。

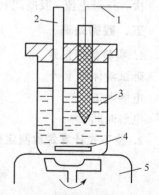

图8-10　阳极溶出伏安法装置图
1—汞膜电极；2—玻璃态石墨电极；
3—烧杯（25mL）；4—搅拌子；
5—磁力搅拌器

1. 汞膜电极的电溶出清洗

为了提高测定的重现性，必须采用预电解溶出处理，以除去汞膜中可能存在的残留杂质。其方法为：将仪器的灵敏度选择置于"100μA"，调零，使记录仪指针在满刻度的 90% 左右，搅动溶液，调节分压轮在 $-0.15V$，用电极开关接通电解池电路 2min。

2. 铜离子的电解富集

在溶液搅动的情况下调节分压轮在 $-1.05V$，把电极开关放在"开"处，同时按下秒表，准确控制电解富集 2min，并立即停止搅拌，静置 30s（不能切断电极开关）。

3. 扫描溶出记录

在静止期间，把灵敏度选择调在适当的位置。开启记录纸进行开关，放下记录笔。静止时间一到，立即扳下分压轮行进开关至"退"处，则电压自 $-1.05V$ 向 $-0.15V$ 扫描。在 $-0.30V$ 左右处，显现出 Cu^{2+} 的阳极溶出峰。扫描结束，即抬起记录笔，关闭分压轮行进开关和记录纸行进开关。

第一样液测完之后，再按测定第一步处理汞膜电极。然后电解池换上另一待测溶液，再重复上述操作，直到整个试液全部测完。实验结束，汞膜电极再在 $-0.15V$ 电解 2min（可在最后一个测试溶液中进行）。电极洗净后，浸在蒸馏水中，关闭各电源开关，抬起记录笔。

五、数据处理

1. 根据溶出曲线测量出各浓度下铜离子的相应峰高，并绘出工作曲线。
2. 由未知试样溶液的溶出峰高，利用工作曲线法计算未知试样中铜离子的浓度。

六、思考题

1. 为什么在电解富集时，必须不停地搅拌溶液？
2. 为什么溶出曲线呈峰状？
3. 883 型极谱仪是如何进行阳极溶出的？如果用示波极谱仪应如何进行？

实验六十六　阳极溶出伏安法测定叶酸片剂中的叶酸含量

一、目的要求

叶酸是一种重要的 B 族维生素，人体中缺乏叶酸会导致患贫血和心血管疾病，测定叶酸片剂中的叶酸含量是一项重要的质量检验指标。

二、基本原理

叶酸分子中含苯胺结构，在阳极电解反应中，苯胺易被氧化生成苯醌，反应如下：

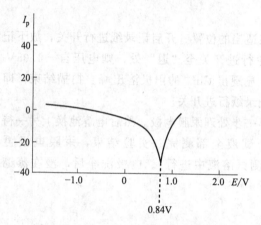

叶酸在用氨基硅油修饰的碳糊工作电极上获得的循环伏安曲线上，在0.84V电位得到一个单一的氧化峰，且无还原峰，表明叶酸在此电极上的反应是不可逆的，可采用阳极溶出伏安法来测定叶酸的含量，见图8-11。

此测定是在 pH=6.8 的 $0.1mol \cdot L^{-1}$ 的 B-R 缓冲溶液中完成的。

图8-11 在pH=6.8 B-R缓冲溶液中，$1 \times 10^{-3} mol \cdot L^{-1}$叶酸在氨基硅油修饰的碳糊电极上的循环伏安图

三、仪器与试剂

1. LK98BⅡ型微机电化学分析系统：三电极分别为用氨基硅油修饰的碳糊电极为工作电极，饱和甘汞电极为参比电极，铂电极为辅助电极。

2. pH6.8 的 $0.1mol \cdot L^{-1}$ B-R 缓冲溶液。

3. γ-氨丙基三乙氧基硅油。

4. 氢氧化铵、石墨粉、铜丝（φ2mm）、聚乙烯硬管（φ3mm×10cm）、叶酸纯品（>99%）、去离子水。

四、实验步骤

1. 氨基硅油修饰碳糊电极的制备

将10g石墨粉和10mL氨基硅油混合均匀，填入内径3mm长10cm的聚乙烯硬管内，从上端插入铜丝作为电极引出线，硬管下端底面压实，并在称量纸上抛光备用。

将用氨基硅油修饰的碳糊电极，置于含10mL B-R 缓冲溶液中的100mL烧杯中，并插入甘汞电极和铂电极，在－1.0～+1.2V电位范围内，以 $0.25V \cdot s^{-1}$ 速

度，扫描数次，直至液晶屏幕出现稳定的背景电流，当需要更新电极表面时，可将碳糊挤出 1～2mm 弃去，在称量纸上，重新抛光底面备用。

2. 叶酸标准溶液的制备

称取 0.4420g 叶酸纯品于 100mL 烧杯中，用 20mL 0.01mol·L^{-1} 氨水溶解，转移至 1L 容量瓶中，用水稀释至标线，摇匀，配成 $1.0×10^{-3}$ mol·L^{-1} 叶酸储备溶液。

分别吸取叶酸储备溶液 0.2mL、0.4mL、0.8mL、1.2mL、1.6mL、2.0mL 于 100mL 容量瓶中，用水稀释至标线，摇匀配成 $2×10^{-6}$ mol·L^{-1}、$4×10^{-6}$ mol·L^{-1}、$8×10^{-6}$ mol·L^{-1}、$1.2×10^{-5}$ mol·L^{-1}、$1.6×10^{-5}$ mol·L^{-1}、$2.0×10^{-5}$ mol·L^{-1} 叶酸标准工作溶液。

3. 叶酸标准工作曲线的绘制

在 6 个 10mL 容量瓶中，分别加入不同浓度的叶酸标准工作溶液 1mL，用 0.1mol·L^{-1} B-R 缓冲溶液稀释至标线，摇匀后，转移到电解池中，插入碳糊电极、饱和甘汞电极和铂电极，静置 100s 后，再以 0.1V·s^{-1} 的扫描速度，在 0.5～1.2V 电位范围进行线性扫描，记录出现氧化峰的电位 0.84V 时的氧化峰电流（I_P），绘制 I_P-c（摩尔浓度）标准工作曲线。

4. 样品的测定

取 10 片叶酸片剂研细，准确称取 0.3g 于 100mL 烧杯中，加入 0.01mol·L^{-1} 氨水 15mL 溶解，过滤，滤液收集在 100mL 容量瓶中，残渣用 0.001mol·L^{-1} 氨水洗涤数次，最后用水稀释至标线，摇匀，作为样品储备液，避光保存。

取 1.00mL 样品储备液于 10mL 容量瓶中，用 0.1mol·L^{-1} B-R 缓冲溶液稀释至标线，摇匀后，转移至电解池中，插入碳糊电极、饱和甘汞电极和铂电极，静置 100s 后，再以 0.1V·s^{-1} 的扫描速度，在 0.5～1.2V 电位范围进行线性扫描，并记录出现氧化峰的电位和氧化峰电流（I_P）。每次测样后，需将氨基硅油修饰的碳糊电极表面进行更新，并在称量纸上抛光后，再重新使用。

五、结果计算

由绘制的叶酸标准工作曲线和叶酸片剂的取样量，计算叶酸片剂中的叶酸含量。

六、思考题

1. 在 B-R 缓冲溶液中，为什么叶酸在氨基硅油修饰碳糊电极上的氧化反应是不可逆的？

2. 当测定叶酸阳极溶出伏安曲线前，当三电极插入测试液中，为何需静置 100s？

3. 叶酸进行氧化反应时除使用 pH＝6.8 的 B-R 缓冲溶液外，还可使用何种电解质缓冲溶液？

实验六十七 气相色谱分析法:保留指数定性

一、目的要求
1. 学习保留指数的概念及测定方法。
2. 在没有标样的情况下,学会利用文献上的保留指数定性。

二、基本原理
在一定的色谱条件下,组分的保留指数为一定值,可用下式计算:

$$I_x = 100\left(Z + \frac{\lg r_{x,z}}{\lg r_{z+1,z}}\right)$$

式中,r 为相对保留值。

计算结果与文献值对照即可定性,本实验用此方法定性酯类混合样中的乙酸正丁酯。

三、仪器与试剂
上海分析仪器厂的 103 气相色谱仪;1μL 微量注射器;FID 检测器。正己烷、正庚烷、正辛烷、正壬烷(均为 A.R.);酯类混合样。

四、实验步骤
1. 实验条件
色谱柱,3000mm×φ4mm 不锈钢柱;固定相,10% 阿皮松 L/6201 载体;$T_c=100℃$;$T_i=120℃$;$T_D=120℃$;N_2 40mL·min^{-1};H_2 30mL·min^{-1};空气 280mL·min^{-1}。

2. 实验操作
按上述实验条件调好色谱仪,待基线稳定后开始分析。

首先注入甲烷标样,然后注入 0.3μL 正己烷、正庚烷、正辛烷和正壬烷混合样,准确测其调整保留时间。

在同样条件下注入酯类混合样,准确测定每个峰的调整保留值,列于表 8-16。

表 8-16 未知物调整保留值

峰号	A	B	C	D
t'_R				

五、数据处理
根据上述公式,分别计算 A、B、C、D 峰的 I 值,与文献值对照确定乙酸正丁酯。

六、注意事项
在分析的 4 种正构烷烃中,选取作标准的两正构烷烃,保留值应分别在乙醇正丁酯的前后。

七、思考题

1. 利用文献保留指数定性需注意什么问题？
2. 除公式计算外，还可用什么方法获得保留指数？

实验六十八　气相色谱分析法：峰面积及校正因子的测量

一、目的要求

1. 学会最常用的峰面积测量方法。
2. 学习校正因子的概念及测量方法。

二、基本原理

由于相同量的不同物质在同一检测器上响应值不同，而相同量的同一物质在不同检测器上响应值也不同，因此，在定量分析中必须对响应值加以校正。$g=m/A$，单位峰面积所代表的物质的量为绝对校正因子，与标准物的校正因子比较即为相对校正因子 $G\left(=\dfrac{g_i}{g_s}\right)$。$m$ 分别为质量、物质的量（摩尔数），则校正因子相应为质量校正因子、摩尔校正因子，只需测准 m 与 A 即可求出 g 和 G 值。

三、仪器与试剂

SP-501N 气相色谱仪；TCD 检测器；5μL 微量注射器。邻苯二甲酸二壬酯固定液；上海试剂厂 101 白色载体（60~80 目）；苯（GC）；甲醇（GC）；乙醇（GC）。

四、实验步骤

1. 实验条件

色谱柱：2000mm×φ4mm 不锈钢柱；固定相：10%DNP/上试 101 白色载体。H_2 35mL·min^{-1}；$T_c=100℃$；$T_t=120℃$；$T_D=110℃$；桥流。

2. 操作步骤

打开氢气钢瓶，调节减压阀及柱前稳压阀，使载气流速为 35mL·min^{-1}，打开主机电源、恒温箱加热开关、桥流开关及记录仪开关，至恒温箱为 100℃，桥电流 120mA，待基线平直后，可进行分析。

准确称取苯（标准）、甲醇、乙醇，分别进样分析。

五、数据处理

1. 面积的计算，列于表 8-17。

表 8-17　峰面积的测量

组　分	峰高乘半高峰宽法				峰高乘保留时间法			
	h	$w_{\frac{h}{2}}$	A	$A_甲/A_乙$	h	t_R	A	$A_甲/A_乙$
甲醇								
乙醇								

2. 校正因子的计算，列于表 8-18。

表 8-18　校正因子的计算

组　分	相对分子质量	峰面积	质量	g_w	G_w	g_n	G_n
甲醇							
乙醇							
苯(标准)							

注：g_w 为绝对质量校正因子；G_w 为相对质量校正因子；g_n 为绝对摩尔校正因子；G_n 为相对摩尔校正因子。G_n 和 G_w 关系为 $G_n = G_w \dfrac{M_s}{M_i}$，$M_s$、$M_i$ 分别为标准物和被测物的相对分子质量。

六、注意事项

使用热导池检测器，一定注意开机时先通载气，后加桥流，关机时先关桥流，后关载气；检测室恒温操作，严防温度波动。

七、思考题

1. 测量峰面积误差的主要来源是什么？
2. 本实验两种求峰面积的方法，哪种更好？为什么？

实验六十九　气相色谱分析法：气-液填充色谱柱的制备及评价

一、目的要求

1. 学习固定液的配制及涂渍方法。
2. 学习装柱及老化技术。
3. 学习评价柱性能的方法。

二、基本原理

实际中应用最广的是气-液填充色谱柱，其柱性能好坏，主要决定于固定相的选择和制备技术。

由载体的堆密度和柱内体积 V 可估算所装载体质量。

$$V = \pi r^2 L$$

式中，r 为柱内半径；L 为柱长。

$$\text{堆密度} = \frac{\text{载体质量}}{\text{载体体积}} \quad (\text{g·mL}^{-1})$$

应装载体质量＝堆密度$\times V(1+0.2)$

按液载比，计算应称固定液的质量。为保证固定液全部溶解，一般溶剂量约为载体体积的 1.3 倍。

根据固定液性质、配比的不同，将固定液涂敷在载体颗粒表面的方法也不同。一般液载比大于 5％，可用"常规"涂渍法。

装柱要求均匀、紧密，载体不能破碎，一般采用泵抽法。

老化是为了进一步除去固定相中残余的溶剂和某些挥发性杂质；使固定液涂布得更均匀、牢固；促使固定相装填更加紧密。

制备好的柱子需测定其性能，考察柱制备技术和欲测对象的分离情况。柱性能一般用以下指标来评价。

理论塔板数（n）或有效塔板数（N_{eff}）反映了柱效能，主要由固定相的性质和动力学因素（操作参数）决定。

$$n = 5.54 \left(\frac{t_R}{2\Delta t_{1/2}}\right)^2 = 16 \left(\frac{t_R}{W_b}\right)^2$$

$$N_{\text{eff}} = 5.54 \left(\frac{t'_R}{2\Delta t_{1/2}}\right)^2 = 16 \left(\frac{t'_R}{W_b}\right)^2$$

式中，t_R 为保留时间，s；t'_R 为调整保留时间，s；$2\Delta t_{1/2}$ 为半峰宽度，cm；W_b 为峰底宽度，cm。

柱效也可用塔板高度（H）和有效塔板高度（H_{eff}）表示。

相对保留值（$r_{2/1}$）也是评价填充柱性能的重要指标之一，它表示相邻组分的分离情况，主要考虑难分离物质对。

容量因子（k）是衡量平衡过程中色谱柱保留能力的重要参数，由组分和固定液的热力学性质决定，与固定液的配比和溶质的分配系数有关。

不同 k 的物质具有不同的 H_{eff} 值，H_{eff} 随 k 值的增大而减小。因此可采用 k 为一定值时的 H_{eff}^k 值来评价色谱柱的实际操作效能。

分离度（R）是一个综合指标，既反映柱效能，又反映柱选择性。由基本分离方程式可明显看出它综合了色谱过程热力学、动力学的各参数关系。

当 $R \geq 1.5$ 时，二峰可达基线分离，即分离纯度可达 99.7％。

当 $R = 1$ 时，分离纯度可达 98％。

R 需多大，主要取决于分析的目的和要求。

三、仪器与试剂

气相色谱仪，TCD；真空泵，红外灯；微量注射器；量筒，培养皿（7～9cm）。丙酮（A.R.），苯，环己烷；邻苯二甲酸二壬酯（DNP），上试 101 白色载体（60～80 目）。

四、实验步骤

1. 气-液填充柱的制备

① 计算 ϕ（内）3mm×2m 不锈钢柱应装 101 白色载体的质量。

② 用微量烧杯在分析天平上称取液载比为 10% 的固定液质量。

③ 固定液涂渍采用"常规"法：用丙酮将固定液转移至培养皿，待固定液全部溶解，加入载体，迅速摇匀，使溶液正好淹没载体。室温下，置于通风橱内，待溶剂均匀挥发近干，在红外灯（<80℃）下烘干。

④ 装柱。将选好的不锈钢柱先用 5%～10%NaOH 热溶液清洗内壁，依次用自来水、稀盐酸、自来水冲洗至中性，最后用蒸馏水和少量 95%乙醇冲洗，烘干后备用。

用泵抽法装柱：在柱一端塞上少许玻璃棉，用布包住，与真空泵橡皮管相连。另一端与装填漏斗相连。启动真空泵，从漏斗上慢慢加入固定相，并轻轻敲打柱，直至固定相不再下沉为止，将柱与漏斗脱开并在柱的另一端也塞上少许玻璃棉。

⑤ 老化。将装好的柱子的进填料一端接汽化室，另一端暂不接检测器。开启载气，在 5～10mL·min^{-1} 流速、柱温高于操作温度 5～10℃（低于固定液最高使用温度）的条件下，老化 15～18h，直至记录仪基线平直为止。

2. 色谱条件

ϕ3mm×2m 不锈钢柱；10%DNP，101 白色载体（60～80 目）；T_c=80℃；T_i=100℃；T_D=100℃；载气 H_2：30mL·min^{-1}；桥电流 120～180mA；进样量 1μL；纸速自选。

3. 柱性能测定

将老化好的柱子的另一端与检测器相连，开机待基线平直后，在最佳流速下，进苯、环己烷混合样 1μL，空气 5μL，记录色谱图及 t_M、t_R。

五、数据处理

1. 填充柱制备记录：

色谱柱编号_____　　实验日期_____

色谱柱材料_____；固定液_____；牌号和批号_____；柱长_____m；柱内径_____mm；载体_____；筛分_____；涂渍方法_____。称取载体质量_____g；液载比_____；固定液用量_____g。实际填充量_____g。

2. 根据色谱图，t_M、t_R、$2\Delta t_{1/2}$ 列表，计算最佳流速时柱效能指标。

试剂	t'_R	$2\Delta t_{1/2}$	n	N_{eff}	H_{min}	H^k_{eff}	$r_{2/1}$	R
苯								
环己烷								

六、注意事项

1. 涂渍过程切勿图快用烘箱或在高温下烘烤。
2. 蒸发溶剂时，不能用玻璃棒搅拌。填充过程中不得敲打过猛，以免载体弄碎。
3. 低沸点、易挥发的固定液不能用泵抽装填法。
4. 气路应严格检漏，热导池出口端应用聚乙烯管连接并通至室外放空，防止 H_2 在室内积聚引起爆炸。
5. 柱温切勿超过 85℃，否则会因固定液流失而造成基线漂移。
6. 桥流根据仪器型号选定。

七、思考题

1. 常规涂渍时应注意些什么？
2. 装填固定相的方法有几种？使用泵抽法应注意些什么？
3. 柱老化的目的及要求是什么？
4. 为什么要将装填料一端接汽化室，另一端接检测器？能否颠倒？为什么？

实验七十 气相色谱分析法：柱温、载气流速对气相色谱分离度的影响

一、目的要求

1. 了解柱温和载气流速在气相色谱分析中的重要性及其对分离度的影响。
2. 深入了解影响分离度的各种因素并掌握分离度的计算方法。

二、基本原理

在气相色谱分析中描述溶质保留特性的参数是容量因子 k，它表达溶质分配在固定相的质量 w_s 和在气相的质量 w_g 的比值：

$$k = \frac{w_s}{w_g} = \frac{t'_R}{t_M}$$

k 值是由溶质和固定液的性质所决定的，可以通过调整保留时间 t'_R 和死时间 t_M 来计算。

对难分离物质对，为描述二者在色谱柱中迁移速度的差别，可用相对保留值 α 表达：

$$\alpha = \frac{t'_{R_2}}{t'_{R_1}} = \frac{k_2}{k_1}$$

对难分离物质对，它们在色谱柱中的运行，要受到热力学因素的影响，如柱温，也受到动力学因素的影响，如载气流速，为全面表达难分离物质对的分离，可用分离度 R 表达：

$$R=\frac{t_{R_2}-t_{R_1}}{\frac{1}{2}(w_{b_1}+w_{b_2})}$$

或表达为:

$$R=\frac{t_{R_2}-t_{R_1}}{\frac{1}{2}(w_{\frac{h}{2}_1}+w_{\frac{h}{2}_2})}$$

式中,t_{R_1},t_{R_2} 分别为组分 1 和 2 的保留时间;w_{b_1},w_{b_2} 分别为组分 1 和 2 的基线宽度;$w_{\frac{h}{2}_1}$,$w_{\frac{h}{2}_2}$ 分别为组分 1 和 2 的半峰宽。

难分离物质对其保留值的差别大小是由固定相的性质,即色谱柱的选择性所决定的。色谱峰的宽窄是由动力学因素决定的,可用色谱柱的柱效来表征,即用理论塔板数 n 来表达:

$$n=5.54\left(\frac{t_R}{w_{\frac{h}{2}}}\right)^2=16\left(\frac{t_R}{w_b}\right)^2$$

分离度与固定相的选择性(热力学因素)和柱效(动力学因素)密切相关,可导出分离度的另一种表达方法:

$$R=\frac{\sqrt{n}}{4}\times\frac{\alpha-1}{\alpha}\times\frac{k}{1+k}$$

由此式可知,分离度 R 是理论塔板数 n、相对保留值 α 和容量因子 k 的函数。因此,可通过调节柱温和载气流速来改变 k、α 和 n,从而达到改善分离度 R,提高气相色谱分离选择性的目的。

三、仪器与试剂

气相色谱仪;热导池检测器;色谱柱:10%SE-30(上试 101 白色载体,80~100 目,$\phi 4mm\times 2m$);载气:氢气。乙醇、丙醇、正丁醇、甲醇、未知醇混合样品。

四、实验步骤

1. 色谱分析操作条件

载气流速:40mL·min^{-1},柱温:100℃,汽化室温度:150℃,检测室温度:120℃,热导池检测器桥流:100mA。

2. 测定死时间:注入 1μL 空气,记录死时间。

3. 保持载气流速 40mL·min^{-1},在柱温 100℃、120℃分别测定空气、甲醇、乙醇、丙醇、正丁醇和未知醇混合样品中各组分的保留时间和半峰宽(或基线宽度)。

4. 柱温恒定在 100℃,载气流速分别为 40mL·min^{-1}、60mL·min^{-1}、80mL·min^{-1},重复测量空气、甲醇、乙醇、丙醇、正丁醇和未知醇混合样品中各组分的保留时间和半峰宽(或基线宽度)。

5. 实验结束后，关闭桥流及电源，待柱温降至室温后关闭载气。

五、数据处理

1. 计算载气流速为 40mL·min^{-1}，柱温为 100℃ 和 120℃ 时，甲醇和乙醇、乙醇和丙醇、丙醇和正丁醇的分离度。

2. 计算柱温在 100℃，载气流速分别为 40mL·min^{-1}、60mL·min^{-1}、80mL·min^{-1} 情况下，甲醇和乙醇、乙醇和丙醇、丙醇和正丁醇的分离度。

3. 由测定的保留时间判断未知醇混合物的定性组成。

4. 当柱温为 100℃、载气流速为 40mL·min^{-1} 时，若甲醇和乙醇两相邻峰的分离度 $R=1.5$ 时，所需柱长应为多少？

六、注意事项

使用热导池检测器，开机时一定要先通载气，再开启电源，待 $T_柱$、$T_汽$、$T_检$ 温度达设定值，再加桥流。

七、思考题

1. 由实验结果推断柱温和载气流速对分离度影响的规律。
2. 分离度是不是越高越好？哪些途径可提高分离度？

实验七十一　气相色谱分析法：煤气中氧、氮、一氧化碳、甲烷的分离测定

一、目的要求

1. 学习气-固色谱法的分离原理和测定方法。
2. 了解配制标准气样的方法，学习简易的针筒配气法。

二、基本原理

煤气中含有 H_2、O_2、N_2、CH_4、CO、CO_2、C_2H_6、C_2H_4 等。对煤气进行全分析通常要用两根柱串联，将样品通过高分子多孔微球（401 有机载体）使 CO_2、C_2H_6、C_2H_4 吸附分离后，用装有碱石灰和硅胶的干燥管吸附除去样品中的 CO_2 和 H_2O，再通过分子筛柱使 O_2、N_2、CH_4、CO 分离。

煤气中 O_2、N_2、CH_4、CO 的分离只要用一根 5A 分子筛柱。分子筛是合成硅酸铝的钠钙盐，是一种强极性吸附剂，主要用于分离 O_2、N_2 及其他永久性气体。分子筛吸水后柱效降低，可在 400~500℃ 高温下活化 3h 后继续使用。对 CO_2、NH_3、甲酸等有不可逆吸附。

三、仪器与试剂

气相色谱仪，TCD；100mL 针筒两只，50mL 针筒两只；10mL 针筒一支；50μL 微量注射器一支。5A 分子筛，40~60 目（色谱专用）；N_2、O_2、CO、CH_4

标准气体。

四、实验步骤

1. 色谱柱的制备

将5A分子筛过筛（40～60目）后，放在蒸发皿中，置于马弗炉内，在500℃下活化3h。然后冷却至200℃左右，取出，趁热装入柱内。接入柱系统，待基线平直后，进样分析。

2. 色谱条件

$\phi 3mm \times 2mm$ 不锈钢柱；$T_c=50℃$，$T_i=100℃$，$T_D=50℃$；载气 H_2 20mL·min^{-1}；桥电流 160mA；记录仪量程 5mV；纸速 1cm·min^{-1}；进样量 50μL。

3. 标准气样的配制

在100mL医用注射器内，预先放入一个圆形描图纸片，用纯 H_2 反复抽洗3次，取100mL H_2，然后以橡皮堵头将针孔堵住。用同样方法将两只50mL针筒分别取纯 CO、CH_4 各50mL，再用10mL针筒取纯 O_2 10mL。将另一个100mL注射器，用 H_2 抽洗3次后，将针头取下套上橡皮帽，分别注入一定体积纯的 O_2、N_2、CO 和 CH_4（视煤气中 O_2、N_2、CO 和 CH_4 含量而定），再用纯 H_2 稀释至100mL。然后将针筒上下颠倒10余次，使气体充分搅拌均匀。根据加入各标准气体的体积就可算出混合气体中 O_2、N_2、CO、CH_4 的体积分数。

也可用配气瓶采用常压配气法。

4. 色谱测定

仪器稳定后，取经过除 CO_2 和干燥的煤气 50μL，直接进样。同样取混合标准气体 50μL，记录 t_R 和色谱图。煤气中氧、氮、甲烷、一氧化碳分离色谱图见图8-12，试样和标样各平行测定3次，相对平均偏差不超过3%。

图 8-12 煤气中氧、氮、一氧化碳、甲烷的分离色谱图

1—氧；2—氮；3—甲烷；4——氧化碳

五、数据处理

1. 利用标准气样的 t_R 对照定性。

2. 根据色谱图测量峰高，由外标（单点校正）法，计算煤气中 O_2、N_2、CO、CH_4 的含量。

$$w_i = \frac{h_i w_s}{h_s}$$

式中，h_i，h_s 为试样、标样中某被测组分的峰高；w_s 为标样中某组分的含量。

六、注意事项

1. 使用针筒配气法注入稀释气体，在靠近刻度时速度要慢，以防压力过大使针芯冲过刻度。

2. 配制的标准气样浓度应与被测试样相近。

3. 煤气样品应预先通过装有碱石灰和硅胶的吸收管，以除去 CO_2 和 H_2O。

七、思考题

1. 分别用 H_2 和 Ar 作载气，将相同体积的 H_2、O_2、N_2、CH_4、CO 混合气注入分子筛柱，结果有何不同？试从热导率的角度来解释。

2. 测定煤气中 O_2、N_2、CO、CH_4 含量时，煤气样品预先要怎样进行处理？为什么？

3. 常用配气法有几种？怎样进行？

4. 怎样才能减少单点校正法的测量误差？

5. 简要设计煤气全分析方案。

实验七十二　气相色谱分析法：食品果冻中山梨酸和苯甲酸含量的测定

一、目的要求

1. 初步了解食品样品中待测组分的提取方法。

2. 了解用气相色谱法测定山梨酸和苯甲酸的方法。

二、基本原理

山梨酸和苯甲酸是食品中的防腐剂，它们可抑制微生物的增殖或杀灭微生物，可防止食品变质，延长保存期。

山梨酸（$C_6H_8O_2$）为无色针状结晶或白色晶状粉末，难溶于水，易溶于乙醇、乙醚、氯仿等有机溶剂，在酸性条件下可随水蒸气挥发。山梨酸是一种不饱和脂肪酸，在人体内可参与正常的新陈代谢，最终被氧化生成二氧化碳和水，因而它是一种比较安全的防腐剂。

苯甲酸（C_6H_5COOH）为白色、具有丝光的鳞片状或针状结晶，易升华，微溶于水，易溶于乙醇、乙醚、丙酮、氯仿等有机溶剂。

在《食品添加剂使用卫生标准》中，要求果冻中山梨酸和苯甲酸的用量应低于 $0.5g \cdot kg^{-1}$。

测定时，将果冻样品酸化后，用乙醚提取山梨酸和苯甲酸，提取液浓缩后，用具有氢火焰离子化检测器的气相色谱仪进行分离测定，用标准工作曲线法定量。

三、仪器与试剂

气相色谱仪，具有氢火焰离子化检测器（FID）；色谱柱：$\phi 3mm \times 2m$ 不锈钢柱，填充 5% DEGS＋1% H_3PO_4（固定液）/Chromosorb W AW（60～80 目，载

体）。乙醚（A.R.）；石油醚（A.R.）；盐酸（A.R.）；NaCl（A.R.）；山梨酸（A.R.）；苯甲酸（A.R.）。

四、实验步骤

1. 果冻样品中防腐剂的提取

称取 2.5g 果冻样品，置于 25mL 分液漏斗中，加入 0.5mL 6mol·L^{-1} HCl 溶液酸化，加入 15mL 乙醚，振荡萃取后，将水相放入另一 25mL 分液漏斗中，再加入 10mL 乙醚进行第二次萃取，放出水相后，合并两次乙醚萃取液于一个 25mL 分液漏斗中，每次用 3mL NaCl 酸性溶液（4% NaCl 溶液，用少量 6mol·L^{-1} HCl 溶液酸化）洗涤两次，弃去水相，静置乙醚萃取液 15min。静置后，再次弃去水相，最后将乙醚萃取液由分液漏斗转移至 25mL 容量瓶中，补加乙醚至刻度线并摇匀。准确移取 5mL 乙醚萃取液于 5mL 具塞刻度试管中，置 40℃ 水浴上蒸干，加入 2mL 石油醚-乙醚（3∶1）混合溶剂溶解残渣，备用。

2. 防腐剂山梨酸、苯甲酸的气相色谱分析

(1) 色谱分析条件

固定相：5%DEGS+1%H$_3$PO$_4$/Chromosorb W AW（60～80 目）。

流动相：载气，N$_2$，40mL·min^{-1}；燃气，H$_2$，40mL·min^{-1}；助燃气，空气，400mL·min^{-1}。

进样汽化室温度 230℃，柱温 170℃，检测器温度：230℃。

(2) 山梨酸、苯甲酸标准溶液的制备　准确称取山梨酸、苯甲酸各 0.2000g，置于 100mL 容量瓶中，用石油醚-乙醚（3∶1）混合溶剂溶解后，定容至刻度，摇匀，此溶液浓度为山梨酸和苯甲酸各为 2mg·mL^{-1}，作为标准贮备液。

色谱分析时，再分别移取不同容积的山梨酸、苯甲酸标准贮备液于 10mL 容量瓶中，用石油醚-乙醚（3∶1）混合溶剂稀释后，配制成山梨酸、苯甲酸浓度为 50μg·mL^{-1}、100μg·mL^{-1}、150μg·mL^{-1}、200μg·mL^{-1}、250μg·mL^{-1} 的标准溶液。

(3) 山梨酸、苯甲酸的含量测定　将上述配制的含不同浓度山梨酸和苯甲酸的标准溶液，逐个进行气相色谱分析，每种浓度的标准溶液进样 3 次，每次注入 2μL 溶液，并以测得不同浓度山梨酸、苯甲酸的峰高作纵坐标，以相应浓度作横坐标，绘制标准工作曲线。最后注入果冻样品石油醚-乙醚（3∶1）混合溶剂提取液 2μL，平行测定 3 次，由测得山梨酸、苯甲酸峰高与标准工作曲线比较进行定量。

色谱分析获得谱图如图 8-13 所示。

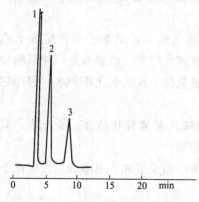

图 8-13　果冻中防腐剂的分析

1—石油醚-乙醚混合物；
2—山梨酸；3—苯甲酸

五、结果计算

果冻中山梨酸、苯甲酸的含量 x（$g \cdot kg^{-1}$）可按下式计算：

$$x = \frac{w \times 1000}{m \times \frac{5}{25} \times \frac{V_1}{V_2 \times 1000}}$$

式中，w 为由标准曲线测得的山梨酸或苯甲酸的含量，μg；m 为样品质量，g；$\frac{5}{25}$ 为测定时称取乙醚萃取液的体积/样品乙醚萃取液的总体积，mL；V_1 为色谱分析时进样体积，$2\mu L$；V_2 为萃取液蒸干后，加入石油醚-乙醚混合溶液的体积，2mL。

六、思考题

1. 果冻样品的乙醚萃取液中若含有水，对测定结果有何影响？是否可用无水硫酸钠将乙醚萃取液中的水分脱除？

2. 本测定中使 DEGS 固定相分离山梨酸和苯甲酸，若使用 PEG20M 或 SE-30 固定相，其分离谱图有无变化？

3. 本测定若使用外标法，应如何进行？

4. 写出苯甲酸和山梨酸的分子式，由分子结构判定它们的紫外吸收光谱的吸收波长，并阐明可否用紫外吸收光谱测定果冻中山梨酸和苯甲酸的含量。

实验七十三 气相色谱分析法：测定日用化学品中的二噁烷（顶空分析）

一、目的要求

二噁烷，化学名为 1,4-二氧六环，为无色带有醚味的液体，是目前认为具有强烈致癌性的物质，经口摄入，对肝细胞有明显致癌活性，能导致小鼠鼻甲骨肿瘤，严重的还导致肾细胞癌。

由于它是聚氧乙烯醚型非离子表面活性剂的副产品，而非离子表面活性剂又是日用化学品（如化妆品、洗涤剂、洗发水等）中的有效成分，因此在日用化学品的产品中会含有痕量的二噁烷，因此对日用化学品中痕量二噁烷的监测，是保证人体健康，减少环境污染的重要指标。

二、基本原理

二噁烷的沸点为 101.3℃，它存在于由多种组分复配的日用化学品中，且含量较低，用一般分离方法很难将它分离出来，若采用顶空气相色谱分析法，可将样品置于顶空进样器中，在 70～80℃ 平衡 1～2h，取气液平衡后进样器上部顶空气体，向气相色谱仪进样，就可对组成复杂的日用化学品进行二噁烷含量的测定。

三、仪器与试剂

1. 气相色谱仪：毛细管色谱柱、氢火焰离子化检测器。
2. 自动顶空进样器、20mL 具塞顶空瓶。
3. 氯化钠、二噁烷：分析纯；去离子水。

四、实验步骤

1. 样品处理

准确称取混合均匀日用化学品样品 0.4000g，置于顶空进样瓶中，加入 1g NaCl 固体，2mL 纯水，密封上盖后轻轻摇匀，置于顶空进样器中，在 70℃下平衡 1.5h 后，取气液平衡后，样品瓶上部气体顶空自动进样，用气相色谱仪进行检测。

顶空进样条件：由柱前压 0.1MPa 分流至 0.08MPa。

2. 气相色谱分析条件

① 色谱柱 DB-5 石英毛细管柱（$\phi 0.32mm \times 30m \times 1.0\mu m$），DB-5 为安捷伦制作，含 5% 二苯基 95% 二甲基聚硅氧烷。

② 载气：N_2 1.0mL·min^{-1}；尾吹 30mL·min^{-1}；燃气：H_2 30mL·min^{-1}；助燃气：空气 400mL·min^{-1}。

③ 汽化室温度 210℃，检测器温度 250℃。

④ 色谱柱程序升温操作

$$40℃, 5min \xrightarrow[12min]{5℃ \cdot min^{-1}} 100℃, 5min$$

⑤ 分流比 5:1。

3. 二噁烷标准溶液的配制和标准工作曲线的绘制

准确称取 0.1000g 二噁烷于 100mL 容量瓶中，用水稀释至标线，摇匀获得浓度为 1000μg·mL^{-1} 的标准储备溶液。在冰箱中 4℃保存，可使用两个月。

分别移取适量标准储备溶液，配成浓度分别为 0.5μg·mL^{-1}、1.0μg·mL^{-1}、10μg·mL^{-1}、50μg·mL^{-1}、100μg·mL^{-1}、500μg·mL^{-1} 的标准工作溶液。

按气相色谱分析条件，将每种标准工作溶液置于顶空自动进样器中，按样品测定条件，分流进样进行气相色谱分析。绘制峰面积（A）-质量浓度（c）标准工作曲线，结果表明二噁烷在 0.5～500μg·mL^{-1} 范围内，标准工作曲线呈线性。

测得色谱图，见图 8-14。

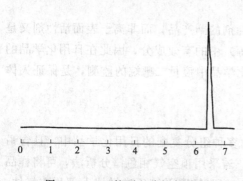

图 8-14 二噁烷顶空分析色谱图

$t_R = 6.47min$

五、结果计算

由绘制的标准工作曲线和进样量来计算日用化学品样品中的二噁烷含量。

六、思考题

1. 本测定中,气-液相平衡温度是如何确定的,温度过低或过高对测定有何影响?

2. 本测定中,气-液相平衡时间是如何确定的,平衡时间过长或过短,对测定有何影响?

3. 如果没有自动顶空进样品,此实验应如何完成?

实验七十四　气相色谱分析法:毛细管柱安装及基本性能评价指标的测定与计算

一、目的要求

通过本实验学习毛细管柱的安装方法和柱性能评价指标的测定与计算。

二、基本原理

毛细管色谱柱有大的相比和比渗透性以及高的柱效,因此,常用于复杂物质的分析。由于毛细管柱的性能会因涂渍方式、固定相液膜的厚度、膜的均匀性、柱子安装技术等因素而变化,因此,必须对毛细管柱的性能进行评价。柱评价通常选用 $k'\geqslant 3$ 的组分测定其保留时间与半宽度,计算它的理论塔板数;同时选用难分离的一对物质测定其分离能力,通过观察峰的拖尾程度以评价柱壁的惰性度。

三、仪器与试剂

毛细管气相色谱仪,FID;色谱柱:SE-30WCOT 柱,25m×φ0.3mm。环己酮;2,4-二甲基苯胺;1-辛醇;n-C_{12};萘;2,4-二甲酚;n-C_{14}。

四、实验步骤

1. 毛细管色谱柱的安装

在安装前先检查毛细管口端有无异物堵塞,将柱入口端与分流装置的附件接上,通载气检查系统是否漏气(观察流量计转子是否下沉到底),是否通气。当气路畅通时将柱的另一端与装有尾吹装置的附件接上(图 8-15 和图 8-16)。

2. 注入甲烷气检查安装是否正确

当柱子连接好后将检测室升温至 150℃,通氢气和空气,开启点火,再通尾气(N_2),约 30mL·min^{-1}。注入 10μL 甲烷气,待甲烷出峰后,调整分流比约 1:50 或 1:100,线速 10cm·s^{-1}。在此条件下,甲烷峰峰底宽度在 1s 左右,说明安装正确。此时,可将柱程序升温到 80℃ $\xrightarrow{2℃·min^{-1}}$ 110℃,T_D:250℃,载气线速 $u=$

$15 \text{cm} \cdot \text{s}^{-1}$。

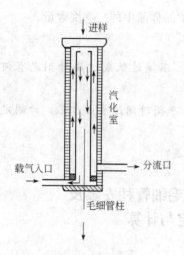

图 8-15 色谱柱安装示意图

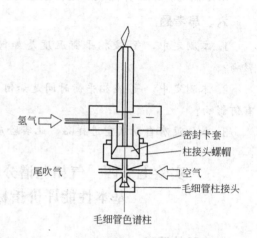

图 8-16 毛细管柱与检测器连接示意图

3. 分流比的测定与计算

分流管的流速用皂膜流量计测定，柱流速根据柱体积和 t_M 求得，将两个流速校正在同一温度下进行比较即得分流比。

4. 色谱条件

① 标准混合物的配制，将上述试剂配成 1% 的正己烷溶液。

② 色谱条件 $T_c = 110℃$，$T_i = 200℃$，$T_D(HD) = 180℃$；进样量 $0.2\mu L$，分流比 100:1，尾吹气（N_2）$40\text{mL} \cdot \text{min}^{-1}$，载气（$N_2$）（99.995%）；线速 $10\text{cm} \cdot \text{s}^{-1}$，色谱图见图 8-17。

五、数据处理

1. 理论塔板数的测定与计算

以正十四烷作标准，测定其保留值和半宽度，根据下式计算 n 值。

$$n = 5.54 \left(\frac{t_R}{2\Delta t_{1/2}} \right)^2$$

2. 计算 $n\text{-}C_{12}$ 和 $n\text{-}C_{14}$ 的分离度

$$R = \frac{2(t_{RC_{14}} - t_{RC_{12}})}{W_{C_{12}} + W_{C_{14}}}$$

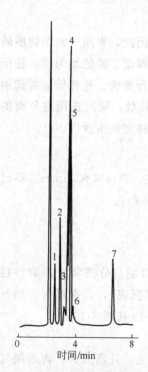

图 8-17 测试混合物色谱图

1—环己酮；2—2,4-二甲基苯胺；
3—1-正辛醇；4—$n\text{-}C_{12}$；5—萘；
6—2,4-二甲酚；7—$n\text{-}C_{14}$

3. 观察2,4-二甲基苯胺和2,4-二甲酚的峰形是否拖尾。

六、注意事项

1. 毛细管两端不能被异物堵塞。

2. 毛细管应插入汽化室的载气高流速区，保证样品分流时不失真；接检测器的一端要超过尾吹气和氢气的进口部位，使柱末端处在气体高流速区，这样有利于柱出口组分的峰形拔尖。

七、思考题

1. 简述毛细管色谱法的优缺点。
2. 细内径毛细管柱分析时为什么要采用分流方式？怎样测定分流比？
3. 怎样评价毛细管柱的特性？

实验七十五　气相色谱分析法：毛细管气相色谱法直接进样分离白酒中微量香味化合物

一、目的要求

1. 通过本演示实验使学生了解开管毛细色谱柱的高分离效率和高选择性。
2. 使学生了解毛细管柱的分配机理及对生物发酵产品——组成复杂的白酒的分离作用。
3. 使学生领会并比较毛细管柱与填充柱的差异及其特点。

二、基本原理

采用含氰基SCOT开管毛细管柱，直接进白酒样品于色谱系统中，使白酒中多组分化合物在流动相和涂载体固定相中进行分子扩散作用和传质作用，反复几万次分配使酒中各微量香味组分按其应有的顺序流出，记录信号，得到又窄又尖锐的色谱峰图。

三、仪器与试剂

国产或进口附毛细管柱装置的气相色谱仪一套；色谱数据处理机或记录仪一台；氰基液膜SCOT柱$35m \times \phi 0.28mm$（玻璃质或石英质）一根；FID检测器；$10\mu L$微量注射器一支。丙酮；石油醚；氢气；氮气；助燃气；优质白酒样品。

四、实验步骤

1. 连接仪器系统。检查仪器气路和电路系统，排除故障。
2. 按色谱柱说明规定的条件，老化色谱柱至仪器基线平稳。
3. 色谱操作条件：$T_D = 150℃$；$T_c = 60℃$恒温4min，以$8℃ \cdot min^{-1}$的升温速率升至120℃，再恒温20min；载气流速（N_2）$50mL \cdot min^{-1}$，氢气（H_2）流速

250mL·min^{-1},空气流速 600 mL·min^{-1},分流比 25∶1;进样量 4μL;检测室温度 200℃。

4. 重复进样 3~4 次,视色谱图分离良好并重现,可认为实验成功。

5. 由谱图可通过计算保留值或加入标准样进行定性;也可以己酸甲酯作内标物,用内标法定量。

6. 所获谱图见图 8-18,标记各组分峰的序号,并用数据处理机打印出分析结果。

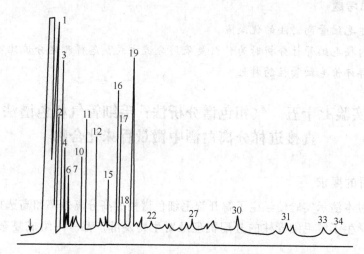

图 8-18 白酒中香味化合物的毛细管气相色谱分离图
1—乙酸乙酯;2—乙缩醛;3—亚丙醇;4—仲丁醇;6—叔戊醇;
7—异丁醇;10—正丁醇;11—丁酸乙酯;12—异戊醇;15—正戊酸乙酯;
16—己酸甲酯(内标);17—乳酸乙酯;18—正己醇;19—己酸乙酯;
22—异戊酸乙酯+异戊醛;27—辛酸乙酯;30—苯甲酸乙酯;31,33,34—未知

五、数据处理

各组分流出时,给仪器指令记录保留时间(或人工记录),待各组分色谱峰保留时间重现性好时,取其平均值,列出表格进行定性分析。若用谱图作定量分析时,要准确称取组成相近的标准样品(计量 G_{wi})、待测样品和内标物的质量,记录各组分的峰面积,以内标物的相对质量校正因子 $G_{wi}=1.0$ 作标准,计算出各组分的 G_{wi},然后用内标法求出各个组分的含量。

六、注意事项

1. 毛细管色谱柱安装、密封、老化至关重要,要十分细心。

2. 在无上述柱型时,可以选用交联 PEC-20M 或 FFAP 柱代替,但分离效果及出峰顺序可能有改变,要注意。

3. 毛细管柱载气流速要控制在 0.5~2.5mL·min^{-1}(线速度控制在 12~15cm·s^{-1})范围内,要细心测量。

4. 毛细管柱口直接进样要注意套管死体积不能过大，分流比要控制在稳定状态，进样技术要好，否则会造成失真误差。

5. 尾吹气流量要控制在操作条件允许的范围内，否则会导致峰变形及选择性降低。

6. 精心调节 FID 灵敏度至高态，增加微信号强度。

7. 因毛细管柱容量较小，每次进样量不宜过大，进样间隔时间要拉长些，避免柱容量过饱和而使分离失败。

七、思考题

1. 开管毛细管气相色谱柱（SCOT 型）为什么有高的柱效率和选择性？
2. 本实验为什么采用程序升温？恒温操作可否？为什么？
3. 白酒样品能在填充柱上直接进样吗？分离状况将如何？同毛细管柱相比会有何异同？为什么？
4. 如采用 OV-101 毛细管色谱柱分析同样白酒样品，可否？色谱图将会发生什么变化？为什么？
5. 如柱型不变，增加柱径、柱长和固定液膜厚度，该样品各组分色谱图将怎样改变，会带来什么问题？为什么？

实验七十六　高效液相色谱分析法：柱填充技术和柱性能考察

一、目的要求

1. 学习匀浆法装柱技术。
2. 学习考察色谱柱基本特性的方法。

二、基本原理

1. 色谱柱的填充

色谱柱分离效能的好坏，不仅与填料特性和填充方法有关，而且与从事装柱工作的经验有关。

柱的填充方法主要决定于填充剂颗粒性质及大小。对填充剂的总要求是：均匀、颗粒不破碎且紧密、大小不同的颗粒在柱内不分级和不产生缝隙。在 HPLC 中使用的微粒固定相直径为 $3\sim10\mu m$，由于微小颗粒具有很高的表面能，因此它们在干燥状态容易聚集，并黏附于柱壁。使用干法填充，不能获得分离效能好的色谱柱。目前，一般都采用湿法-匀浆法装柱。

匀浆法，就是选择一种合适的液体作为分散介质，制成微粒在介质中高度分散的固定相悬浮液，在整个填充过程中，微粒不沉降或凝聚。然后，用高压输液泵在高于实际操作压力下，用顶替液将该悬浮液迅速压入柱内。

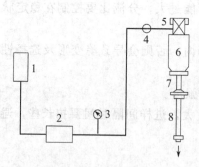

图 8-19 匀浆法填充色谱柱装置
1—溶剂瓶；2—泵；3—压力表；
4—三通阀；5—放空阀；6—匀浆罐；
7—预柱；8—色谱柱

匀浆法填充色谱柱的装置见图 8-19，匀浆罐为容积 100mL 左右的圆柱体。匀浆罐上面的放空阀是为了在装柱时先排掉罐上部残存的气体。在匀浆罐和色谱柱之间的一小段短柱称为预柱。装柱时，色谱柱和预柱都装满固定相，其作用是保证色谱柱上端的装填密度。另外，在使用过程中，当柱头下陷时，可用预柱进行修补。

2. 柱性能考察

评价液相色谱柱的性能是否优良，有不同的方法和考察指标。本实验从理论塔板数和峰对称性两个方面进行考察。

（1）理论塔板数 色谱柱的分离效率（简称柱效），可定量地用理论塔板数来表示。理论塔板数反映色谱柱本身的特性，表明柱效受填料颗粒度、柱内径、流动相流速和黏度、进样方式等影响，是一个具有代表性的参数。

（2）峰对称性 若色谱柱充填不均匀或柱子经长期使用及保存不当，都会引起色谱峰不对称。峰不对称性用峰不对称因子（peak asymmetry factor）表示。其计算方法见图 8-20，由峰顶向基线作垂线，并在峰高 10% 处作基线平行线，得 A、C、B 三交点，则峰不对称因子可由下式计算求得。

$$\text{PAF} = \frac{CB}{AC}$$

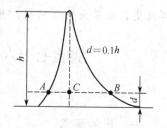

图 8-20 峰不对称因子的测量

一根良好的色谱柱，峰不对称因子应在 0.8~1.2 范围内。

三、仪器与试剂

气动放大恒压泵（流量 $1L \cdot h^{-1}$）；超声波发生器；不锈钢色谱柱（$15cm \times \phi 4mm$）。YWG-C_{18}（$5\mu m$ 或 $10\mu m$）；V(甲醇)：V(水)$=60:40$；试验混合物；硝基苯-苯乙酮-甲苯。

四、实验步骤

1. 色谱柱的填充

① 将色谱柱依次用氯仿、丙酮、甲醇、水、甲醇清洗，然后吹干，在柱下端装上过滤片及带密封垫的螺母，按图 8-17 连接好装置。

② 检查泵系统是否正常，是否泄漏。

③ 将 500mL 顶替液置于超声波发生器上，脱气处理 15~20min。

④ 称取超过色谱柱实际用量 15% 的填料，倒入小烧杯中，加入分散介质（5~

$10mL·g^{-1}$填料），摇匀，用超声波处理 10min，制成均匀的匀浆液。

⑤ 迅速将匀浆液倒入匀浆罐中。

⑥ 压紧顶盖，打开放空阀，从出气口加入少量分散介质，使排气管充满液体，关闭放空阀。

⑦ 打开高压阀，使压力迅速升至 400～500MPa，让顶替液迅速将匀浆液压入柱中，待流出 100～150mL 液体后，逐渐降低压力，至停泵。待柱中不再流出液体时，卸下柱子，装上过滤片及密封螺母。

2. 色谱柱性能考察

① 将填充好的色谱柱接入色谱系统。

② 启动仪器，待基线平稳后即可进样。

③ 记录仪纸速 $10mm·min^{-1}$，检测器 UV-254nm，0.02AUFS，注入 3～5μL 试验混合物溶液，记录色谱图。

五、数据处理

根据柱长（cm）、组分的保留时间 t_R（min）、组分的半高峰宽 $W_{\frac{h}{2}}$（mm），计算每米柱的理论塔板数、理论塔板高度和各组分的不对称因子。

六、注意事项

1. 所配制的匀浆液浓度不宜过高，否则将影响固定相在分散介质中的均匀分散。通常，悬浮液中含填料 10%左右。色谱柱的填充条件见表 8-19。

表 8-19 色谱柱填充条件

填料	分散介质	顶替液	压力/MPa	加压时间/min
硅胶	四氯化碳	庚烷	300	30
极性键合相	90%四氯化碳+10%异丙醇	庚烷或丙酮	400	30
非极性键合相	90%四氯化碳+10%甲醇	甲醇或乙醇	500	60

2. 填充过程所施加的压力一般在 20～60MPa 的范围内。压力过高，柱内填充床可能产生裂纹或结块，压力过低，固定相不够紧密，柱效降低。

3. 考察柱效时，要避免使用强极性溶质和高黏度的溶剂。对硅胶柱，常用庚烷或己烷作流动相，苯、萘和苯酚混合物作试验用溶质。对 C_{18} 柱，试验用溶质和硅胶柱相同，但流动相为甲醇与水的混合物。

4. 因为理论塔板数 n 和柱长有关，通常，在没有说明柱长时，n 都是指每米柱长的数值。对柱长 15～30cm、固定相粒度 5～10μm 的液相色谱柱，如填充良好，在最佳操作条件下，其理论塔板数约为 $1×10^4$。

七、思考题

1. 根据数据处理的结果，评价所填充的色谱柱性能。
2. 简述评价液相色谱柱的方法和考察指标。

实验七十七 高效液相色谱分析法：咖啡、茶叶中咖啡因含量的分析

一、目的要求
1. 了解 ODS 反相高效液相色谱柱的实际应用。
2. 掌握标准工作曲线定量法。

二、基本原理
咖啡因是由咖啡或茶叶中提取制得的一种生物碱，它能刺激大脑皮层，使人精神振奋。咖啡和茶叶中分别含有 1.2%～1.8% 和 2.0%～4.7% 的咖啡因。

咖啡和茶叶可用氯仿定量萃取出咖啡因，再用 ODS 柱，以甲醇-水为流动相，用紫外吸收检测器和标准工作曲线法进行高效液相色谱分析。

三、仪器与试剂
具有紫外吸收检测器的高效液相色谱仪；安装 ϕ4.6mm×10cm 的 ODS 反相柱；10μL 平头微升注射器。甲醇；氯仿；NaCl；NaOH；咖啡因；咖啡；茶叶。

四、实验步骤

1. 咖啡因标准储备液

准确称取 0.1000g 咖啡因，用氯仿溶解，定量转移至 100mL 容量瓶中，用氯仿稀释至标线，备用。

2. 咖啡因标准系列溶液配制

分别用吸量管吸取 0.40mL、0.60mL、0.80mL、1.00mL、1.20mL、1.40mL 咖啡因储备溶液于 6 个 10mL 容量瓶中，用氯仿稀释至刻度，浓度分别为 40mg·L^{-1}、60mg·L^{-1}、80mg·L^{-1}、100mg·L^{-1}、120mg·L^{-1}、140mg·L^{-1}。

3. 样品预处理

① 准确称取 0.25g 咖啡，用去离子水溶解，定量转移至 100mL 容量瓶中，稀释至刻度，摇匀。将容量瓶中溶液干过滤（即用干燥漏斗、干滤纸过滤），取此滤液 25.00mL 于 125mL 分液漏斗中，加入 1.0mL 饱和 NaCl 溶液和 1.0mL 1.0mol·L^{-1} NaOH 溶液，然后用 20mL 氯仿分三次萃取（10mL、5mL、5mL），再将氯仿萃取液分离后，流经装有无水 Na_2SO_4 的漏斗（在漏斗颈部放一团脱脂棉，上面放一层无水 Na_2SO_4）脱水，过滤液用 25mL 容量瓶接收，再用少量氯仿洗涤，最后定容至标度。

② 准确称取 0.30g 茶叶，用 30mL 去离子水煮沸 10min，冷却后将上层清液移至 100mL 容量瓶中，稀释至刻度，摇匀。用氯仿萃取咖啡因的步骤同上。

4. 高效液相色谱操作条件

色谱柱：$\phi 4.6mm \times 10cm$ ODS 反相柱，标温：室温；流动相：60％甲醇-水，流量：1.0mL·min^{-1}；检测器：UVD，275nm。

5. 咖啡因标准工作曲线绘制

待色谱仪基线平直后，分别注入咖啡因标准系列溶液 10μL，重复两次，取峰面积平均值，记录保留时间。

6. 样品测定

分别注入咖啡、茶叶氯仿萃取液 10μL，依据保留时间确定样品中咖啡因的峰位，再重复进样两次，记录峰面积平均值。

实验结束，按操作要求关好仪器。

五、数据处理

1. 依据咖啡因标准系列溶液测得的色谱图，绘制咖啡因峰面积-浓度的标准工作曲线。
2. 根据样品色谱图的峰面积，由工作曲线计算咖啡和茶叶中的咖啡因含量（mg·L^{-1}）。

六、注意事项

由于咖啡和茶叶中咖啡因含量不相同，称取样品量可适当增减。标准系列溶液应在冰箱中保存。

七、思考题

1. 样品处理中为什么用氯仿萃取？
2. 用标准工作曲线法定量的优、缺点是什么？
3. 若用内标法定量应如何进行？

实验七十八　高效液相色谱分析法：反相离子对色谱中 t_M 的测定

一、目的要求

1. 学习反相离子对色谱中 t_M 值的测定方法。
2. 了解反相离子对色谱中影响 t_M 测定的因素。

二、基本原理

死时间 t_M 是指惰性物质通过色谱柱所需要的时间，也称非滞留时间。在反相离子对色谱中，测定死时间通常用无机盐作测定探头。当离子对试剂为烷基磺酸盐时，可用硫酸钠或硝酸钠测定；为烷基胺盐时，使用氯化铵或硝酸铵测定。与一般反相色谱相比，反相离子对色谱的死时间在柱温和流动相流速一定时并非一恒定常数,而随流动相中有机溶剂的含量和离子对试剂的浓度而变化。在 pH 为 3.0~6.0 范围内, pH 对 t_M 的测定影响不大。

三、仪器与试剂

高效液相色谱仪;超声波发生器。十六烷基三甲基溴化铵(CTAB);硝酸钠和硝酸铵各配成 $0.05\text{mol}\cdot\text{L}^{-1}$ 的 35% 甲醇水溶液。

四、实验步骤

1. 实验条件

① 色谱柱:YWG-C_{18},$10\mu m$,$25cm\times\phi4.6mm$;

② 流动相:$0.005\text{mol}\cdot\text{L}^{-1}$CTAB 的 35% 甲醇水溶液,用磷酸调节 pH 至 3.0,经 $0.45\mu m$ 微孔纤维滤膜过滤,超声波脱气;

③ 流动相流量:$0.5\text{mL}\cdot\text{min}^{-1}$、$0.8\text{mL}\cdot\text{min}^{-1}$、$1.0\text{mL}\cdot\text{min}^{-1}$;

④ 检测器:UV-254nm,0.02AUFS;

⑤ 温度:室温。

2. 启动仪器

待基线稳定后,在流动相流量分别为 $0.5\text{mL}\cdot\text{min}^{-1}$、$0.8\text{mL}\cdot\text{min}^{-1}$ 和 $1.0\text{mL}\cdot\text{min}^{-1}$ 下,分别注入 $5\mu L$ 硝酸钠和硝酸铵溶液,记录色谱图,并记下出峰时间。

实验结束后,用 90% 甲醇-水溶液冲洗色谱柱 1h 左右。

五、数据处理

1. 比较硝酸钠和硝酸铵的色谱图和 t_M 值。

2. 把不同流速下的硝酸钠和硝酸铵的 t_M 值列出,并计算相应的死体积。

六、注意事项

在反相离子对色谱中,不宜使用含有水或甲醇的流动相来测定 t_M,因为它们在两相中分配,测得的值比真实值大,结果一些与"离子对"有相同电荷的化合物的容量因子 k' 为负值。

七、思考题

1. 什么是死时间 t_M?反相高效液相色谱中 t_M 的测定方法有哪些?

2. 反相离子对色谱中 t_M 值的测定一般采用什么方法?测定的影响因素有哪些?测定时要注意哪些问题?

实验七十九 高效液相色谱分析法:食用苹果汁中有机酸的分析

一、目的要求

1. 了解 C_{18} 反相柱在有机酸分析中的应用。

2. 学习果汁样品的预处理方法和定量分析方法（外标法）。

二、基本原理

苹果汁中含有的有机酸主要是苹果酸和柠檬酸，其他的有机酸可能为草酸、酒石酸、乳酸、乙酸、顺丁烯二酸、丁二酸等，它们在水中有较大的溶解度，且在紫外吸收波长 210nm 附近有较强的吸收。苹果汁中含有的各种有机酸皆为极性分子，且极性差异较大，因而可用反相高效液相色谱分析。当采用 C_{18} 反相柱后，可在酸性流动相（pH=2～5）下进行洗脱，此时有机酸的离解会受到抑制，利用有机酸在分子状态下呈现疏水性的差别，分子极性强、疏水性小的有机酸在 C_{18} 柱的保留弱，首先从柱中流出，而极性弱、疏水性大的有机酸在 C_{18} 柱的保留强，则稍后从柱中流出，从而实现有机酸的分离。

三、仪器与试剂

具有紫外吸收检测器的高效液相色谱仪，安装 $\phi 4.6mm \times 15cm$ 的 C_{18} 反相柱（$5\mu m$）；$25\mu L$ 平头微量注射器。苹果酸（A.R.）；柠檬酸（A.R.）；磷酸二氢钾（A.R.）；市售苹果汁饮料。

四、实验步骤

1. $0.025mol \cdot L^{-1}$ KH_2PO_4 流动相（pH= 2.5）的制备

取 $3.40g$ KH_2PO_4（A.R.），在 100mL 烧杯中加入 50mL 去离子水，加热溶解，再用去离子水稀至 1000mL，再用 $0.45\mu m$ 水相滤膜减压过滤，除去机械杂质，脱气，备用。

2. 外标法使用的苹果酸、柠檬酸标准溶液的配制

(1) 各称取 100mg 苹果酸和 100mg 柠檬酸，分别置于 100mL 烧杯中；用30～40mL 去离子水溶解，溶解后定量转移到 100mL 容量瓶中，用去离子水稀至标线作为贮备液（$1mg \cdot mL^{-1}$）。

(2) 混合标准溶液的配制：分别移取苹果酸和柠檬酸标准贮备液各 5.00mL 至 50mL 容量瓶中，定容、混匀，制成苹果酸和柠檬酸的混合标准溶液（各为 $100mg \cdot L^{-1}$）。

3. 苹果汁样品的制备

取市售苹果汁 50mL，用 $0.45\mu m$ 水相滤膜过滤后，滤液在冰箱中保存备用。

4. 高效液相色谱分析

将 C_{18} 色谱柱安装到高效液相色谱仪上，泵入 $0.025mol \cdot L^{-1}$ KH_2PO_4 流动相，流量保持 $1.0mL \cdot min^{-1}$，柱温：室温，紫外吸收检测器波长 210mm，待基线稳定后就可进行分析。

(1) 苹果酸、柠檬酸标准溶液分析　用 $25\mu L$ 平头微量注射器向进样六通阀注入混合标准溶液 $20\mu L$，记录苹果酸和柠檬酸色谱峰的峰面积，平行测定 3 次，计算出外标法使用的 K 值。

(2) 苹果汁样品分析　用 25μL 平头微量注射器，向进样六通阀注入 20μL 过滤后的苹果汁滤液，重复 3 次，记录苹果酸和柠檬酸的峰面积，用外标法计算其各自含量。

五、数据处理

外标法计算公式如下：

$$w_{苹} = A_{苹,样} \left(\frac{w_{苹}}{A_{苹}} \right)_{标} = A_{苹,样} K$$

$$w_{柠} = A_{柠,样} \left(\frac{w_{柠}}{A_{柠}} \right)_{标} = A_{柠,样} K$$

式中，$w_{苹}$、$w_{柠}$ 分别为苹果汁中苹果酸、柠檬酸的含量，$mg \cdot L^{-1}$。

对相近含量的有机酸，其在 C_{18} 色谱柱的谱图如图 8-21 所示。

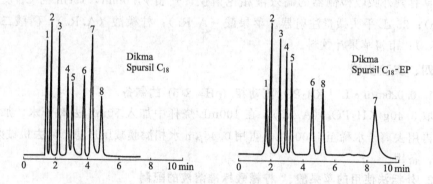

图 8-21　在迪马公司生产的 Spursil C_{18} 和 Spursil C_{18}-EP 反相柱上，有机酸的分离
　　　　色谱柱：ϕ0.46cm×15cm（5μm），柱温：室温
　　　　流动相：0.025mol·L^{-1} KH_2PO_4 溶液，流量：1mL·min^{-1}
　　　　检测器：UVD（210nm）
　　　　色谱峰位：1—草酸；2—酒石酸；3—苹果酸；4—乳酸；5—乙酸；
　　　　　　　　　6—柠檬酸；7—顺丁烯二酸（富马酸）；8—丁二酸（琥珀酸）

六、思考题

1. 写出草酸、酒石酸、苹果酸、乳酸、乙酸、柠檬酸、顺丁烯二酸、丁二酸的分子式。

2. 由上述 8 种有机酸在 Spursil C_{18} 柱和 Spursil C_{18}-EP 柱的出峰顺序，判断这两种 C_{18} 柱中，哪一个柱的非极性更强一些。

3. 本分析中，若用 50% 甲醇-水溶液作流动相，各种有机酸的保留值会如何变化？色谱峰的峰形会如何变化？

4. 若本测定改用内标法定量，应选用哪种有机酸作内标物？并写出实验步骤和分析结果计算方法。

实验八十　高效液相色谱分析法：二元梯度洗脱与恒定洗脱对比

一、目的要求

1. 了解二元梯度洗脱实验技术。
2. 了解梯度洗脱的适用范围及注意事项。

二、基本原理

梯度洗脱就是将两种或两种以上不同极性但可以互溶的溶剂，随着时间改变使按一定比例混合，以连续改变流动相极性的洗脱方式进行洗脱。溶剂对样品分离度的影响可用下式表示：

$$R = \frac{1}{4} \times \frac{r_{2/1} - 1}{r_{2/1}} \sqrt{n} \times \frac{k_2}{1 + k_2}$$

由上式可知，两个相邻峰的分离度是由 $r_{2/1}$、n 和 k_2 值决定的。n 随溶剂黏度而变化，是色谱过程动力学因素的函数，而 $r_{2/1}$ 和 k_2 则是溶剂热力学性质的函数，色谱峰的迁移随溶剂极性的强弱而变化。如在正相色谱中，对同一馏分，极性强的溶剂 k' 值较小，极性弱的溶剂则 k' 值较大。在分离复杂的混合物时，各组分 k' 值相差很大，采用单一溶剂很难得到满意的结果。为了获得良好的分离，就需要在分离过程中改变溶剂的强度或相应地改变某些分离条件，特别是当第一个谱峰和最后一个谱峰的 k' 值比超过 1000 时，用梯度洗脱的效果特别明显。它的应用使总的分离时间缩短，分离度增加，峰形得到改善，提高了有效灵敏度。

三、试剂

试验混合物：苯、萘、联苯、菲、芘、䓛，配成甲醇溶液 $0.1\text{mg} \cdot \text{mL}^{-1}$。

四、实验步骤

1. 实验条件

① 色谱柱：YWG-C_{18}（25cm×ϕ4.6mm；$5\mu m$ 或 $10\mu m$）；
② 流动相：甲醇-水（50%～90%甲醇）；
③ 梯度速度：2%/min；5%/min；10%/min；
④ 恒定洗脱流动相：V(甲醇)：V(水)＝50：50；
⑤ 流动相流量：$1.5\text{mL} \cdot \text{min}^{-1}$；
⑥ 检测：UV-254；0.02AUFS；
⑦ 柱温：室温。

2. 梯度洗脱

启动仪器，待基线平稳后，注入 3～5μL 试样溶液，以甲醇：水＝50：50 为流动相进行洗脱，记录色谱图。

3. 线性梯度洗脱

① 以甲醇-水为流动相，初始溶剂配比为 50%；甲醇以 2%/min、5%/min、10%/min 进行梯度洗脱，待基线平稳后，注入试样溶液 3～5μL，分别记录色谱图。

② 柱子在经梯度洗脱再次使用时，用反梯度洗脱程序再生。

五、数据处理

比较各条件下的色谱图，确定最佳操作条件。

六、注意事项

1. 在梯度洗脱中，选择溶剂对时要考虑互溶性，且不可发生反应。对于液固色谱和正相键合色谱，应选用黏度较低的溶剂，戊烷和己烷的黏度比辛烷低，但戊烷的挥发性太强。二氯甲烷可用来增加溶剂的极性。在反相色谱体系中，可用甲醇（或乙腈）-水混合物作为流动相，其中，乙腈-水体系具有较低的黏度和较好的柱效。

2. 经梯度洗脱后的柱子，再次使用之前必须进行处理，以除去强溶剂成分，可使用"倒梯度"洗脱的程序（即逐渐降低溶剂强度）来实现。在用梯度洗脱程序分离时，不能使用示差折光检测器。

七、思考题

1. 为什么要采用梯度洗脱程序分离？其有几种类型？简述其原理，并进行比较。

2. 梯度洗脱要注意哪些问题？

实验八十一　高效液相色谱分析法：反相离子对色谱分离水溶性维生素

一、目的要求

1. 了解反相离子对色谱分离水溶性维生素的方法。
2. 了解反相离子对色谱分离水溶性维生素的原理及方法特点。

二、基本原理

水溶性维生素包括维生素 B_1（硫胺素）、维生素 B_2（核黄素）、维生素 B_5（烟酰胺、烟酸）、维生素 B_6（吡哆醛、吡哆醇）、维生素 B_{11}（叶酸）、维生素 B_{12}（钴维生素）和维生素 C 等。在用反相离子对色谱法测定中，阳离子 A^+（样品离子）和反离子 B^-（烷基磺酸根离子）先形成离子对，再在流动相和固定相中分配，保留时间为：

$$t_R = t_M \left(1 + \frac{1}{\beta} E_{A,B} [B^-]_{水相}\right)$$

式中，β 为相比；t_M 为死时间；$E_{A,B}$ 为平衡常数。

可见样品的保留时间受离子对试剂的浓度和可逆过程的总平衡常数的影响。因此，对混合水溶性维生素分离的影响，除反离子的浓度外，还有流动相的 pH 值、甲醇与水的配比、有机添加剂三乙胺（TEA）浓度和柱温。TEA 作为流动相的添加剂，可减少碱性样品色谱峰的拖尾。

三、仪器与试剂

高效液相色谱仪；超声波发生器。甲醇；十二烷基磺酸钠；三乙胺；水溶性维生素混合标样。

混合标样配制方法：将维生素 B_1、烟酸、烟酰胺、吡哆醛、吡哆醇、维生素 B_{12} 和维生素 C 溶于水，配成含量均为 $30\mu g \cdot mL^{-1}$ 的水溶液（溶液1）。将维生素 B_2 和维生素 B_{11} 滴入少量 5% NaOH 使之溶解，再用去离子水稀释至各含 $100\mu g \cdot mL^{-1}$ 的混合液（溶液2）。使用前，将溶液1和溶液2以 1:1 混合，配成含9种维生素的混合标样。以相应的方法制成各维生素的单个标样。

四、实验步骤

1. 实验条件

① 色谱柱：YWG-C_{18}，$10\mu m$，$25cm \times \phi 4.6mm$；

② 流动相：甲醇：水＝40:60，十二烷基磺酸钠 $1.5 mmol \cdot L^{-1}$，三乙胺 0.3%，用磷酸调节 pH 至 3.0；

③ 检测器：UV-254nm；

④ 流动相流速：$1.0 mL \cdot min^{-1}$；

⑤ 柱温：30℃。

2. 操作

① 启动仪器，用大约 180mL 流动相流经色谱柱，待基线稳定后，分别注入 $10\mu L$ 的各单个维生素标样，记录色谱图和出峰时间。

② 注入 $10\mu L$ 混合试样，记录色谱图和各峰的出峰时间。

③ 实验结束，用 90%甲醇-水溶液冲洗色谱柱 1h 左右。

五、数据处理

根据标样的保留时间找出混合试样色谱图中各峰对应的样品名称。

六、注意事项

1. 制备流动相用试剂均为分析纯，水用二次蒸馏水，维生素为生物试剂。
2. 用庚烷碘酸盐作为离子对试剂效果更优，但其价格较贵。

七、思考题

1. 试述反相离子对色谱的分离机理。

2. 反相离子对色谱同时分离混合水溶性维生素有哪些影响因素？

实验八十二　高效液相色谱分析法：原料乳中三聚氰胺分析

一、目的要求

三聚氰胺是一种有机化工原料，化学名称为 2,4,6-三氨基-1,3,5 三嗪

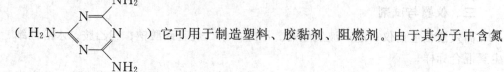

它可用于制造塑料、胶黏剂、阻燃剂。由于其分子中含氮量高达 66.67%，被不法商人称作"蛋白精"，并掺入饲料、乳制品中，用于造成蛋白质虚高的假象。在食品安全法规中，严禁三聚氰胺用作食品添加剂，它被人体摄入后，可引起肾和膀胱结石，或造成肾衰竭而导致死亡。

2008 年 10 月 8 日，国家质量监督检验检疫总局、信息化部、农业部、工商行政管理总局发表公告称，三聚氰胺不是食品原料，也不是食品添加剂，禁止人为添加到食品中，为确保人体健康，确保乳与乳制品质量安全，特制订乳与乳制品中三聚氰胺的限量值：

① 婴幼儿配方乳粉中，三聚氰胺限量值为 $1mg \cdot kg^{-1}$。

② 液态奶（包括原料乳）、奶粉、其他配方乳粉中，三聚氰胺限量值为 $2.5mg \cdot kg^{-1}$。

③ 含乳 15% 以上的其他食品中，三聚氰胺的限量值为 $2.5mg \cdot kg^{-1}$。

为了应对"三聚氰胺事件"，国家标准化管理委员会于 2008 年 10 月 7 日发布并实施"原料乳与乳制品中三聚氰胺检测方法"（GB/T 22388—2008）；2008 年 10 月 15 日发布并实施"原料乳中三聚氰胺快速检测液相色谱法"（GB/T 22400—2008）。

由上述可知，分析检测方法在面对重大应紧事件中，对帮助制订正确的决策也会发挥重要的作用。

二、基本原理

为实现快速分析，本测定中用乙腈作为原料乳中的蛋白质的沉淀剂和萃取三聚氰胺的提取剂，并以强阳离子交换色谱柱进行分离，采用磷酸盐缓冲溶液-乙腈混合溶液作流动相，以紫外吸收检测器（或光二极管阵列检测器）进行监测，用外标工作曲线法定量。

三、仪器与试剂

1. 高效液相色谱仪：配有 UVD 或 PDAD。
2. 磷酸（分析纯）、磷酸二氢钾（分析纯）、乙腈（色谱纯）、去离子水。

3. 三聚氰胺标准物质（>99%）。

四、实验步骤

1. **试样的制备**

称取混合均匀的原料乳 15g（准至 0.01g），置于 50mL 具塞刻度试管中，加入 30mL 乙腈，剧烈振荡 6min，加水定容至刻度，充分混匀后静置 3min，用一次性 2mL 注射器吸取上层清液，用 0.45μm 滤膜过滤后，作为向高效液相色谱仪进样的试样。

2. **高效液相色谱分析条件**

（1）色谱柱　强阳离子交换色谱柱 SCX（40.46mm×250mm，5μm），宜在色谱柱前加保护柱，以延长色谱柱使用寿命。柱温：室温。

（2）流动相　0.05mol·L^{-1} 磷酸盐缓冲溶液（pH=3）-乙腈（7:3）混合溶液，流速 1.5mL·min^{-1}。

0.05mol·L^{-1} 磷酸盐缓冲溶液：称取 6.8g KH_2PO_4（准至 0.01g），加入 800mL 水，待完全溶解后，用磷酸调节 pH=3.0，用水稀释至 1L，经 0.45μm 滤膜过滤后备用。

（3）检测器　UVD（或 PDAD），240nm。

（4）进样量　20μL。

3. **三聚氰胺标准储备溶液的制备**

准确称取 100mg 三聚氰胺，在 100mL 烧杯中用水完全溶解后，转移至 100mL 容量瓶中，用水稀释至刻度，混匀后，4℃避光保存，有效期为一个月。

4. **三聚氰胺标准工作溶液配制及标准工作曲线绘制**

（1）标准工作溶液 A（200mg·L^{-1}）　准确移取 20.0mL 三聚氰胺储备溶液，置于 100mL 容量瓶中，用水稀释至刻度、混匀。

（2）标准工作溶液 B（0.50mg·L^{-1}）　准确移取 0.25mL 标准工作溶液 A，置于 100mL 容量瓶中，用水稀释至刻度、混匀。

（3）高浓度标准工作曲线的绘制　按表 8-20 分别移取不同体积的标准工作溶液 A，于容量瓶中用水稀释至刻度、混匀。

表 8-20　高浓度三聚氰胺标准工作溶液配制

标准工作溶液 A 体积/mL	0.10	0.25	1.00	1.25	5.00	12.5
定容体积/mL	100	100	100	50	50	50
标准工作溶液浓度/mg·L^{-1}	0.20	0.50	2.00	5.00	20.0	50.0

将上述不同浓度标准工作溶液，分别进样 20μL，测其峰面积（A），绘制峰面积（A）-质量浓度（c）标准工作曲线。

（4）低浓度标准工作曲线的绘制　按表 8-21 分别移取不同体积的标准工作溶液 B，于容量瓶中用水稀释至刻度、混匀。

表 8-21 低浓度三聚氰胺标准工作溶液的配制

标准工作溶液 B 体积/mL	1.00	2.00	4.00	20.0	40.0
定容体积/mL	100	100	100	100	100
标准工作溶液浓度/mg·L^{-1}	0.005	0.01	0.02	0.10	0.20

将上述不同浓度标准工作溶液，分别进样 20μL，测其峰面积（A），绘制峰面积（A）-质量浓度（c）标准工作曲线。

5. 原料乳样品分析

取原料乳制备后，经 0.45μm 滤膜过滤后溶液 20μL，向高效液相色谱仪进样，测量峰面积，获分离谱图，见图 8-22。

五、结果计算

由绘制的标准工作曲线和进样量，计算原料乳中三聚氰胺的含量 x（mg·kg^{-1}），可按下式计算

$$x = c \times \frac{V}{m} \times \frac{1000}{1000}$$

式中，c 为从标准工作曲线得到的三聚氰胺溶液的浓度，mg·L^{-1}；V 为试样定容体积，mL；m 为样品称量质量，g。

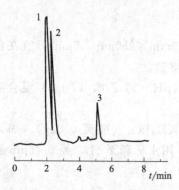

图 8-22 原料乳中三聚氰胺的分析
1,2—未知；3—三聚氰胺

六、思考题

1. 三聚氰胺为强极性化合物，当用反相高效液相色谱分析时，其保留时间很短；若用反相离子对色谱分析色谱柱需长时间平衡；本测定使用强阳离子交换柱作固定相，又使用磷酸缓冲溶液-乙腈混合溶液作流动相，试分析本测定是使用的哪种高效液相色谱方法？

2. 本测定使用的流动相为酸性体系，每天分析结束是否应使用中性流动相来冲洗仪器系统？

3. 本测定中若使用不同厂商、提供的不同型号强阳离子交换柱，是否会影响三聚氰胺的保留特性？

实验八十三 高效液相色谱分析法：食品中苏丹红Ⅰ、Ⅱ、Ⅲ、Ⅳ和对位红的分析

一、目的要求

苏丹红和对位红皆为非食用色素。苏丹红Ⅱ、Ⅲ、Ⅳ为苏丹红Ⅰ的化学衍生物。它们常用于油品、蜡、鞋油和香皂的着色剂，均具有使人体致癌的作用，我国

在"食品添加剂使用卫生标准"中，明确提出禁止将苏丹红和对位红用作食品添加剂，但少数不法商为使食品色泽鲜亮、持久，仍违规使用而造成对人体的伤害，因此，对食品中苏丹红和对位红分析，是保证食品安全的重要监测手段。

二、基本原理

本测定采用反相高效液相色谱法，以 C_{18} 键合相作固定相，用乙腈-水（含0.1％乙酸）作流动相，由紫外吸收检测器检测，通过梯度洗脱程序可实现苏丹红Ⅰ、Ⅱ、Ⅲ、Ⅳ和对位红的完全分离。

食品样品可用乙腈超声萃取，提取上述各种非食用色素。

三、仪器与试剂

1. 高效液相色谱仪：配有 UVD 检测器。
2. 超声波萃取器、旋转蒸发器。
3. 乙酸（分析纯）、无水硫酸钠（分析纯）、乙腈（色谱纯）、去离子水。
4. 苏丹红Ⅰ、Ⅱ、Ⅲ、Ⅳ及对位红标准物质。

四、实验步骤

1. 样品处理

（1）粉状及油状样品（如辣椒粉、辣椒油） 取样品 10.0000g 于 100mL 具塞锥形瓶中，加入 20mL 乙腈，在超声萃取器上超声萃取 30min，静置分层后，吸出上层清液，再重复两次萃取，合并 60mL 乙腈萃取液。萃取后将锥形瓶中残留样品转移到装有滤纸的漏斗上，分别用 10mL 乙腈洗涤锥形瓶和样品三次，将滤液与萃取液合并，在旋转蒸发器中 60℃浓缩近干，再用 4mL 乙腈溶解，转移到 10mL 容量瓶中，用乙腈定容、摇匀备用。

（2）含水样品（如辣椒酱、番茄酱） 将样品混匀后，取 10.0000g 于 100mL 具塞锥形瓶中，加适量无水 Na_2SO_4 搅匀，再按（1）中方法，用氯仿进行提取。

2. 高效液相色谱分析条件

（1）色谱柱 Zotax SB-C_{18} 色谱柱（ϕ4.6mm×15mm，5μm）。

（2）流动相 A 水（含0.1％乙酸）溶液；B 乙腈，流速 1mL·min^{-1}。

梯度洗脱程序：

$0 \rightarrow 4min \xrightarrow{\substack{A100\% \rightarrow 20\% \\ B 0\% \rightarrow 80\%}} 4 \rightarrow 5min \xrightarrow{\substack{A 20\% \rightarrow 0 \\ B 80\% \rightarrow 100\%}} 5 \rightarrow 13min \xrightarrow{\substack{A 0 \\ B 100\%}} 13 \rightarrow$

$15min \xrightarrow{\substack{A 0 \rightarrow 20\% \\ B 100\% \rightarrow 80\%}}$

（3）检测器 UVD（485nm）。

（4）进样量 20μL。

3. 苏丹红Ⅰ、Ⅱ、Ⅲ、Ⅳ和对位红标准溶液的制备和标准工作曲线的绘制

分别称取苏丹红Ⅰ、Ⅱ、Ⅲ、Ⅳ和对位红标准物质各 25.0mg（按百分含量折合成纯品），于100mL烧杯中，苏丹红Ⅰ、Ⅱ用50mL乙腈溶解；苏丹红Ⅲ、Ⅳ和对位红用30mL氯仿溶解，再将它们分别转移到250mL容量瓶中，再用乙腈稀释至标线，摇匀，制成浓度为100mg·L^{-1}的标准储备液Ⅰ。再用乙腈稀释10倍，制成浓度为10mg·L^{-1}的标准储备液Ⅱ，于冰箱4℃保存。

取不同量的标准储备液Ⅱ，分别配成0.2mg·L^{-1}、0.4mg·L^{-1}、0.8mg·L^{-1}、1.6mg·L^{-1}、2.0mg·L^{-1}的标准工作溶液系列，各取20μL向高效液相色谱仪进样，测量峰面积（A）。对每种色素绘制峰面积（A）-质量浓度（c）标准工作曲线，表明在0.2~2.0mg·L^{-1}浓度范围内，标准工作曲线呈线性。

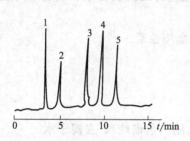

图8-23 五种色素混合物的分离谱图
1~4—苏丹红Ⅰ、Ⅱ、Ⅲ、Ⅳ；
5—对位红

4. 食品样品分析

取食品样品经乙腈超声萃取后处理的溶液，经0.45μm滤膜过滤后的溶液20μL进行高效液相色谱分析。

在高效液相色谱分析条件下，五种非食用色素的分离谱图如图8-23所示。

五、结果计算

由绘制的五种非食用色素的标准工作曲线和食品样品的取样量，计算样品中存在的一些色素的含量。

六、思考题

1. 查阅苏丹红Ⅰ、Ⅱ、Ⅲ、Ⅳ和对位红的结构式，解释为什么苏丹红Ⅰ、Ⅱ用乙腈溶解，而苏丹红Ⅲ、Ⅳ需用氯仿溶解。

2. 本测定方法可否用于测定鸭蛋黄中含有的非食用色素，样品应如何进行处理？

实验八十四　高效液相色谱分析法：葡萄酒中四种白黎芦醇类化合物分析

一、目的要求

白黎芦醇化学名为芪三醇，多以单体和糖苷形式存在，每种形式又有顺、反异构体，它们存在于葡萄、桑椹中。葡萄酒是以葡萄为原料酿造的，不同葡萄酒中白黎芦醇及其糖苷的含量相差很大。白黎芦醇具有保健作用，可预防心、脑血管病并具有抗癌作用。为保证对葡萄酒生产工艺的控制和对营养价值的评价，检测葡萄酒中的顺式和反式白黎芦醇以及顺式和反式白黎芦醇苷具有重要的实用价值。

二、基本原理

葡萄酒中的白黎芦醇及醇苷可用反相高效液相色谱法进行测定。使用 C_{18} 色谱柱，以乙腈-水溶液作流动相，用紫外吸收检测器（306nm）进行检测。

葡萄酒样品经高速离心机分离后，取上层清液可直接进样分析。

三、仪器与试剂

1. 高效液相色谱仪：配有 UVD 或 PAD。
2. 高速离心机。
3. 乙腈（色谱纯），去离子水，反式白黎芦醇和反式白黎芦醇苷标准物质。

四、实验步骤

1. 高效液相色谱分析条件

(1) 色谱柱　ODS-3（C_{18}）柱（ϕ4.6mm×25cm，5μm），柱温50℃。

(2) 流动相　A 10%乙腈-水溶液；B 90%乙腈-水溶液。

梯度洗脱程序：0→30min $\begin{cases} A\ 100\% \to 70\% \\ B\ 0 \to 30\% \end{cases}$；流速 1.0mL·min^{-1}。

(3) 检测器　UVD（306nm）。

(4) 进样量　20μL。

2. 反式白黎芦醇和反式白黎芦醇苷标准溶液的配制及标准工作曲线的绘制

称取 100.0mg 反式白黎芦醇和 100.0mg 反式白黎芦醇苷标准物质，置于 100mL 烧杯中，用 40mL 乙腈溶解，再转移到 100mL 容量瓶中，用乙腈稀释到标线，摇匀，配成此二组分皆为 1.0000g·L^{-1} 的标准储备溶液。

移取不同体积的标准储备溶液，用乙腈稀释，配成含 5mg·L^{-1}、10mg·L^{-1}、20mg·L^{-1}、50mg·L^{-1}、100mg·L^{-1} 的标准工作溶液系列。

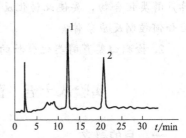

图 8-24　反式白黎芦醇苷（1）和反式白黎芦醇（2）的分离谱图

按色谱分析条件，取每种标准工作溶液 20μL 进行分析，获分离谱图如图 8-24 所示。由测得的峰面积（A），绘制反式结构组分峰面积（A）-质量浓度（c）标准工作曲线，表明其含量在 10～90mg·L^{-1} 浓度范围呈线性。

3. 顺式白黎芦醇和顺式白黎芦醇苷标准溶液的配制及标准工作曲线的绘制

顺式白黎芦醇及其醇苷的结构不稳定，无商品标准物质出售，可将反式标准物质在紫外线照射下转化为顺式结构后，再进行测定。

将上述反式白黎芦醇和反式白黎芦醇苷标准工作溶液系列的每种溶液，在完成反式结构的工作曲线测定后，分别于 200W 紫外光灯下照射 20min 后，再次进行高

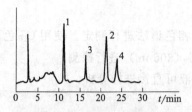

图 8-25 反式白黎芦醇苷 (1) 和反式白黎芦醇 (2)，经紫外线照射后，生成顺式白黎芦醇苷 (3) 和顺式白黎芦醇 (4) 的分离谱图

效液相色谱分析，所获反式白黎芦醇及反式白黎芦醇苷的减少量，即为由反式转化成顺式白黎芦醇及顺式白黎芦醇苷的生成量。再次进样所获分离谱图，见图 8-25。由测得的峰面积 (A)，绘制顺式结构组分峰面积 (A)-质量浓度 (c) 标准工作曲线，表明含量在 5~40mg·L^{-1} 浓度范围呈线性。

4. 葡萄酒样品分析

取市售葡萄酒样品 5mL，置于 10mL 离心管中，在高速离心机（2000r·min^{-1}）上离心分离 10min，取上层清液经 0.45μm 滤膜过滤后，取 20μL 滤液进行高效液相色谱分析，分离谱图如图 8-26 所示。

五、结果计算

由反式和顺式白黎芦醇和白黎芦醇苷的标准工作曲线和葡萄酒的取样量，计算葡萄酒中白黎芦醇类化合物的含量（mg·500mL^{-1}）。

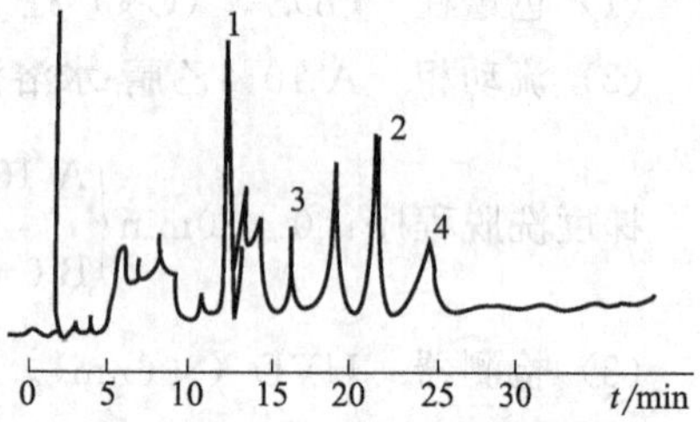

图 8-26 葡萄酒中白黎芦醇类化合物分析
1—反式白黎芦醇苷；2—反式白黎芦醇；
3—顺式白黎芦醇苷；4—顺式白黎芦醇

六、思考题

1. 反式白黎芦醇类化合物转化成顺式白黎芦醇类化合物，要使此转化反应定量进行，应如何控制反应条件？
2. 检测白黎芦醇类化合物的紫外吸收波长是如何确定的？

实验八十五　菠菜中天然色素的提取和分析

一、目的要求

1. 通过对菠菜中天然色素的提取，了解对天然产物分离、提纯的方法。
2. 熟悉用薄层色谱分离天然色素的方法。
3. 了解用反相高效液相色谱分析天然色素的方法。

二、基本原理

菠菜等绿色植物的叶、茎中含有多种天然色素，如叶绿素（绿色）、胡萝卜素（橙色）和叶黄素（黄色），后两种天然色素颜色较浅，菠菜等植物主要呈现叶绿素的绿色，新鲜的菠菜放置一定时间，其叶、茎也会变成黄色。

叶绿素是吡咯衍生物与金属离子 Mg^{2+} 生成的螯合物，是植物进行光合作用所必需的催化剂，叶绿素存在 a 和 b 两种相似的结构形式，其结构式如下：

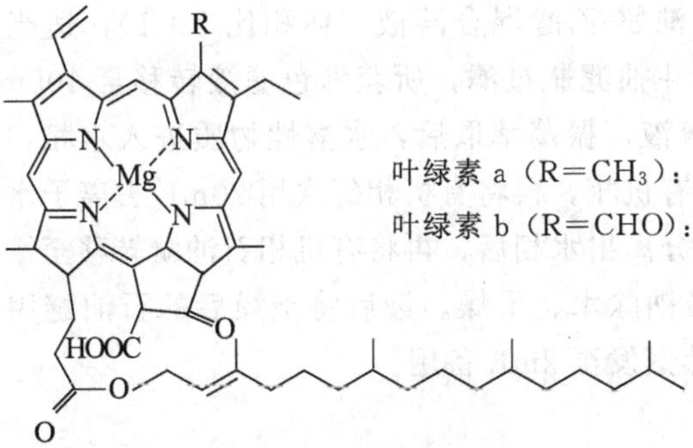

叶绿素 a (R=CH₃)：蓝黑色固体，在乙醇中呈蓝绿色。
叶绿素 b (R=CHO)：暗绿色固体，在乙醇中呈黄绿色。

在叶绿素分子中含一些极性官能团，但分子中占优势的烃基长链，使其呈现弱极性，可溶于乙醚、石油醚等非极性溶剂中。它不溶于水，但可溶于苯、氯仿、丙酮等有机溶剂中。

β-胡萝卜素的结构为：

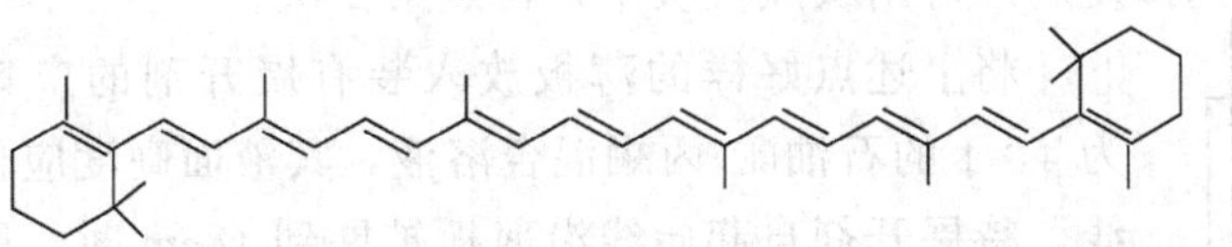

叶黄素是胡萝卜素的羟基衍生物，它在绿色植物中的含量是胡萝卜素的两倍，其结构如下：

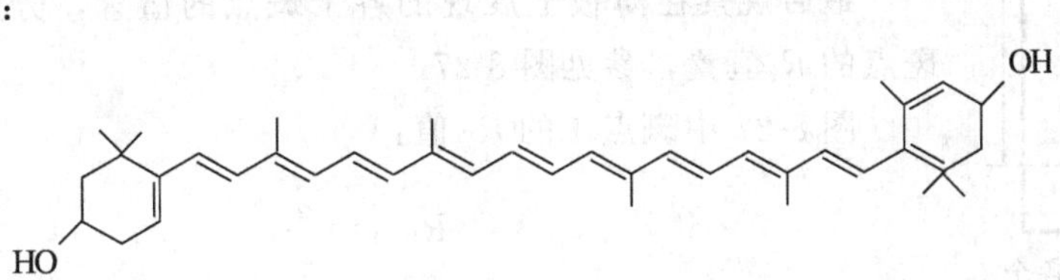

从叶黄素的结构可看出，它比胡萝卜素更易溶于醇，而在石油醚中的溶解度较小。

菠菜研碎成糊状后，用石油醚-乙醇混合溶液（2∶1）获得的萃取溶液，可在薄层色谱板上分离进行定性检测，也可用反相高效液相色谱进行定量分析。

三、仪器与试剂

具有紫外吸收检测器的高效液相色谱仪；$\phi 4.6mm \times 25cm$ 的 C_{18} 反相色谱柱（$5\mu m$）；$25\mu L$ 平头微量注射器；硅胶 GF_{254} 薄层板（$5 \times 20cm$）；展开槽；瓷研钵；旋转蒸发器、抽滤瓶、分液漏斗等玻璃器皿。石油醚（A.R.）；乙醇（A.R.）；丙酮（A.R.）；乙酸乙酯（A.R.）；甲醇（A.R.）；NaCl 饱和溶液；无水 Na_2SO_4，0.5％羧甲基纤维素钠（CMC）水溶液。

四、实验步骤

1. 菠菜中天然色素的提取

将新鲜的菠菜叶洗净、晾干，用滤纸吸干表面水分，称取菠菜样品10g，用刀切碎置于瓷研钵中，加入 20mL 石油醚-乙醇混合溶液（体积比 2∶1），适当研磨（不要研细成糊状！）后，用布氏漏斗抽滤瓶过滤，所获绿色滤液转移至 100mL 分液漏斗中，加入 20mL NaCl 饱和溶液，振荡萃取后，水溶性物质进入水相，可从分液漏斗中排出。天然色素保留在有机相，再将有机相每次用 20mL 去离子水洗涤两次，以洗去有机相中的乙醇。待分离出水相后，再将有机相石油醚转移至干燥的 50mL 锥形瓶中，加入 4g 无水硫酸钠除水、干燥。最后将干燥后的石油醚用旋转蒸发器浓缩至 2mL 备用，也可自然蒸发至 2mL 备用。

2. 薄层色谱法 (TLC) 检测

取四块薄层玻璃板，用 5% 羧甲基纤维素钠溶液调制硅胶 GF_{254}，以 3∶1 的比例搅拌混合后，均匀地涂在洗净干燥的薄层玻璃板上，室温晾干。

在距薄板一端约 2cm 处用铅笔轻画一条横线，作起始线，然后用点样毛细管吸取上述天然色素浓缩液，在薄板起始线中心位置点样，每个样点应点 3 次，每点一次后，待溶剂挥发后（可用吹风机吹干）再点第二次。

将上述点好样的薄板放入装有展开剂的广口瓶中，展开剂为 4∶1 的石油醚-丙酮混合溶液，其液面高度应低于薄板的起始线，待展开剂自起始线沿薄板扩展到 18cm 时，取出薄板在室温晾干，并用铅笔在展开剂扩展的终端边缘作出标记。

最后观察在薄板上展现的各个斑点的值置，分别计算各个斑点的 R_f 值置，参见图 8-27。

图 8-27 中斑点 1 的 R_f 值：

$$R_{f(1)} = \frac{a}{c}$$

斑点 2 的 R_f 值：

$$R_{f(2)} = \frac{b}{c}$$

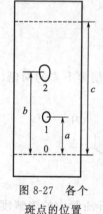

图 8-27　各个斑点的位置

式中，a 为斑点 1 对应化合物自起始线移动的距离，cm；b 为斑点 2 对应化合物自起始线移动的距离，cm；c 为展开剂自起始线至终端移动的距离，cm。

3. 高效液相色谱测定菠菜中天然色素的含量

色谱分析条件：

固定相　C_{18} 反相色谱柱，柱温　常温。

流动相　A 甲醇∶水=8∶2（体积比），含有 0.025% 乙酸铵和 0.05% 三乙胺

　　　　B 甲醇∶丙酮=8∶2（体积比）

按下述梯度洗脱程序进行。

时间/min	0	10	12.5	14.0	16.0	21.0	35.0	40.0
A	75	50	50	20	20	0	0	75
B	25	50	50	80	80	100	100	25

洗脱时也可仅用 B 作流动相进行等度洗脱。流速：1.0mL·min^{-1}。

检测器：UVD，440nm（或 450nm）。

进样量：20μL 浓缩后天然色素石油醚提取液。

色谱分析后获得的谱图如图 8-28 所示。

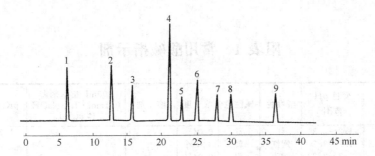

图 8-28　菠菜中天然色素石油醚提取液的色谱分离图
1—新叶黄素；2—环氧玉米黄质；3—叶黄素；4—叶绿素 b；
5—玉米黄质；6—叶绿素 a；7—叶褐素 b；8—叶褐素 a；9—β-胡萝卜素

五、结果计算

用归一化法计算各个组分的质量分数。

$$w_i = \frac{A_i D_i}{A_1 D_1 + A_2 D_2 + \cdots + A_9 D_9}$$

式中，$A_1, A_2, \cdots, A_9$ 为各个待测组分的峰面积；$D_1, D_2, \cdots, D_9$ 为每个待测组分的保留时间与叶绿素 b 的保留时间的比值。

六、思考题

1. 从菠菜中提取天然色素过程如何操作以避免天然色素的损失？

2. 进行薄层色谱分离天然色素时，若不慎将点样斑点浸入展开剂中，会对分离效果有何影响？

3. 进行薄层色谱分析时，点样用的毛细管，其直径一般是多少毫米？若用内径粗的毛细管点样会产生何种不良后果？

4. 进行薄层色谱分析时，放置展开剂的广口瓶（或玻璃槽）是否应保持干燥，若含有少量水，会对色谱分析结果有何影响？

5. 进行高效液相色谱分析时，若 C_{18} 反相柱填充的固定相颗粒为 $10\sim20\mu m$，会对色谱分析结果有何影响？

6. 进行高效液相色谱分析时，若以 0.001mol·L^{-1} NaNO$_3$ 溶液作为死时间的探针，试计算分离谱图中叶黄素、叶绿素 b、叶绿素 a 和 β-胡萝卜素的容量因子。

7. 进行高效液相色谱分析时，若改用乙腈-水混合溶液作流动相取代 8∶2 的甲醇-水混合溶液，此时乙腈和水的比例应是多少？

附 录

附表 1 常用酸碱指示剂

指示剂	变色 pH 范围	酸性色	碱性色	浓度	溶剂	100mL 指示剂需 0.1mol·L^{-1} NaOH 体积/mL	pK_{HIn}	pT
百里酚蓝	1.2~2.3	红	黄	0.04%			1.7	2.6
五甲氧基红	1.2~3.2	紫红	黄	0.1%				
金莲橙 OO	1.3~3.2	红	黄	0.04%				
二硝基酚	2.4~4.0	无色	黄	0.1%			4.1	
间甲酚紫	1.2~2.8	红	黄	0.04%	稀碱	1.05		
麝香草酚蓝	1.2~2.8	红	黄	0.04%	稀碱	0.86		
溴酚蓝	3.0~4.6	黄	紫	0.04%	稀碱	0.6	4.1	4
甲基橙	3.1~4.4	红	黄	0.02%	水	—	3.4	4
溴甲酚绿	3.8~5.4	黄	蓝	0.04%	稀碱	0.58	4.9	4.4
甲基红	4.4~6.2	红	黄	0.1%	50%乙醇	—	5.0	5.0
氯酚红	4.8~6.4	黄	红		稀碱	0.94		
溴酚红	5.2~6.8	黄	红	0.04%	稀碱	0.78	5.0	
溴甲酚紫	5.2~6.8	黄	紫	0.04%	稀碱	0.74		6
溴麝香草酚蓝	6.0~7.6	黄	蓝	0.04%	稀碱	0.64	7.3	7
酚红	6.4~8.2	黄	红	0.02%	稀碱	1.13	8.0	7
中性红	6.8~8.0	红	黄	0.01%	50%乙醇			
甲酚红	7.2~8.3	黄	紫红	0.04%	稀碱	1.05		
间甲酚紫	7.4~9.0	黄	紫	0.04%	稀碱	1.05		
麝香草酚蓝	8.0~9.6	黄	蓝	0.04%	稀碱	0.86	8.9	9
酚酞	8.2~10.0	无色	紫	0.1%	96%乙醇	—	9.1	
麝香草酚酞	9.3~10.5	无色	紫	0.1%	50%乙醇	—	10.0	10
茜素黄 R	10.0~12.1	淡黄	棕红	0.1%	50%乙醇	—		
金莲橙 O	11.1~12.7	黄	红棕	0.1%	水	—		
甲基黄	2.6~1.0	红	黄	0.1%	乙醇			
硝胺	11.0~13.0	无色	棕橙	0.1%				

附表 2 泛用酸碱指示剂

变色 pH 范围	颜色变化	配 制 方 法
3~11.5	红→蓝	0.1g 甲基橙、0.04g 甲基红、0.4g 溴麝香草酚蓝、0.32g 2-萘酚酞、0.5g 酚酞、1.6g 甲酚酞,将上述染料先溶于 70mL 95%乙醇中,再用蒸馏水稀释至 100mL
3~13	红→棕绿	40mg 麝香草酚蓝、50mg 甲基红、60mg 溴麝香草酚蓝、60mg 酚酞、100mg 茜素 GG,将上述染料溶于 100mL 80%乙醇中,加入 0.1mol·L^{-1} NaOH 使生成绿色(pH 7.0)
4~10	红→紫	5mg 麝香草酚蓝、25mg 甲基红、60mg 溴麝香草酚蓝、60mg 酚酞,将上述染料溶于 75%乙醇中并稀释至 100mL,用 0.1mol·L^{-1} NaOH 中和至产生绿色

附表 3 常用的缓冲溶液

组　成		pH 范围	pK_a
酸性组分	碱性组分		
HCl+KCl		1.0～2.2	
HCl	甘油	1.0～3.7	
HCl	柠檬酸钠	1.0～5.0	
对甲基苯磺酸	对甲基苯磺酸钠	1.1～3.3	
磺基水杨酸氢钾	NaOH	2.0～4.0	
HCl	邻苯二甲酸氢钾	2.2～4.0	
柠檬酸	NaOH	2.2～6.5	
柠檬酸	Na_2HPO_4	2.2～8.0	
甲酸	NaOH	2.8～4.6	3.77
琥珀酸	$Na_2B_4O_7$	3.0～5.8	
苯乙酸	苯乙酸钠	3.4～5.1	
乙酸	乙酸钠	3.7～5.6	4.76
邻苯二甲酸氢钾	NaOH	4.1～5.9	
琥珀酸氢钠	琥珀酸二钠	4.8～6.3	
柠檬酸二钠	NaOH	5.0～6.3	
丙二酸氢钠	NaOH	5.2～6.8	
KH_2PO_4	NaOH	5.8～8.0	
KH_2PO_4	硼砂	5.8～9.2	
NaH_2PO_4	Na_2HPO_4	5.9～8.0	7.21
HCl	三乙醇胺	6.7～8.7	7.76
硼酸	$Na_2B_4O_7$	7.0～9.2	
HCl	三(羟甲基)氨基甲烷	7.0～9.0	8.21
硼酸	NaOH	8.0～10.0	9.21
甘油	NaOH	8.2～10.1	
NH_4Cl	NH_4OH	8.3～10.2	9.25
甘油+Na_2HPO_4	NaOH	8.3～11.9	
HCl	乙醇胺	8.6～10.4	
$Na_2B_4O_7$	NaOH	9.2～10.8	
$NaHCO_3$	Na_2CO_3	9.6～11.0	10.32
$Na_2B_4O_7$	Na_2CO_3	9.2～11.0	
Na_2HPO_4	NaOH	10.9～12.0	12.32
	NaOH+KCl	12.0～13.0	
HCl	氨基乙酸		2.35
$CH_2ClCOOH$	NaOH		2.86
HCl	$(CH_2)_6N_4$		5.13
氨基乙酸	NaOH		9.78
0.04 mol·L^{-1}磷酸、乙酸、硼酸溶液	0.2 mol·L^{-1} NaOH	1.8～11.9	
0.02857 mol·L^{-1}二乙基巴比妥酸、柠檬酸、硼酸和磷酸二氢钾溶液	0.2 mol·L^{-1} NaOH	2.4～12.2	

附表4 几种常用缓冲剂的 pK_a 值

缓冲剂	pK_a
邻苯二甲酸氢钾	$pK_a = 2.9$
乌头酸	$pK_{a1} = 2.8, pK_{a2} = 4.46$
乙酸	$pK_a = 4.75$
柠檬酸	$pK_{a1} = 3.06, pK_{a2} = 4.74, pK_{a3} = 5.40$
琥珀酸	$pK_{a1} = 4.19, pK_{a2} = 5.57$
磷酸	$pK_{a1} = 2.12, pK_{a2} = 7.21, pK_{a3} = 12.32$
咪唑	$pK_a = 7.00$
巴比妥	$pK_a = 7.43$
HEPES[4-(2-羟乙基)-1-派嗪乙基磺酸]	$pK_a = 7.55$
Tricine[三(羟甲基)甲基甘氨酸]	$pK_a = 8.15$
Tris(三羟甲基氨基甲烷)	$pK_a = 8.3$
甘氨酰-甘氨酸	$pK_a = 8.4$
硼酸	$pK_a = 9.24$
甘氨酸	$pK_{a1} = 2.34, pK_{a2} = 9.60$
碳酸	$pK_{a1} = 6.10, pK_{a2} = 10.40$
邻苯二甲酸	$pK_{a1} = 2.95, pK_{a2} = 5.41$

附表5 非水滴定常用酸碱指示剂

滴定碱常用指示剂	滴定酸常用指示剂
结晶紫 0.1%～0.5%冰醋酸或二氧六环	偶氮紫 0.5%吡啶或饱和苯溶液
甲基紫 0.1%～0.5%冰醋酸	百里酚蓝 0.3%无水甲醇
α-萘酚苯甲醇 0.1%～1.0%冰醋酸	1%二甲基甲酰胺 0.2%二氧六环
喹哪啶红 0.1%甲醇	邻硝基苯胺 0.15%～0.2%无水苯
百里酚蓝 0.05%乙醇或乙二醇	对硝基对氨基偶氮苯
尼日蓝 A 0.1%冰醋酸	对羟基偶氮苯 0.1%～0.2%无水苯
间胺黄(金莲橙 G)	酚酞 0.1%无水甲醇
0.1%的20%乙醇溶液	百里酚酞 0.1%无水甲醇
0.1%的1.0%甲醇溶液	苯并红紫 4β 0.1%甲醇
0.25%的冰醋酸	甲酚红
金莲橙 OO	金莲橙 OO 0.1%甲醇
苏丹	喹哪啶红 0.1%甲醇
甲基橙	α-萘酚苯甲醇 1%异丙醇
甲基红	溶剂化铬染料
二甲基黄	
吡啶-2-偶氮对二甲氨基苯胺	
中性红 0.1%冰醋酸	
曙红	
二苯丙酮	
溶剂蓝 0.5%冰醋酸	
0.5%苯	

附表6 无机分析常用基准物

分类	基准物	干燥后组成与相对分子质量	处理条件
标酸滴定剂	无水碳酸钠	Na_2CO_3 105.989	500~650℃干燥40~50min
	十水合碳酸钠	Na_2CO_3 105.989	270~300℃
	碳酸氢钠	$NaHCO_3$ 84.01	270~300℃
	碳酸氢钾	$KHCO_3$ 100.11	270~300℃
	硼砂	$Na_2B_4O_7 \cdot 10H_2O$ 381.37	放在装有蔗糖饱和溶液的密闭容器中
标碱滴定剂	邻苯二甲酸氢钾	$KHC_8H_4O_4$ 204.229	110~120℃干燥至恒重
	草酸	$H_2C_2O_4 \cdot 2H_2O$ 126.07	室温空气干燥
标还原滴定剂	重铬酸钾	$K_2Cr_2O_7$ 249.12	研细,100~110℃干燥3~4h或150~180℃干燥2h
	溴酸钾	$KBrO_3$ 167.004	105℃以下干燥至恒重
	碘酸钾	KIO_3 214.005	120~140℃干燥1.5~2h
	铜	Cu 63.546	用乙酸、水、乙醇、甲醇洗,室温干燥保存24h以上
	对氨基苯磺酸	$H_2NC_6H_4SO_3H$ 173.192	120℃干燥至恒重
标氧化滴定剂	三氧化二砷	As_2O_3 197.8414	As_2O_3 105℃干燥3~4h
	草酸钠	$Na_2C_2O_4$ 134.000	$Na_2C_2O_4$ 150~200℃干燥1.5~2h
标配合物滴定剂	铁丝	Fe 55.847	
	锌	Zn 65.38	盐酸、水、丙酮依次洗,干燥器中干燥24h以上
	氧化锌	ZnO 81.37	800℃灼烧至恒重
	氧化镁	MgO 40.304	800℃灼烧至恒重
	碳酸钙	$CaCO_3$ 100.09	120℃干燥至恒重
标沉淀滴定剂	氯化钠	NaCl 58.4432	500~650℃干燥1~1.5h
	氯化钾	KCl 74.551	500~600℃干燥1~1.5h

附表7 有机分析常用基准物

基准物	相对分子质量	基准物处理方法与干燥条件
常用标酸滴定剂基准物		
无水 Na_2CO_3	Na_2CO_3 105.99	由 $Na_2C_2O_4$ 或 $NaHCO_3$ 灼烧制得,用前在270~350℃干燥2h
邻苯二甲酸氢钾	$KHC_8H_4O_4$ 204.22	110℃干燥4h,硫酸干燥器中冷却
对称二苯胍	$C_6H_5-NH-C-NH-C_6H_5$ $\parallel$ NH 211.26	市售品应在乙醇、甲苯或丙酮中重结晶,或甲苯洗涤后3次重结晶,纯品100℃干燥2h,硫酸干燥器中冷却
士的宁碱	$C_{21}H_{22}N_2O_2$ 334.12	溶于水中,加入 $NH_3 \cdot H_2O$ 沉淀,沸乙醇中重结晶数次,纯品105℃烘干
阿托品	$C_{17}H_{23}NO_3$ 289.38	用途同士的宁碱,不用提纯
蒂巴因	$C_{19}H_{21}NO_3$ 311.37	按士的宁碱纯制

续表

基 准 物	相对分子质量	基准物处理方法与干燥条件
常用标酸滴定剂基准物		
三羟甲基氨基甲烷	$(CH_2OH)_3CNH_2$ 121.2	市售品 55~60℃温热水中活性炭脱色,在乙醇中 3~4℃析出结晶,P_2O_5 干燥器中保存,用前 100~103℃干燥
4-氨基吡啶	$NC_5H_4NH_2$ 94.12	甲苯、苯中重结晶纯制后使用
常用标碱滴定剂基准物		
苯甲酸	C_6H_5COOH 122.12	乙醇重结晶两次,用前 100℃干燥 2h,H_2SO_4 干燥器中放 12h 后称量
辛可芬(阿托方)	$C_6H_3C_3H_3COOH$ 249.26	乙醇中重结晶 105℃干燥 1h,硫酸干燥器中冷却
氨基磺酸	$RNHSO_3H$ 或 R_2NSO_3H	
标定氧化还原滴定剂用基准物		
硫酸亚铁铵	$FeSO_4 \cdot (NH_4)_2SO_4 \cdot 6H_2O$	水中重结晶
草酸钠	$Na_2C_2O_4$ 134.0	

附表 8 无机分析中常用标准溶液

标准溶液	配制方法	标定用基准物
$K_2Cr_2O_7$	直接法	
$KBrO_3$	直接法	
KIO_3	直接法	
酸 HNO_3 　　HCl 　　乙酸 　　H_2SO_4	标定法	无水 Na_2CO_3、$Na_2CO_3 \cdot 10H_2O$、$NaHCO_3$、$KHCO_3$、$Na_2B_4O_7 \cdot 10H_2O$
碱 $NaOH$ 　　KOH	标定法	邻苯二甲酸氢钾 $KHC_8H_4O_4$、$H_2C_2O_4 \cdot 2H_2O$
EDTA	标定法	金属 Zn ZnO $MgSO_4 \cdot 7H_2O$、$CaCO_3$
$NaNO_2$	标定法	对氨基苯磺酸
I_2	标定法	Cu、As_2O_3、$Na_2S_2O_3$ 标准溶液
$Na_2S_2O_3$	标定法	$K_2Cr_2O_7$、KIO_3
Na_2AsO_2	直接法	
$Na_2C_2O_4$	直接法	
$FeSO_4$	标定法	$KMnO_4$ 标准液标定
$(NH_4)_2Fe(SO_4)_2$	标定法	$KMnO_4$ 标准溶液标定
Br_2	标定法	$Na_2S_2O_3$ 标准液标定
$KMnO_4$	标定法	Fe 丝、As_2O_3 $H_2C_2O_4 \cdot 2H_2O$、$Na_2C_2O_4$
$Ce(SO_4)_2$	标定法	$Na_2C_2O_4$
$AgNO_3$	标定法	NaCl
$Hg(NO_3)_2$	标定法	NaCl

附表 9 有机分析中常用标准溶液

分类	标准溶液	稀释剂	标定用基准物
酸滴定剂	$HClO_4$	冰醋酸	邻苯二甲酸氢钾
		二氧六环	Na_2CO_3 对称二苯胍
		冰醋酸-CCl_4、乙二醇-异丙醇、甲醇甲基纤维、无水丙酸、三氟乙酸硝基甲烷等	三羟基甲基氨基甲烷
	有机磺酸类甲烷磺酸、乙烷磺酸或对甲苯磺酸	冰醋酸 $CHCl_3$ 乙二醇-异丙醇	$HClO_4$-冰醋酸 士的宁碱 蒂巴因
	无机卤磺酸 氟磺酸	冰醋酸、甲醇、甲醇-乙二醇、冰醋酸-丁酮醇-丙醇	$HClO_4$ 冰醋酸
	氯磺酸 氢卤酸		NaAc
	HCl	甲醇、乙二醇-异丙醇、冰醋酸	$HClO_4$-乙二醇异丙醇 NaOH 标准溶液
	HBr	冰醋酸	邻苯二甲酸氢钾
碱滴定剂	醇碱 甲醇碱 甲醇钾 甲醇钠 甲醇锂	苯甲醇、吡啶苯甲醇 苯甲醇、吡啶 苯甲醇	辛克芬、苯甲酸 氨基磺酸、辛可芬、苯甲酸 苯甲酸
	碱金属氢氧化物 KOH NaOH 其他乙酸钠	无水甲醇、异丙醇 乙二胺 冰醋酸	苯甲酸、邻苯二甲酸氢钾 苯甲酸
	氢氧化季铵碱 氢氧化四丁基铵	苯甲醇、吡啶	苯甲酸
	醇化季铵碱 乙醇化四丁基铵	苯乙醇	
氧化还原滴定剂	氢化铝锂 酰胺铝锂 硝酸高铈铵 Br_2 四乙酸铅 四氯乙烯	乙醚 冰醋酸、乙腈 冰醋酸、碳酸丙烯 冰醋酸 二氯乙烷	金属钠纯制的正丁醇 $Na_2C_2O_4$ KI、$Na_2S_2O_3$ KI、$Na_2S_2O_3$
氧化还原滴定剂	三氯化碘 卡尔·费休试剂 二氯胺 T 二溴胺 T 二氯碘苯 二乙酸碘苯	冰醋酸 冰醋酸 冰醋酸 冰醋酸	酒石酸钾钠 KI、$Na_2S_2O_3$

续表

分类	标准溶液	稀释剂	标定用基准物
配合物滴定剂	与无机配合物滴定剂相同		
	EDTA OCTA	乙醇、丙酮、甲醇、吡啶、苯乙醇、乙腈等	Zn、ZnO、$CaCO_3$ 等
沉淀滴定剂	$Ba(ClO_4)_2$	异丙醇	
	CH_2COOAg	吡啶	
	$AgNO_3$	丙酮、异丙醇、乙醇、二甲基亚砜	NaCl、二苯胍
	$Pb(NO_3)_2$	甲醇、甲醇-苯	

附表 10 pH 标准试剂

试 剂	规 定 浓 度	标准值(25℃)	
		一级 pH 基准试剂 pH(S)	pH 基准试剂 pH(S)
四草酸钾	$0.05\ mol·L^{-1}$	1.680±0.005	1.68±0.01
酒石酸氢钾	饱和	3.559±0.005	3.56±0.01
邻苯二甲酸氢钾	$0.05\ mol·L^{-1}$	4.003±0.005	4.00±0.01
磷酸氢二钠	$0.025\ mol·L^{-1}$	6.864±0.005	6.86±0.01
磷酸二氢钾	$0.025\ mol·L^{-1}$		
四硼酸钠	$0.01\ mol·L^{-1}$	9.182±0.005	9.18±0.01
氢氧化钙	饱和	12.460±0.015	12.46±0.01

附表 11 pH 标准缓冲溶液

浓度[①]	温度/℃					
	10	15	20	25	30	35
四草酸钾 $0.05\ mol·L^{-1}$	1.67	1.67	1.68	1.68	1.68	1.69
酒石酸氢钾饱和溶液	—	—	—	3.56	3.55	3.55
邻苯二甲酸氢钾 $0.05\ mol·L^{-1}$	4.00	4.00	4.00	4.00	4.01	4.02
磷酸氢二钠 $0.025\ mol·L^{-1}$ 磷酸二氢钾 $0.025\ mol·L^{-1}$	6.92	6.90	6.88	6.86	6.85	6.84
四硼酸钠 $0.01\ mol·L^{-1}$	9.33	9.28	9.23	9.18	9.14	9.11
氢氧化钙饱和溶液	13.01	12.82	12.64	12.46	12.29	12.13

① 表中的浓度单位为 $mol·L^{-1}$，在文献中为 $mol·kg^{-1}$。

附表 12　常用干燥剂

名　称	干燥能力 (25℃ 1L 空气经干燥后剩余水分)/mg·L^{-1}	名　称	干燥能力 (25℃ 1L 空气经干燥后剩余水分)/mg·L^{-1}
硅胶	6×10^{-3}	$CaCl_2$（熔凝的）	0.36
$CaCl_2$	0.14	MgO	8×10^{-3}
浓 H_2SO_4	3×10^{-3}	Al_2O_3	3×10^{-3}
分子筛	1.2×10^{-3}	$Mg(ClO_4)_2$	5×10^{-4}
碱石灰	—	$Mg(ClO_4)_2\cdot 3H_2O$	2×10^{-3}
无水 $CuSO_4$	1.4	KOH（熔凝的）	2×10^{-3}
CaO	0.2	P_2O_5	2.5×10^{-5}
$CaBr_2$	0.14	NaOH（熔凝的）	0.16
$ZnBr_2$	1.1	$CaSO_4$	4×10^{-3}
$ZnCl_2$	0.8		

注：用过氯酸盐作干燥剂时，必须绝对小心，一切有机物、炭、磷、硫等都不能撒在上面，否则会发生强烈爆炸。

附表 13　市售酸碱试剂的含量及密度

试　剂	密度/g·mL^{-1}	浓度/mol·L^{-1}	含量/%
乙酸	1.04	6.2～6.4	36.0～37.0
冰醋酸①	1.05	17.4	G.R.，99.8；A.R.，99.5；C.P.，99.0
氨水	0.88	12.9～14.8	25～28
盐酸	1.18	11.7～12.4	36～38
氢氟酸	1.14	27.4	40
硝酸	1.4	14.4～15.3	65～68
高氯酸	1.75	11.7～12.5	70.0～72.0
磷酸	1.71	14.6	85.0
硫酸	1.84	17.8～18.4	95～98

① 冰醋酸结晶点 G.R.≥16.0℃，A.R.≥15.1℃，C.P.≥14.8℃。

附表 14　常用冷却剂

(1) 盐和水（混合前盐和水的温度是 10～15℃）

盐	A	t/℃	盐	A	t/℃
$NaC_2H_3O_2\cdot H_2O$	85	−4.7	$CaCl_2\cdot 6H_2O$	250	−12.4
NH_4Cl	30	−5.1	NH_4NO_3	60	−13.6
$NaNO_3$	75	−5.3	NH_4SCN	133	−18
$Na_2S_2O_3\cdot 5H_2O$	110	−8.0	KSCN	150	−23.7

(2) 盐和雪

$CaCl_2 \cdot 6H_2O$	41	−9.0	$NaNO_3$	59	−18.5
$CaCl_2$	30	−11	$(NH_4)_2SO_4$	62	−19
$Na_2S_2O_3 \cdot 5H_2O$	67.5	−11	$NaCl$	33	−21.2
KCl	30	−11		82	−21.5
NH_4Cl	25	−15.8	$CaCl_2 \cdot 6H_2O$	125	−40.3
NH_4NO_3	60	−17.3		143	−55

注：A 是在每 100 份质量水或雪中盐的质量分数；t 是混合后可以达到的最低温度（℃）。

对于组成中有雪的冷却剂，所列 A 值是就混合前冷却到 0℃ 的物质而言。冷却剂中的雪可以用等量的细冰代替。

(3) 液体和固体二氧化碳（干冰）的混合物

液　　体	$t/℃$	液　　体	$t/℃$
乙醇（无水）	−72	氯仿	−77
乙醚	−77	丙酮	<−78

参 考 文 献

[1] 北京大学分析化学教研室. 基础分析化学实验. 北京：北京大学出版社, 1993.
[2] 刘珍主编. 化验员读本. 第4版：上、下册. 北京：化学工业出版社, 2004.
[3] 全浩主编. 标准物质及其应用技术. 北京：中国标准出版社, 1990.
[4] 潘秀荣. 分析化学准确度的保证和评价. 北京：计量出版社, 1985.
[5] 华东冶金学院, 齐齐哈尔轻工学院, 浙江工学院. 光谱分析法实验与习题. 重庆：重庆大学出版社, 1993.
[6] 北京化工学院, 北京轻工学院, 沈阳化工学院, 齐齐哈尔轻工学院, 杭州大学. 波谱分析法实验与习题. 重庆：重庆大学出版社, 1993.
[7] 齐齐哈尔轻工学院, 郑州轻工学院, 成都大学, 大连轻工学院. 电化学分析法实验与习题. 重庆：重庆大学出版社, 1993.
[8] 齐齐哈尔轻工学院, 杭州大学, 浙江工学院, 华东冶金学院. 色谱分析法实验与习题. 重庆：重庆大学出版社, 1993.
[9] 北京大学化学系仪器分析教学组. 仪器分析教程. 北京：北京大学出版社, 1997.
[10] 陈培榕, 邓勃主编. 现代仪器分析实验与技术. 北京：清华大学出版社, 1999.
[11] 张剑荣, 戚苓, 方惠群编. 仪器分析实验. 北京：科学出版社, 2002.
[12] 黄一石主编. 仪器分析. 第2版. 北京：化学工业出版社, 2008.
[13] 李静. 间接分光光度法测定自来水中铝含量. 理论检验, 2010, 12：1472-1473.
[14] 张东, 余萍, 高俊杰. 分光光度法测定小麦面粉中过氧化苯甲酰. 理化检验, 2008, 5：436, 437, 440.
[15] 刘有芹, 杨庆辉, 黄函, 黄季粤. 紫外分光光度法测定枸杞子、陈皮、生姜中的硒含量. 理化检验, 2010, 3：329-330.
[16] 黄显欣, 陈天裕, 王安宝. 端视等离子体原子发射光谱法测定无磷洗衣粉中磷. 理化检验, 2003, 9：525-526.
[17] 何奕波, 严静. 火焰原子吸收光谱法测定食用菌中铜、锰、铁、锌含量. 理化检验, 2010, 3：324-326.
[18] 刘明. 石墨炉原子吸收光谱法测定面制食品中铝含量. 理化检验, 2010, 8：926-927.
[19] 韦小玲, 龚琦, 王立升, 洪欣. 在表面活性剂存在下有机弱酸的自动电位滴定测定. 理化检验, 2008：9：900-901.
[20] 顾玲, 李素敏, 彭莉, 张建华. 氨基硅油修饰碳糊电极阳极溶出法测定叶酸. 理化检验, 2010, 5：503-505, 508.
[21] 肖时俊. 顶空气相色谱法测定日用化学品中的二噁烷. 现代科学仪器, 2012, 3：117-119.
[22] GB/T 22400—2008 原料乳中三聚氰胺快速检测, 液相色谱法.
[23] 吴爱华、周如久. 三聚氰胺事件——检测技术和仪器. 仪器快报, 2008, 4：53-68.
[24] 胡冬生. 高效液相色谱法测定食品中苏丹红Ⅰ～Ⅳ和对位红. 理化检验, 2008, 7：675-677.
[25] 吴迪, 穆怡然, 苗会娟, 俞然, 吕宪禹. 反相高效液相色谱法测定葡萄酒中四种白黎芦醇类化合物. 理化检验, 2009：10：1206-1208.
[26] 施介华, 彭丽. 胶束高效液相色谱法测定乳制品中的三聚氰胺. 理化检验, 2009. 12：1369-1372.
[27] 姜宇, 于丽君, 吴旭东, 孙文辉. 高效液相色谱法测定饲料中三聚氰胺含量. 理化检验, 2010, 6：688, 689, 693.
[28] 于世林, 苗凤琴, 杜洪光, 顾明广. 图解现代分析化学基本实验操作技术. 北京：科学出版

社，2013.

[29] GB/T 26810—2011 可见分光光度计.
[30] GB/T 26798—2011 单光束紫外可见分光光度计.
[31] GB/T 26813—2011 双光束紫外可见分光光度计.
[32] GB/T 9721—2006 化学试剂分子吸收分光光度法通则（紫外和可见光部分）.
[33] GB/T 6040—2002 红外光谱分析方法通则.
[34] GB/T 21186—2007 傅立叶变换红外光谱仪.
[35] GB/T 14203—1993 钢铁及合金光电发射光谱分析法通则.
[36] GB/T 23942—2009 化学试剂电感耦合等离子体原子发射光谱法通则.
[37] GB/T 21187—2007 原子吸收分光光度计.
[38] GB/T 15337—2008 原子吸收光谱分析法通则.
[39] GB/T 9723—2007 化学试剂火焰原子吸收光谱法通则.
[40] GB/T 10724—1989 化学试剂无火焰（石墨炉）原子吸收光谱法通则.
[41] GB/T 20245—2006 电化学分析器性能表示　第一部分：总则.
[42] GB/T 9725—2007 化学试剂　电位滴定法通则.
[43] GB/T 3914—2008 化学试剂　阳极溶出法通则.
[44] GB/T 2307—1986 气相色谱分析法标准格式.
[45] GB/T 9722—2006 气相色谱法通则.
[46] GB/T 16631—2008 高效液相色谱分析法通则.
[47] GB/T 26792—2011 高效液相色谱仪.